职业教育智能制造领域高素质技术技能人才培养系列教材

工业网络通信及组态技术

主　编　赵建伟　杨　维
副主编　何　淼　孙永芳
参　编　马书元　李俊雨

机械工业出版社

本书以亚龙 YL-335B 自动生产线为载体，将工业网络技术所包含的理论知识及实践技能科学地融入到各个项目中，循序渐进地介绍了工业网络的理论知识，注重培养学生扎实的实践技能。主要内容包括 PLC 的 I/O 通信系统组建、PPI 通信系统组建、PROFIBUS-DP 通信系统组建、工业以太网通信系统组建、人机界面与 PLC 通信系统组建、PLC 与变频器的 USS 通信系统组建，以及西门子工业网络通信应用实例。本书内容体系科学合理，深入浅出，图文并茂，易于理解，具备较强的先进性及实用性。

本书可作为高职高专机电一体化技术、电气自动化技术、机械制造及自动化等专业相关课程的教材，尤其适合“理实一体化”的教学模式，也可作为应用型本科、职教本科相关课程的教材及工业自动化工程技术人员的参考用书。

为方便教学，本书植入二维码视频，配有电子课件、习题答案、模拟试卷及答案等，凡选用本书作为授课教材的教师可登录机械工业出版社教育服务网（www. cmpedu. com）注册后下载。本书咨询电话：010-88379564。

图书在版编目（CIP）数据

工业网络通信及组态技术/赵建伟，杨维主编. —北京：机械工业出版社，2022. 6（2025.1重印）

职业教育智能制造领域高素质技术技能人才培养系列教材

ISBN 978-7-111-70800-1

Ⅰ. ①工… Ⅱ. ①赵…②杨… Ⅲ. ①工业控制计算机-计算机通信网-高等职业教育-教材 Ⅳ. ①TN915

中国版本图书馆 CIP 数据核字（2022）第 084005 号

机械工业出版社（北京市百万庄大街 22 号 邮政编码 100037）

策划编辑：冯睿娟　　　　责任编辑：冯睿娟　杨晓花

责任校对：郑　婕　王　延　封面设计：鞠　杨

责任印制：常天培

北京机工印刷厂有限公司印刷

2025 年 1 月第 1 版第 6 次印刷

184mm×260mm · 13. 75 印张 · 374 千字

标准书号：ISBN 978-7-111-70800-1

定价：49. 80 元

电话服务	网络服务
客服电话：010-88361066	机　工　官　网：www. cmpbook. com
010-88379833	机　工　官　博：weibo. com/cmp1952
010-68326294	金　　书　　网：www. golden-book. com
封底无防伪标均为盗版	机工教育服务网：www. cmpedu. com

前言 / PREFACE

本书从工程实际应用角度出发，以典型工业控制网络和组态技术为基线，在追踪国内外该领域技术发展的基础上，以项目为主线，从简到繁，从易到难，详细阐述了以太网、PROFIBUS等典型工业控制网络的基本模式，以及在国内处于主流地位的几种工业控制网络的相关技术、应用实例与系统设计等方面的内容，并介绍了常用组态软件在工业中的应用及通信过程。全书内容简洁实用，力求使学生学完本书后对典型的工业网络通信及组态技术有一个较为全面的认识。

本书具有以下特点：

1）注重实用性、体现先进性、保证科学性、突出实践性、贯穿可操作性，本书融入了工业网络技术领域的新知识、新技术，其任务实施过程尽可能与实际工作情景一致。

2）以项目的方式展开教学内容，以任务实施为核心，遵循学生的认知规律，打破传统的学科课程体系，从人的认知规律出发，充分让学生感知、体验和实践，通过任务操作的方式来完成本课程的项目训练，并辅以相关知识来完成各项目的教学要求。本书共7个项目，将岗位工作任务、专项能力所含的专业知识嵌入其中，充分体现学生主体、能力本位和工学结合的理念。

3）以“深入浅出、知识够用、突出技能”为思路，以培养学生职业能力为重点。本书内容与行业、企业实际需要紧密结合，理论联系实际，突出知识的应用性。

4）文字简洁、通俗易懂、以图代文、图文并茂、形象生动，容易引起学生的学习兴趣，提高学习效果。

5）配有立体化教学资源和在线课程，对教学中的重点、难点录制了教学视频。

本书由陕西国防工业职业技术学院赵建伟和杨维担任主编，陕西国防工业职业技术学院何淼和孙永芳担任副主编，陕西国防工业职业技术学院马书元和李俊雨参与了编写工作。其中，赵建伟编写项目3、任务5.3，杨维编写项目4、任务5.4，何淼编写项目1、项目6、任务5.1和任务5.2，孙永芳编写项目2，马书元编写项目7，李俊雨负责搜集各项目相关知识，制作教学资源。全书由赵建伟、杨维统稿。另外，本书还得到教学合作企业东方机械有限公司工程技术人员的大力支持，他们对本书提出了很多宝贵的意见和建议，在此表示感谢。

由于编者的水平有限，加之工业网络通信技术不断发展，书中难免存在疏漏和不妥之处，敬请广大读者和专家批评指正。

编　者

目录 / CONTENTS

项目 1

PLC 的 I/O 通信系统组建

I/O 接口通信方式是一种简单而实用的通信方式，信号传输的速度快，但是仅适用于数据信息交换较少的场合。采用 I/O 接口进行信号交换时，首先应合理规划通信信号指向关系，规定信息传递的通道，完成 I/O 硬件接线，最后根据控制要求设计程序，下载程序时则需要有相应的通信协议予以支持。

工作任务 1.1　I/O 接口通信的认知

「任务描述」

在 PLC1 面板上，按下起动按钮 SB1，PLC1 面板上的指示灯 HL1 亮，同时发送信号给 PLC2；PLC2 的输入端读取 PLC1 发送来的信号，使 PLC2 面板上的指示灯 HL2 亮。同理，在 PLC2 面板上，按下停止按钮 SB2，PLC2 面板上的指示灯 HL2 灭，同时发送信号给 PLC1，PLC1 的输入端读取 PLC2 发送来的信号，使 PLC1 面板上的指示灯 HL1 灭。

因此，本任务在实施中需要在明确 I/O 通信信号指向关系后，设计 PLC 程序，实现两台 S7-200 PLC 间两个数据信号的交换。

「任务目标」

1）熟悉 I/O 接口通信设计的工作原理。

2）掌握 I/O 接口通信连接方法与测试方法。

「任务准备」

任务准备内容见表 1-1。

表 1-1　任务准备

序号	硬件	软件
1	CPU 224 AC/DC/RLY	STEP7-Micro/WIN
2	CPU 226 DC/DC/DC	

「相关知识」

1. I/O 接口通信原理

I/O 接口通信方式是一种简单而实用的通信方式，信号传输的速度快，但是仅适用于数据信息交换较少的场合，图 1-1 为 I/O 接口通信原理示意图。

（1）PLC 的公共电源端子供电

图 1-1 中，PLC1 和 PLC2 的公共电源端子采用 24V 外部直流电源供电，其中，输入公共电源端子 1L+连接直流电源 24V 端，同时也可以将两电源的 24V 端连接在一起；输出公共电源端子 1M 连接直流电源 0V 端。

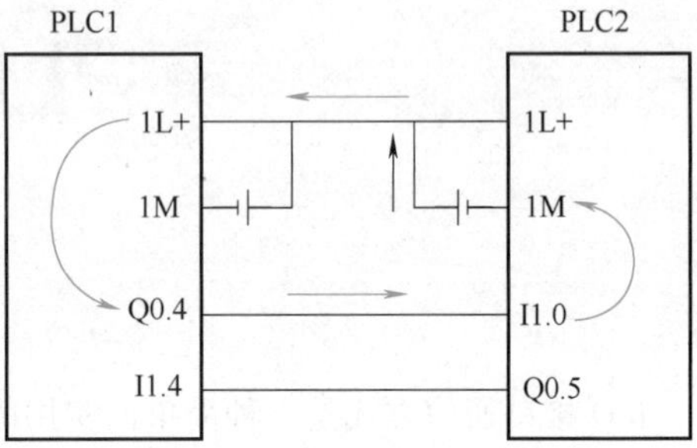

图 1-1　I/O 接口通信原理示意图

（2）I/O 通信信号指向关系

图 1-1 中，PLC1 的输出端子 Q0.4 直接连接到 PLC2 的输入端子 I1.0 上，则 PLC1 的 Q0.4 信号状态直接传递给 PLC2 的 I1.0；同理，PLC2 的输出端口 Q0.5 直接连接到 PLC1 的输入端口 I1.4 上，则 PLC2 的 Q0.5 信号状态直接传递给 PLC1 的 I1.4；这样即可实现 PLC1 和 PLC2 之间相互的单线信息传递。图 1-1 中箭头所示为 PLC1 向 PLC2 输出信号时的回路关系。

2. 按钮指示灯模块

图 1-2 为按钮指示灯模块，包括设备运行的主令器件、运行过程中的状态指示灯和端子排。在图 1-2 中，主令器件有绿色常开触点的起动按钮 SB1、红色常开触点的停止按钮 SB2、红色常闭触点的急停按钮 QS 和一对转换触点的选择开关 SA；指示灯有黄色（HL1）、绿色（HL2）和红色（HL3）三种；模块上的指示灯和按钮的端脚全部引到端子排上，并且采用 24V 的直流电源供电。

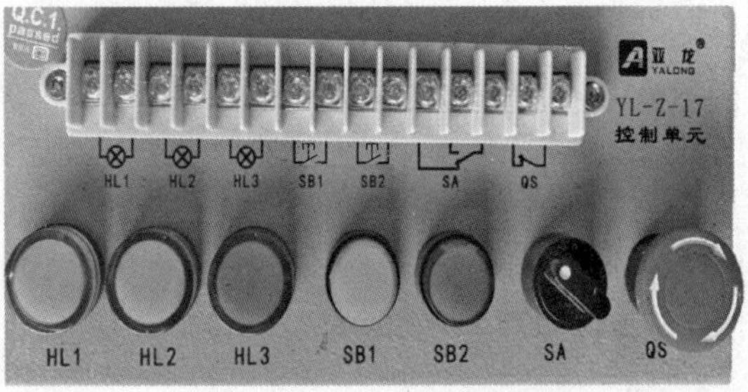

图 1-2　按钮指示灯模块

「任务实施」

1. 通信信号指向关系

在本任务中，PLC1 采用输入端 I1.4 和输出端 Q0.4 作为其 I/O 通信端口，PLC2 采用输入端 I1.0 和输出端 Q0.5 作为其 I/O 通信端口，表 1-2 为 I/O 接口通信信号指向说明。

表 1-2　I/O 接口通信信号指向说明

I/O 通信接口	通信说明
I1. 0	PLC2 读取 PLC1 发送来的信号
I1. 4	PLC1 读取 PLC2 发送来的信号
Q0. 4	PLC1 发送信号给 PLC2
Q0. 5	PLC2 发送信号给 PLC1

2. I/O 分配

根据任务描述可知，PLC1 有两个输入信号，一个来自起动按钮，一个为 PLC2 发送来的信号；PLC1 有两个输出信号，一个是指示灯，一个是给 PLC2 发送的信号。同理，PLC2 也有两个输入信号和两个输出信号。表 1-3 为 PLC1 的 I/O 分配，表 1-4 为 PLC2 的 I/O 分配。

表 1-3　PLC1 的 I/O 分配

输入			输出		
序号	输入信号	功能	序号	输出信号	功能
1	I1. 3	起动按钮 SB1	1	Q0. 4	PLC1 发送信号给 PLC2
2	I1. 4	PLC1 读取 PLC2 发送的信号	2	Q0. 7	指示灯 HL1

表 1-4　PLC2 的 I/O 分配

输入			输出		
序号	输入信号	功能	序号	输出信号	功能
1	I1. 2	停止按钮 SB2	1	Q0. 5	PLC2 发送信号给 PLC1
2	I1. 0	PLC2 读取 PLC1 发送的信号	2	Q1. 0	指示灯 HL2

3. 程序设计

图 1-3 为 PLC I/O 通信功能测试程序，当在 PLC1 面板上按下 SB1（I1. 3）时，PLC1 输出端（Q0. 4）导通，发送通信信号给 PLC2，同时 PLC1 面板上的 HL1 指示灯（Q0. 7）亮；当 PLC2 输入端（I1. 0）读取 PLC1 发送来的信号时，PLC2 面板上的 HL2 指示灯（Q1. 0）亮。同理，在 PLC2 面板上，当按下 SB2 停止按钮（I1. 2）时，PLC2 的输出端（Q0. 5）导通，发送信号给 PLC1，同时 PLC2 面板上的 HL2 指示灯（Q1. 0）灭；当 PLC1 的输入端（I1. 4）读取 PLC2 发送来的信号时，PLC1 面板上的 HL1 指示灯（Q0. 7）灭。

4. 下载与调试

PLC 程序下载

（1）下载程序

本任务利用 S7-200 PLC 编程软件 STEP7-Micro/WIN 的 PC/PPI 通信协议下载 PLC 程序，其下载过程主要涉及设备连接和通信参数的设置，其中通信参数设置主要包括打开 PG/PC 接口、设置“传输速率（R）”、设置计算机

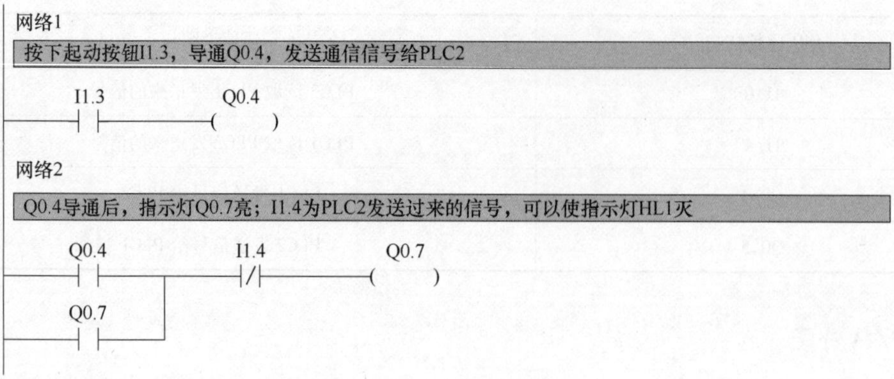

a) PLC1测试程序

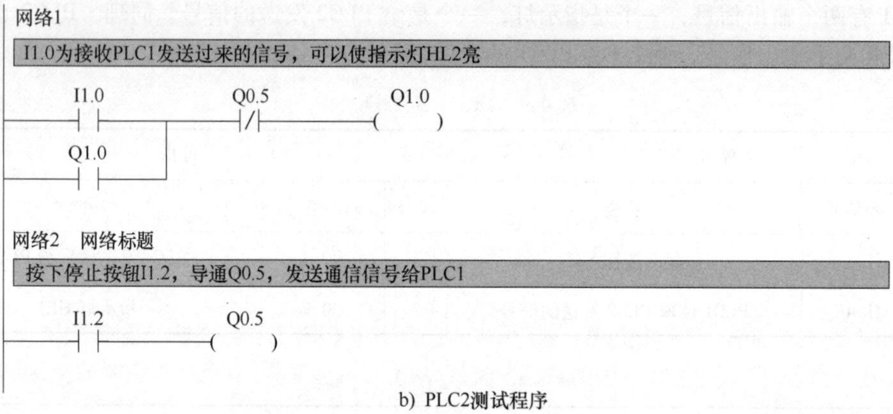

b) PLC2测试程序

图 1-3 PLC I/O 通信功能测试程序

的通信接口、设置通信端口和通信连接。

1）硬件连接。本任务采用 PC/PPI 编程电缆连接 PLC 和计算机，PC/PPI 编程电缆的 9 针串口与 PLC 的 Port0 串口相连接，PC/PPI 编程电缆的 USB 接口与计算机 USB 接口相连接，如图 1-4 所示。

2）通信参数设置。步骤如下：

① 打开 PG/PC 接口。打开编程软件 STEP7-Micro/WIN，在左侧的组件“工具”中，双击“设置 PG/PC 接口”，打开“设置 PG/PC 接口”对话框，如图 1-5 所示。

② 设置“传输速率（R）”。在图 1-5 中，双击“PC/PPI cable. PPI. 1”，打开 PC/PPI 选项对话框。选择“PPI”选项卡，设置“传输速率（R）”为 9. 6kbit/s，如图 1-6 所示。

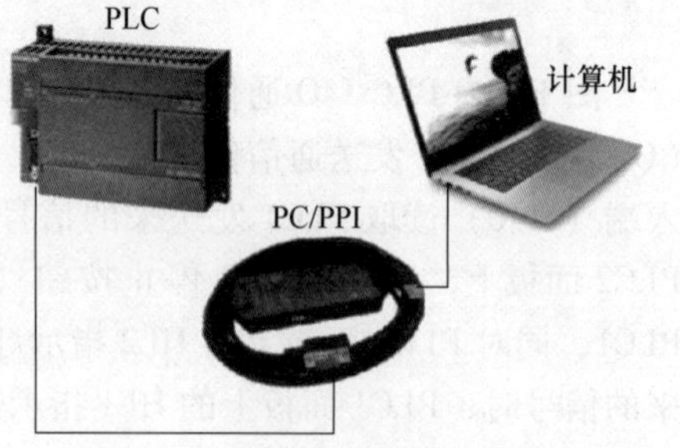

图 1-4 硬件连接示意图

③ 设置 PC 的通信接口。选择图 1-6 中“本地连接”选项卡，设置通信接口，PPI 电缆与计算机相连的接头有 COM 和 USB 两种形式，按实际选用。本任务中 PPI 电缆与计算机一端采用 USB 连接，因此，PC 通信接口选择 USB，如图 1-7 所示。

④ 设置通信端口。在左侧的组件“工具”中，双击“通信端口”，打开“通信端口”窗口，设置“传输速率”为 9. 6kbit/s，如图 1-8 所示。

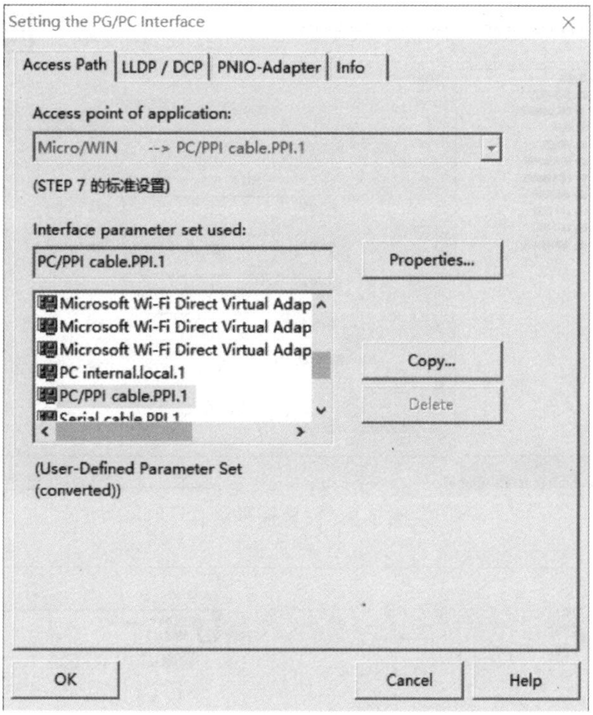

图 1-5　“设置 PG/PC 接口”对话框

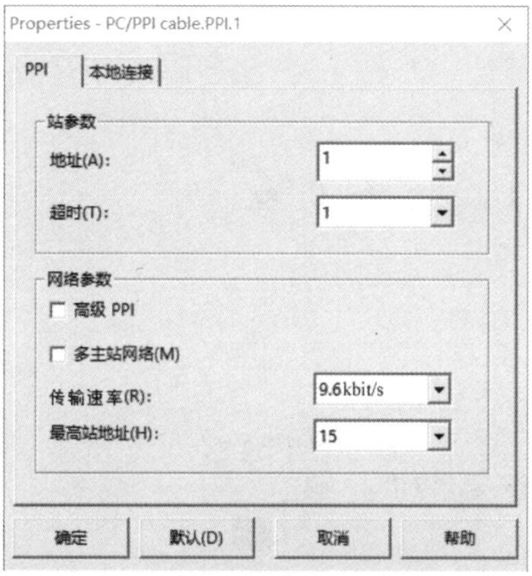

图 1-6　设置“传输速率（R）”

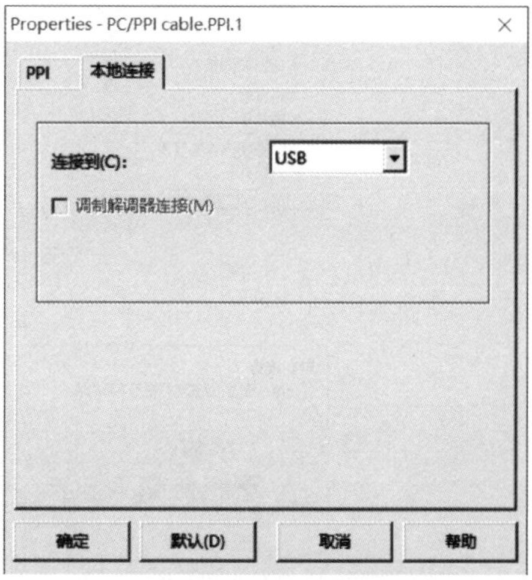

图 1-7　设置 PC 的通信接口

⑤ 打开通信界面，建立编程软件与 PLC 的通信。在左侧的组件“工具”中，双击“通信”，打开通信连接窗口，双击刷新，搜索 PLC，如图 1-9 所示。

3）下载程序。在“工具”栏中，单击下载图标▼，打开“下载”对话框，如图 1-10 所示。单击“下载”按钮，弹出设置 PLC 为 STOP 模式的提示对话框，如图 1-11 所示，单击“确定”按钮。下载结束后，自动弹出设置 PLC 为 RUN 模式的提示对话框，如图 1-12 所示，单击“确定”按钮。

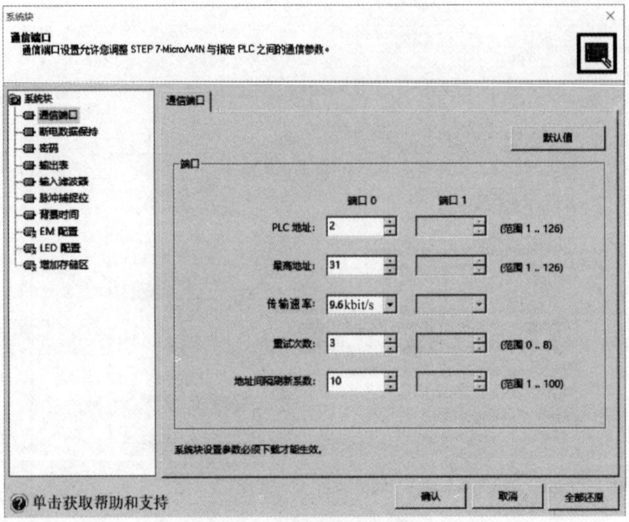

图 1-8　设置通信端口

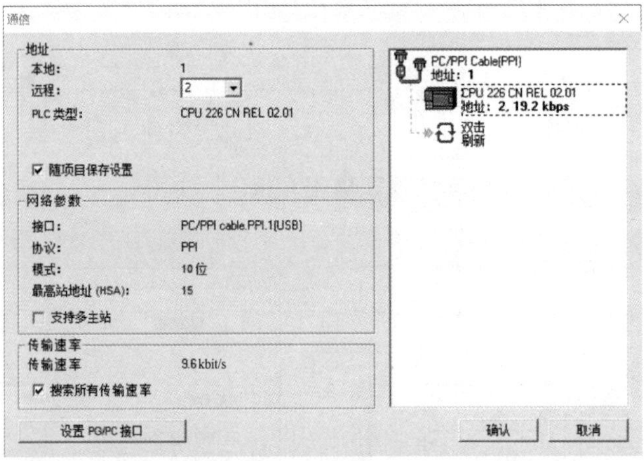

图 1-9　搜索 PLC

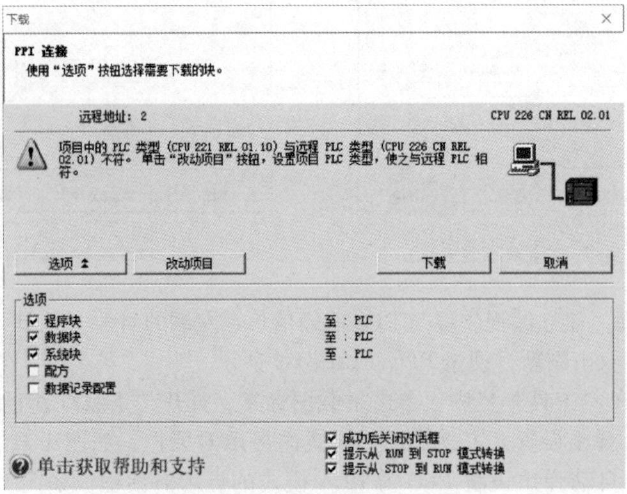

图 1-10　“下载”对话框

图 1-11　设置 PLC 为 STOP 模式的提示对话框

图 1-12　设置 PLC 为 RUN 模式的提示对话框

（2）程序调试

程序下载结束后，按下 PLC1 面板上的起动按钮 SB1，观察 PLC2 面板上的指示灯 HL2 是否亮；若 PLC2 面板上的指示灯 HL2 亮，则按下 PLC2 面板上的停止按钮 SB2，观察 PLC1 面板上的指示灯 HL1 是否灭；在 I/O 通信测试程序中，若出现 PLC2 面板上的指示灯 HL2 没亮或者 PLC1 面板上的指示灯 HL1 不熄灭的情况，则说明 I/O 通信规定的接线不正确或没有连接好，需要检查接线并重新接好，直到通信正常为止。

「练习反馈」

1）简述 I/O 接口通信设计的工作原理。

2）完成两台 PLC 之间 I/O 接口通信连接与测试。具体为：将 PLC1 中的 Q1.0 通过 I/O 接口通信传递给 PLC2 中的 I1.0；将 PLC2 中的 Q1.2 通过 I/O 接口通信传递给 PLC1 中的 I1.3。

工作任务 1.2　两个单元 I/O 通信系统的组建

在自动生产线中，供料单元是起始单元，供给待加工的工件；输送单元将工件搬运到不同的工作单元，以进行不同的加工工艺。在联机运行时，供料单元与输送单元不再是彼此独立的两个工作单元，而是彼此相互制约且协调工作的两个工作单元。

为了保证设备运行的安全性和可靠性，联机运行时，供料单元在供料时需要检查输送单元是否做好接收的准备工作，而输送单元请求供料单元供料时，也要等待供料单元是否准备好输送工件，否则就不能协调运行。因此，在联机运行中，需要组建两个工作单元的 I/O 通信系统，才能实现其彼此相互制约且协调工作的目的。

「任务描述」

在联机运行时，供料单元与输送单元的工作过程如下：输送单元向供料单元发送请求供料信号；供料单元在接收到输送单元的请求供料信号后，按照需要将放置在料仓中待加工的工件自动地推出到物料台上，同时向输送单元发送供料完成信号；输送单元在接收到供料完成信号后，驱动其机械手抓取物料台上的工件。

因此，本任务在实施中需要设计用于两个单元进行通信的 I/O 接口，编写两个单元的 PLC 程序，实现供料单元与输送单元之间数据信号的交换，其中 PLC 程序的下载可以采用 PPI 通信协议实现。

「任务目标」

1）熟悉 I/O 接口通信设计的工作原理。

2）掌握两个单元之间 I/O 接口通信的方法。

「任务准备」

任务准备内容见表 1-5。

表 1-5 任务准备

序号	硬件	软件
1	CPU 224 AC/DC/RLY	STEP7-Micro/WIN
2	CPU 226 DC/DC/DC	

「相关知识」

1. 供料单元

（1）供料单元的结构

供料单元是 YL-335B 自动生产线的起始单元，可以将放置在管形料仓（料筒）中的工件自动推到物料台上，供机械手抓取以输送到其他工作单元；供料单元主要由顶料气缸、推料气缸、传感器、工件、PLC 模块、接线端子和按钮/指示灯模块等部件组成，部分部件如图 1-13 所示。其中推料气缸和顶料气缸的伸出和缩回分别由二位五通单电控电磁阀电磁铁带电和弹簧复位控制，而推料气缸和顶料气缸的先后动作顺序，则由安装在物料台上用来检测物料台有无工件的漫反射式传感器和安装在气缸外侧用来检测活塞运动位置的磁性开关控制，即利用传感器检测的物料台无工件信号作为顶料气缸伸出的起始信号，利用顶料气缸伸出到位的信号作为推料气缸伸出的起始信号，利用推料气缸伸出到位的信号作为推料气缸缩回的起始信号，利用推料气缸缩回到位的信号作为顶料气缸缩回的起始信号。

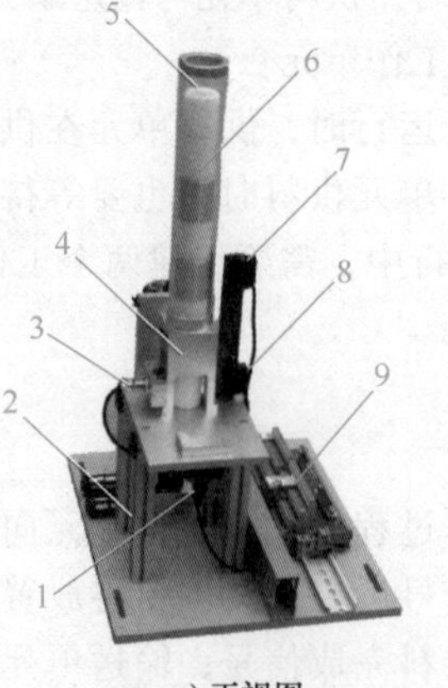

a) 正视图

b) 俯视图

图 1-13 供料单元的部分部件

1—出料台物料检测传感器 2—支架 3—金属工件检测传感器 4—料仓底座 5—料筒 6—工件 7—供料不足检测传感器 8—缺料检测传感器 9—接线端子 10—顶料气缸 11—推料气缸 12—电磁阀组

（2）供料单元的气动控制回路原理图

供料单元的执行机构是电磁阀控制的双作用气缸，其中电磁阀的动作由PLC控制实现。图1-14为供料单元气动控制回路原理图，图中I0.0、I0.1、I0.2和I0.3为安装在气缸极限工作位置上的磁感应接近开关，Q0.0和Q0.1为控制气缸动作的电磁阀。通常，这两个气缸的初始位置均设定在缩回状态。

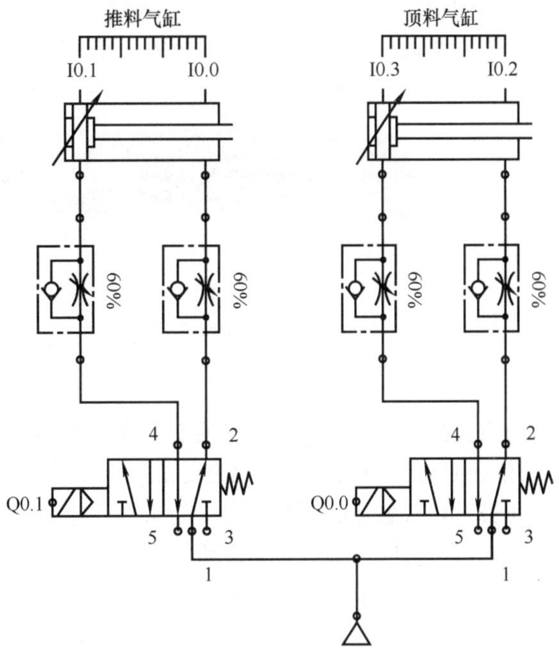

图1-14 供料单元气动控制回路原理图

2. 输送单元

（1）输送单元的结构

输送单元是自动生产线的搬运工，驱动机械手装置精确定位到指定单元的物料台，利用手爪抓取物料台上的工件，并将其输送到指定单元后放下。输送单元由机械手装置、导轨、伺服电动机、伺服驱动器、传送带、PLC模块、接线端口以及按钮/指示灯模块等部件组成。图1-15为安装在工作台面上的输送单元装置侧部分。

1）抓取机械手装置。抓取机械手装置是一个能实现三自由度运动（即升降、伸缩、气动手指气缸夹紧/松开和沿垂直轴旋转的四维运动）的工作单元，该装置整体安装在直线运动传动组件的滑动溜板上，在传动组件带动下整体做直线往复运动，精确定位到其他各工作单元的物料台，然后通过气动手指气缸、手爪伸出气缸、手爪夹紧气缸、回转气缸和抬升台气缸实现工件的夹紧和放松的功能。图1-16为抓取机械手装置实物图。

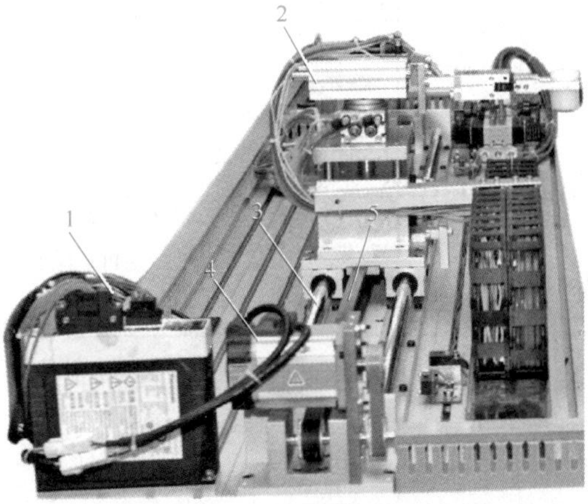

图1-15 输送单元装置侧部分

1—伺服驱动器 2—机械手装置 3—导轨 4—伺服电动机 5—传送带

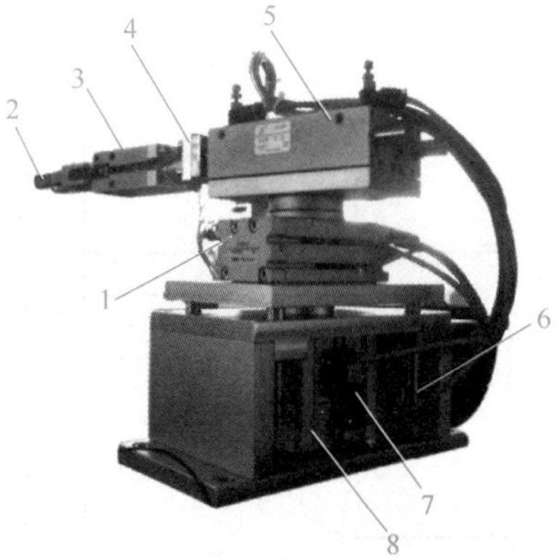

图1-16 抓取机械手装置

1—抬升台气缸 2—手爪夹紧气缸 3—气动手指气缸 4—连接件 5—手爪伸出气缸 6—导柱 7—磁性开关 8—回转气缸

2）直线运动传动组件。直线运动传动组件用以拖动抓取机械手装置做往复直线运动，完成精确定位的功能。直线运动传动组件由底板、伺服电动机、伺服放大器、同步轮、同步带、直线导轨、滑动溜板、拖链、原点接近开关、左右限位开关组成，部分组件如图 1-17 所示。

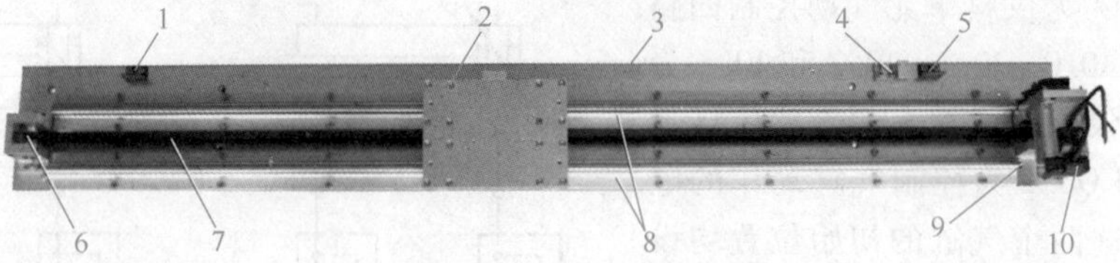

图 1-17　直线运动传动部分组件图

1—左限位开关　2—滑动溜板　3—底板　4—原点接近开关的支座　5—右限位开关
6—从动同步轮　7—同步带　8—直线导轨　9—主动同步轮　10—伺服电动机

原点接近开关、左右限位开关安装在直线导轨底板上，且右限位开关安装在原点接近开关的右侧。原点接近开关是一个无触点的电感式接近传感器，用来提供直线运动的起始点信号。左右限位开关是有触点的微动开关，用来提供越程故障时的保护信号，当滑动溜板在运动中越过左或右极限位置时，限位开关会动作，从而向系统发出越程故障信号。

伺服电动机由伺服放大器驱动，通过同步轮和同步带带动滑动溜板沿直线导轨做往复直线运动，从而带动固定在滑动溜板上的抓取机械手装置做往复直线运动。同步轮齿距为 5mm，共 12 个齿，即旋转一周机械手位移 60mm。

（2）伺服电动机

在 YL-335B 的输送单元上，采用了松下 MHMD022G1U 型永磁同步交流伺服电动机，以及 MADHT1507E 型全数字交流永磁同步伺服驱动装置作为运输机械手的运动控制装置，图 1-18 为伺服电动机接线图。

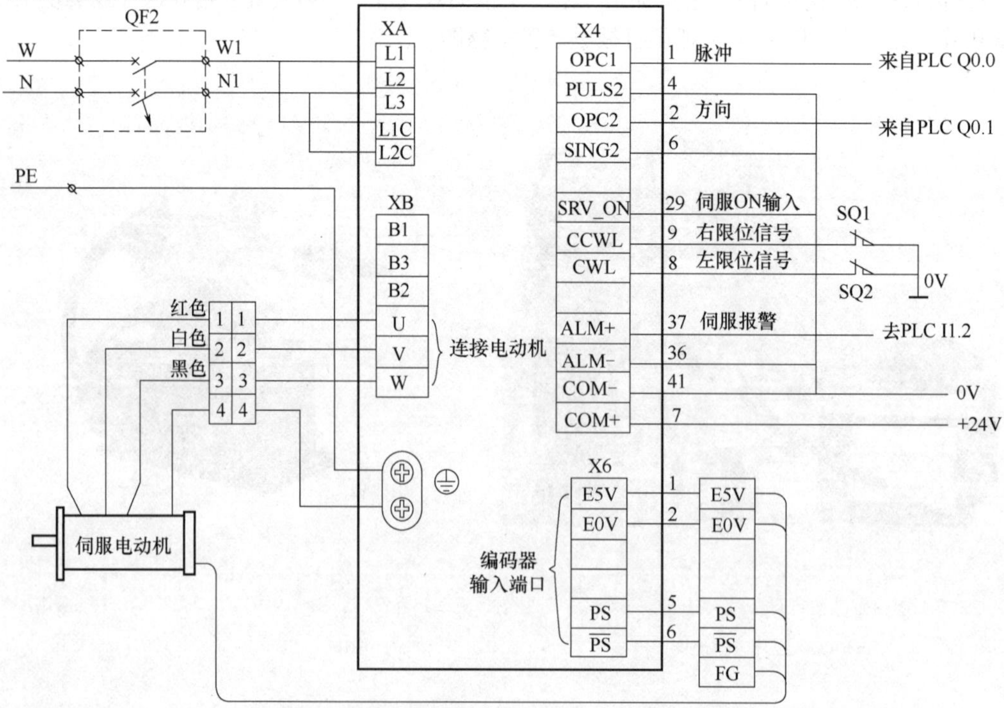

图 1-18　伺服电动机接线图

在 YL-335B 上，伺服驱动装置工作于位置控制模式，S7-200 PLC CPU 226 的 Q0.0 输出脉冲作为伺服驱动器的位置指令，脉冲的数量决定伺服电动机的旋转位移，即机械手的直线位移，脉冲的频率决定了伺服电动机的旋转速度，即机械手的运动速度，S7-200 PLC CPU 226 的 Q0.1 输出脉冲作为伺服驱动器的方向指令。控制要求较为简单时，伺服驱动器可采用自动增益调整模式，表 1-6 为伺服驱动器参数设置。

表 1-6　伺服驱动器参数设置

序号	参数		设置数值	功能和含义
	参数编号	参数名称		
1	Pr5.28	LED 初始状态	1	显示电动机转速
2	Pr0.01	控制模式	0	位置控制（相关代码 P）
3	Pr5.04	驱动禁止输入设定	2	当左或右（POT 或 NOT）限位动作时，则会发生 Err38 行程限位禁止输入信号出错报警。设置此参数值必须在控制电源断电重启之后才能成功修改、写入
4	Pr0.04	惯量比	250	
5	Pr0.02	实时自动增益设置	1	实时自动调整为标准模式，运行时负载惯量的变化情况很小
6	Pr0.03	实时自动增益的机械刚性选择	13	此参数值设得越大，响应越快
7	Pr0.06	指令脉冲旋转方向设置	1	
8	Pr0.07	指令脉冲输入方式	3	
9	Pr0.08	电动机每旋转一周的脉冲数	6000	

（3）气动控制回路原理图

输送单元的执行机构是机械手装置，机械手装置通过 PLC 控制电磁阀，从而驱动手爪伸出气缸、手爪夹紧气缸、回转气缸和抬升台气缸协调工作，实现工件的夹紧和放松。图 1-19 为输送单元气动控制回路原理图。图中 I0.3、I0.4、I0.5、I0.6、I0.7、I1.0、I1.1 为安装在气缸的两个极限工作位置的磁感应接近开关，Q0.3、Q0.4、Q0.5、Q0.6、Q0.7、Q1.0 为控制气缸动作的电磁阀。通常，手爪伸出气缸、回转气缸和抬升台气缸的初始位置均设定在缩回状态，手爪夹紧气缸的初始位置设定在伸出张开状态。

3. I/O 通信模块

（1）I/O 通信模块简介

工作站的机械装置和 PLC 装置是相对分离的，机械装置整体安装在底板上，PLC 装置则安装在工作台两侧的抽屉板上，而机械装置与 PLC 装置之间的信息交换则是通过 I/O 通信模块实现的，I/O 通信模块实际是一个 I/O 通信信号的转接模块。图 1-20 为机械装置侧的通信模块，图 1-21 为 PLC 侧的通信模块。

图 1-20 中，机械装置侧通信模块的 I/O 信号是相对独立隔离的，右侧为传感器等输入信号的三层接线端子排和 25 孔插头，左侧为电磁阀、指示灯等输出信号的三层接线端子排和 15 孔插头，其中三层接线端子排的最上层为直流电源 24V 端，最下层为直流电源 0V 端，中间层为 I/O 通信信号。

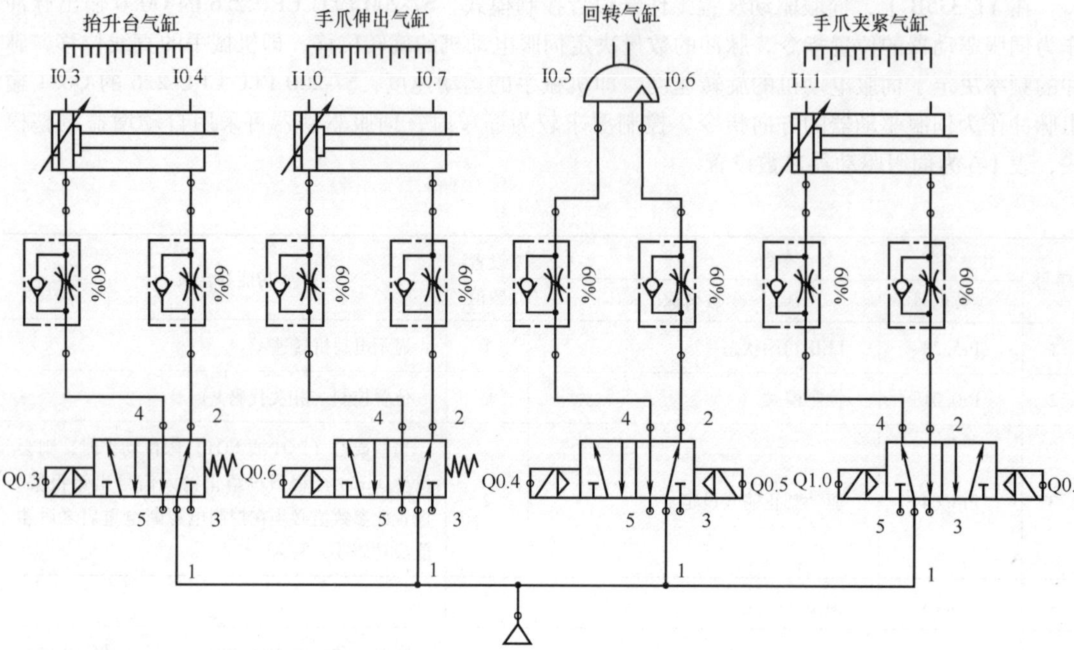

图 1-19 输送单元气动控制回路原理图

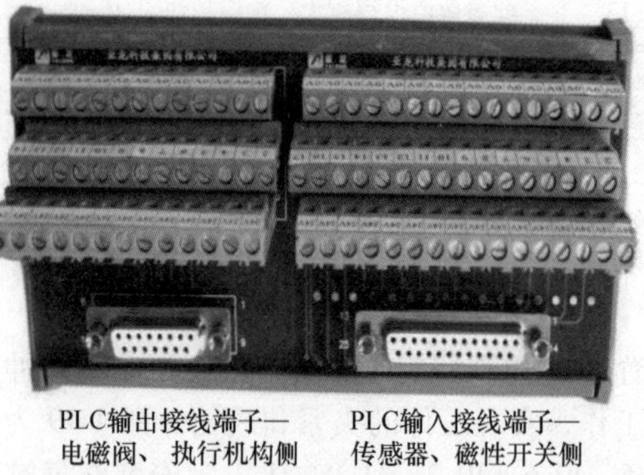

图 1-20 机械装置侧的通信模块

图 1-21 PLC 侧的通信模块

图 1-21 中，PLC 侧通信模块的 I/O 信号也是相对独立隔离的，右侧为输入信号的两层接线端子排和 25 孔插头，左侧为输出信号的两层接线端子排和 15 孔插头，其中两层接线端子排的最下层为直流电源 24V 和 0V 端，最上层为 I/O 通信信号。

（2）I/O 通信模块的工作原理

I/O 通信模块主要是实现机械装置与 PLC 装置之间的信息交换，其工作原理如下：机械装置上的各电磁阀和传感器等 I/O 信号引线均连接到机械装置侧的三层接线端子排上，PLC 装置的 I/O 引出线则连接到 PLC 侧的两层接线端子排上，两层接线端子排之间则是利用多芯信号电缆的 25 针插头（或 15 针插头）与 25 孔插头（或 15 孔插头）连接，实现 I/O 信号的传递。

「任务实施」

1. 通信信号指向关系

为了保证设备运行的安全性和可靠性，联机运行时，需要规划好供料单元与输送单元传递的状态信息，合理分配 I/O 接口。由任务描述可知，供料单元与输送单元之间只需要连接两根通信线，分别用于接收输送单元的供料请求信号和向输送单元发送供料完成信号。

图 1-22 为供料单元与输送单元的 I/O 通信信号指向关系图，其中供料单元中的供料完成信号（Q0.4）通过 I/O 通信接口传递给输送单元中的 I2.1；输送单元发送的供料请求信号 Q1.1 通过 I/O 通信接口传递给供料单元中的 I1.0。表 1-7 为供料单元与输送单元的 I/O 接口通信信号指向说明。

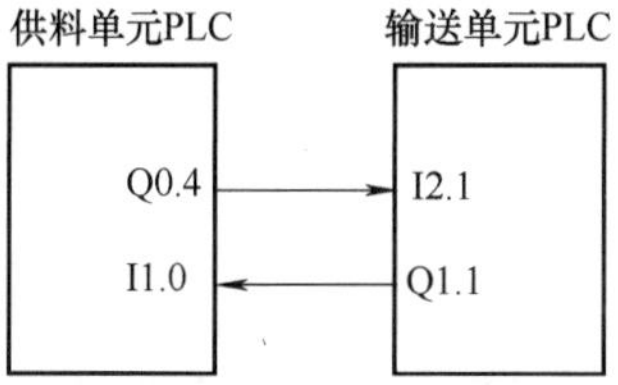

图 1-22　供料单元与输送单元的 I/O 通信信号指向关系图

两个单元的通信指向关系

表 1-7　供料单元与输送单元的 I/O 接口通信信号指向说明

I/O 通信接口	通信说明
I2. 1	输送单元读取供料单元发送的供料完成信号
I1. 0	供料单元读取输送单元发送的请求供料信号
Q0. 4	供料单元向输送单元发送供料完成信号
Q1. 1	输送单元向供料单元发送请求供料信号

2. I/O 分配

根据任务描述可知，供料单元有两个 I/O 接口通信信号，分别用于接收输送单元的供料请求信号和向输送单元发送供料完成信号；输送单元也有两个 I/O 接口通信信号，分别用于向供料单元发送供料请求信号和接收供料单元的供料完成信号。表 1-8 为供料单元的 I/O 分配表，表 1-9 为输送单元的 I/O 分配表。

表 1-8　供料单元的 I/O 分配表

输入信号			输出信号		
序号	输入点	功能	序号	输出点	功能
1	I0. 0	顶料气缸伸出到位	1	Q0. 0	顶料电磁阀
2	I0. 1	顶料气缸缩回到位	2	Q0. 1	推料电磁阀
3	I0. 2	推料气缸伸出到位	3	Q0. 7	开始指示灯
4	I0. 3	推料气缸缩回到位	4	Q1. 0	运行指示灯
5	I0. 4	出料台物料检测	5	Q1. 1	警示指示灯
6	I0. 5	供料不足检测	6	Q0. 4	供料单元给输送单元发送供料完成信号
7	I0. 6	缺料检测			

（续）

输入信号			输出信号		
序号	输入点	功能	序号	输出点	功能
8	I0.7	金属工件检测			
9	I1.2	停止按钮			
10	I1.3	起动按钮			
11	I1.4	急停按钮			
12	I1.5	单机/联调选择开关			
13	I1.0	供料单元读取输送单元发送的请求供料信号			

表 1-9　输送单元的 I/O 分配表

输入信号			输出信号		
序号	输入点	信号名称	序号	输出点	信号名称
1	I0.0	原点传感器检测	1	Q0.0	脉冲
2	I0.1	右限位保护	2	Q0.1	方向
3	I0.2	左限位保护	3	Q0.3	抬升台上升电磁阀
4	I0.3	机械手抬升下限检测	4	Q0.4	回转气缸左旋电磁阀
5	I0.4	机械手抬升上限检测	5	Q0.5	回转气缸右旋电磁阀
6	I0.5	机械手旋转左限检测	6	Q0.6	手爪伸出电磁阀
7	I0.6	机械手旋转右限检测	7	Q0.7	手爪夹紧电磁阀
8	I0.7	机械手伸出检测	8	Q1.0	手爪放松电磁阀
9	I1.0	机械手缩回检测	9	Q1.5	复位指示灯
10	I1.1	机械手夹紧检测	10	Q1.6	运行指示灯
11	I1.2	伺服报警	11	Q1.7	停止指示灯
12	I2.4	起动按钮	12	Q1.1	输送单元给供料单元发送请求供料信号
13	I2.5	复位按钮			
14	I2.6	急停按钮			
15	I2.7	单站/联调选择开关			
16	I2.1	输送单元读取供料单元发送的供料完成信号			

3. 程序设计

（1）供料单元程序设计

供料单元程序主要包括 4 大部分，第 1 部分是网络 1~3，系统上电后实现程序的初始化；第

2部分是网络4，利用左移指令控制每个中间继电器的状态切换，即控制顺序流程中步状态的切换；第3部分是网络5~11，顺序执行相应工序，即控制顺序流程中动作状态的切换；第4部分是网络12，运行循环判断，并发送供料完成信号。

图1-23为系统初始化梯形图，其中，在网络1中，PLC上电首次扫描时，利用传送指令将1送入到MB0字节中使M0.0置位为1，利用复位指令复位顶料电磁阀Q0.0、推料电磁阀Q0.1和停止状态位M2.1。在网络2中，利用置位优先指令，通过起动按钮I1.3和停止按钮I1.2控制停止状态位M2.1。在网络3中，I1.5为单站或联调的选择开关，M2.0为起动状态位。其中，在单站运行时是利用起动按钮I1.3和开关I1.5选择单站模式即可控制起动状态位M2.0导通，在联调运行时是在接收到输送单元发送来的供料请求信号I1.0和开关I1.5选择联调模式下导通起动状态位M2.0。

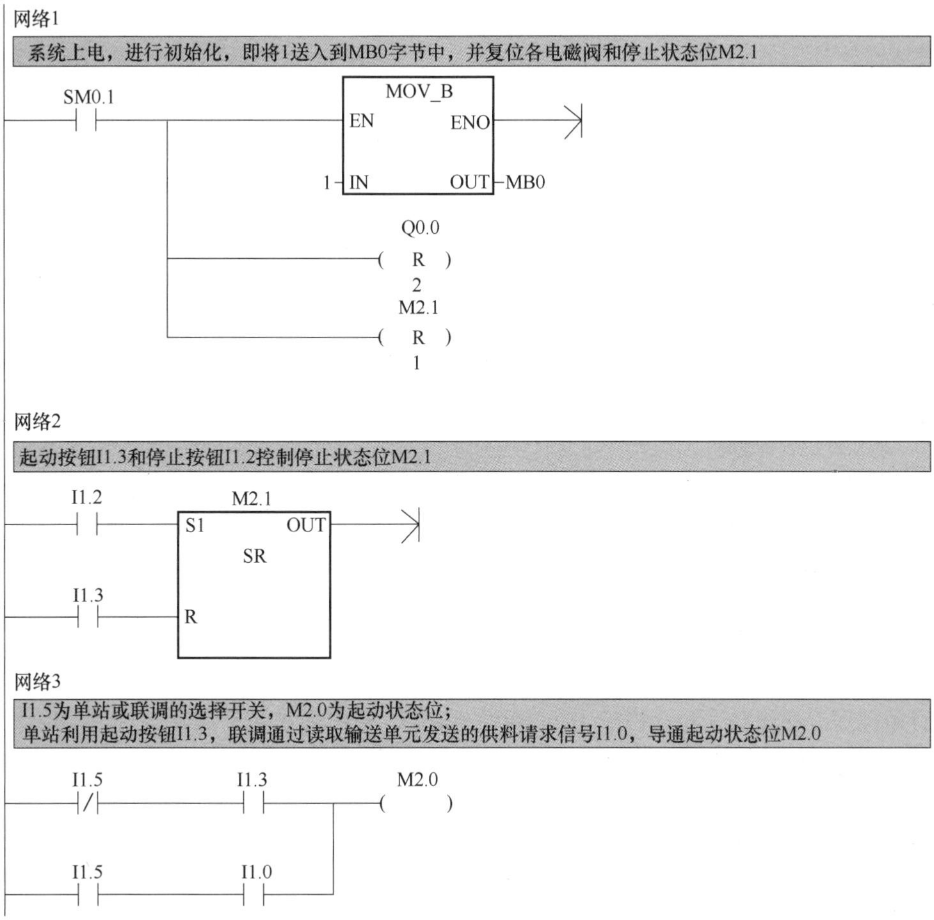

图1-23 系统初始化梯形图

图1-24为利用左移指令控制每个中间继电器状态切换的梯形图，图1-25为顺序执行相应工序梯形图。在网络4中，待各气缸的磁性开关均检测到各气缸复位完成后，左移指令左移1位，M0.1导通，网络5中指示灯Q0.7开始闪烁；按下开始按钮或接收到输送单元发送来的请求供料信号后，左移指令左移1位，M0.2导通；M0.2导通后，判断料仓有无工件，若无工件，则网络6中的警示灯Q1.1闪烁，等待工件；若有工件，则程序顺序执行左移指令左移1位，M0.3导通；M0.3导通后，则网络7中运行指示灯Q1.0亮，顶料气缸Q0.0伸出夹紧上层工件，伸出到

位，执行左移指令左移 1 位，M0.4 导通；M0.4 导通后，则网络 8 中推料气缸 Q0.1 伸出推出底层工件，伸出到位，执行左移指令左移 1 位，M0.5 导通；M0.5 导通后，则网络 9 中推料气缸 Q0.1 缩回，缩回到位，执行左移指令左移 1 位，M0.6 导通；M0.6 导通后，则网络 10 中顶料气缸 Q0.0 缩回，缩回到位，执行左移指令左移 1 位，M0.7 导通；M0.7 导通后，则网络 11 中运行指示灯 Q1.0 灭。

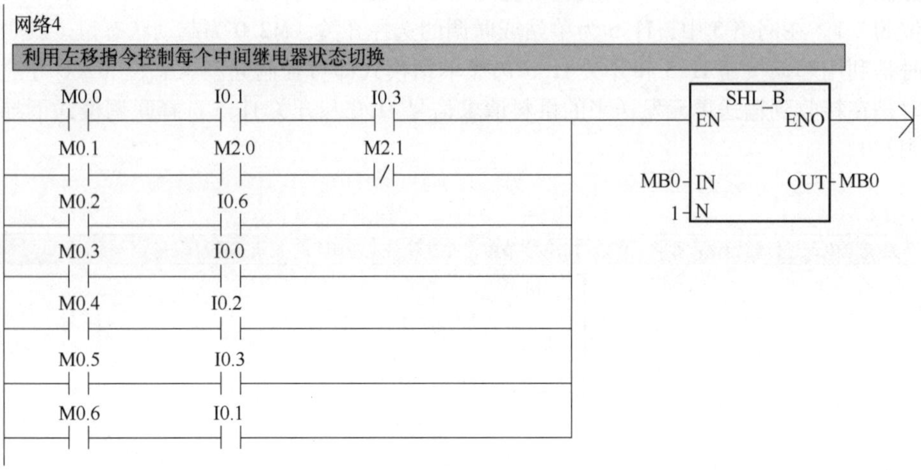

图 1-24　利用左移指令控制每个中间继电器状态切换的梯形图

图 1-26 为循环判断和发送供料完成信号的梯形图，当 M0.7 导通后，发送供料完成信号（Q0.4）给输送单元，同时利用传送指令重新赋值跳转到 M0.1 中循环执行。

（2）输送单元程序设计

输送单元程序由主程序、抓取工件子程序组成。

1）主程序。主程序包括 4 大部分，第 1 部分是网络 1～4，系统上电后实现程序的初始化；第 2 部分是网络 5，利用左移指令控制每个中间继电器的状态切换，即控制顺序流程中步状态的切换；第 3 部分是网络 6～12，顺序执行相应工序，即控制顺序流程中动作状态的切换；第 4 部分是网络 2 中 M6.7 实现程序的循环运行。

图 1-27 为系统初始化梯形图，其中，在网络 1 中，系统上电后，MAP 库初始化定义，调用抓取工件子程序。在网络 2 中，PLC 上电首次扫描时，利用传送指令将 1 送入到 MW5 字中使 M6.0 置位为 1，利用复位指令复位各电磁阀、指示灯和停止状态位 M2.1。在网络 3 中，利用置位优先指令，通过起动按钮 I2.4 和急停按钮 I2.6 控制停止状态位 M2.1。在网络 4 中，I2.7 为单站或联调的选择开关，M2.0 为起动状态位。其中，在单站运行时是利用起动按钮 I2.4 和选择开关 I2.7 为单站模式即可控制起动状态位 M2.0 导通，而在联调运行时，只需要选择开关 I2.7 为联调模式即可导通起动状态位 M2.0。

图 1-28 为利用左移指令控制每个中间继电器状态切换的梯形图，图 1-29 为顺序执行相应工序梯形图。在网络 5 中，待各气缸的磁性开关均检测到各气缸复位完成后，左移指令左移 1 位，M6.1 导通，网络 6 中复位指示灯 Q1.5 闪烁；按下复位按钮 I2.5，左移指令左移 1 位，M6.2 导通；M6.2 导通后，网络 7 中，机械手在非原点位置时，伺服电动机驱动机械手运动至原点位置后，回原点完成位 M0.1 导通，并且当 M2.0 置位、M2.1 复位时，左移指令左移 1 位，M6.3 导通；同时 M6.2 导通后，网络 8 中运行指示灯 Q1.6 亮；M6.3 导通后，网络 9 中输送单元从原点位置运行至供料单元后，完成位 M0.3 导通，左移指令左移 1 位，M6.4 导通；M6.4 导通后，网络 10 中输送单元向供料单元发送供料请求信号（Q1.1），供料单元执行供料程序，将料仓的工

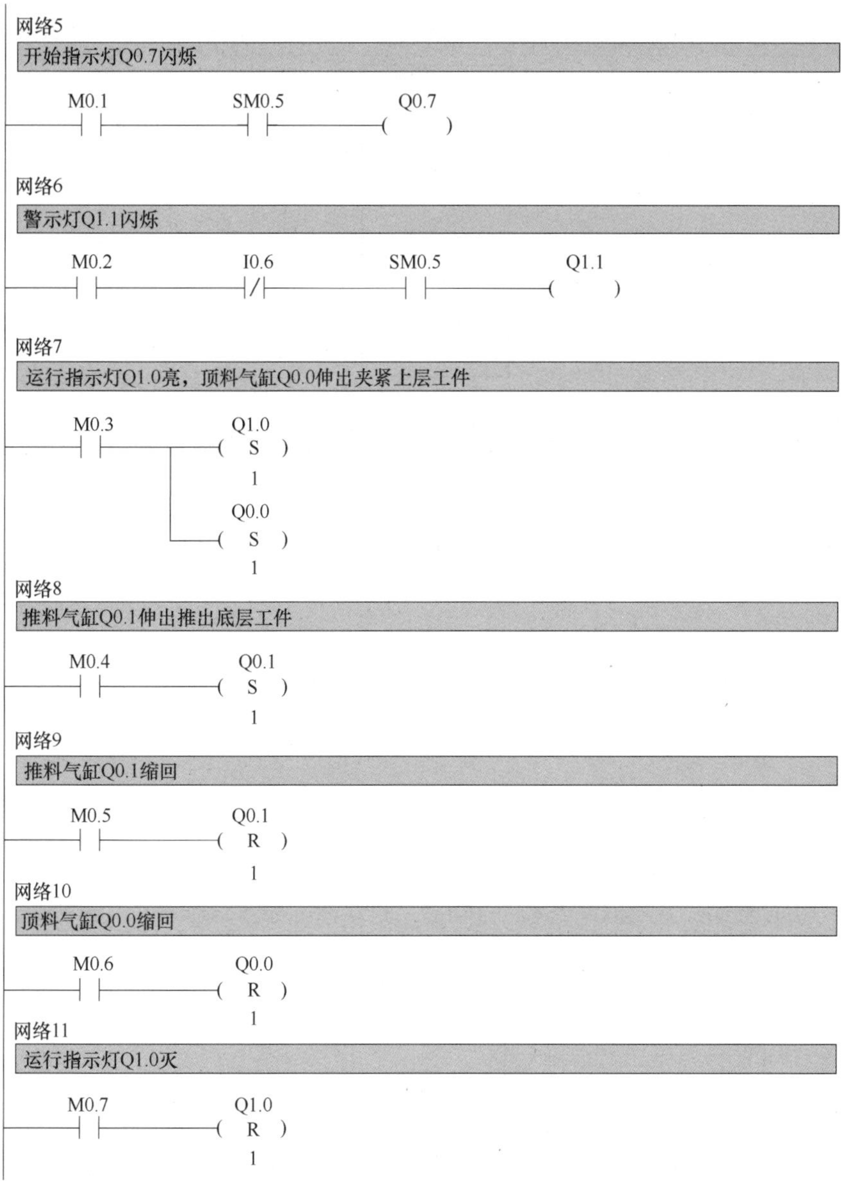

图 1-25　顺序执行相应工序梯形图

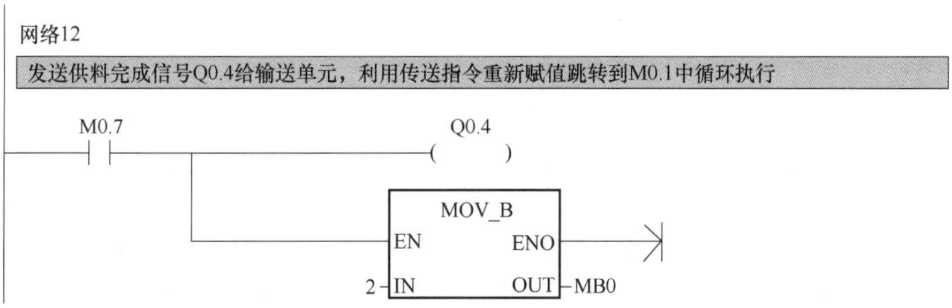

图 1-26　循环判断和发送供料完成信号的梯形图

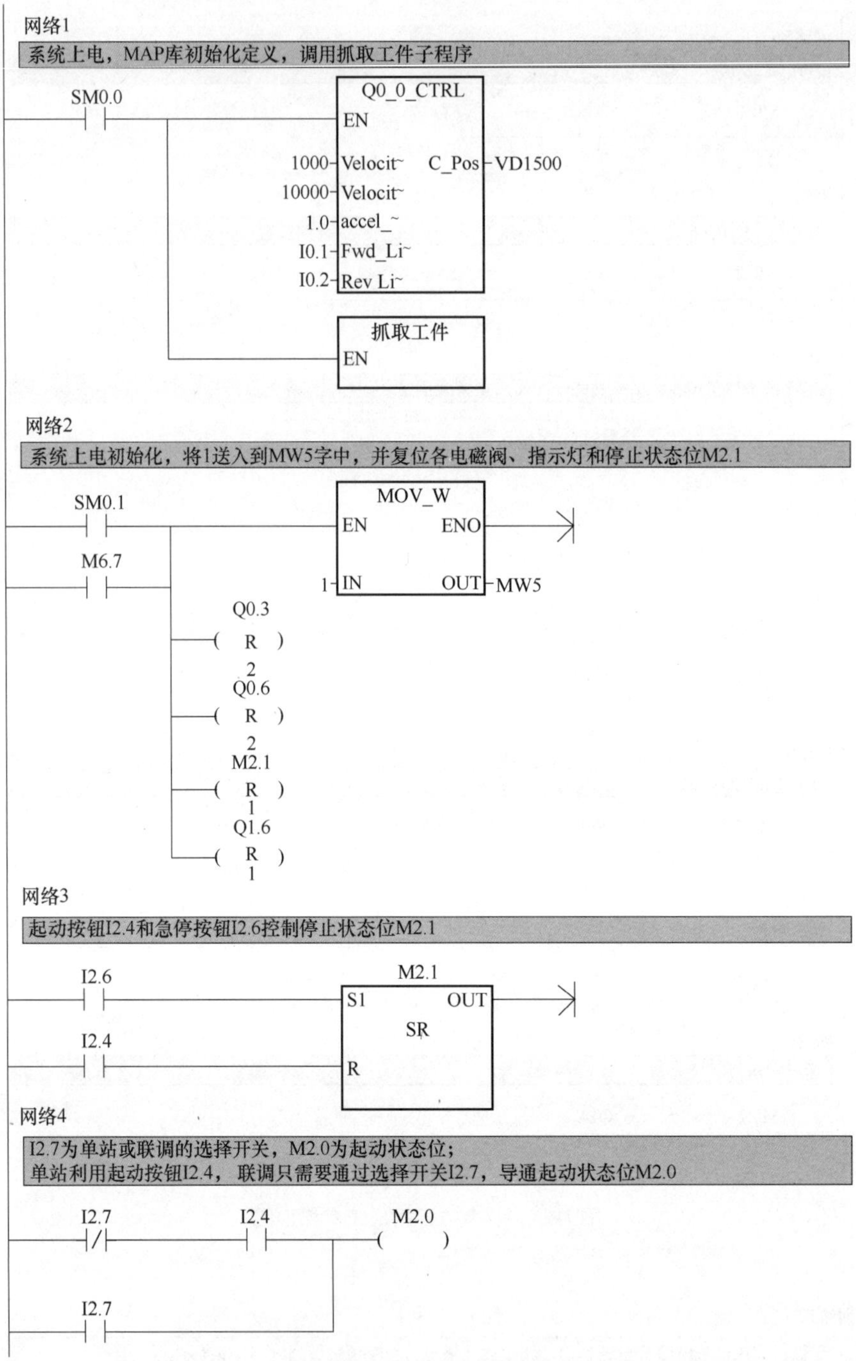

图 1-27　系统初始化梯形图

件推至供料台上，同时输送单元接收到供料完成信号（I2.1）后，左移指令左移 1 位，M6.5 导通；M6.5 导通后，网络 11 中 M9.2 导通，调用抓取工件子程序，机械手抓取供料台上的工件，左移指令在接收到抓取工件完成位 M9.0 后左移 1 位，M6.6 导通；M6.6 导通后，网络 12 中回转气缸 Q0.4 左转，I0.5 检测到左移到位后，左移指令左移 1 位，M6.7 导通；M6.7 导通后，在网络 2 中利用传送指令重新赋值跳转到 M6.0 中循环执行，同时伺服电动机驱动机械手将工件输送至其他工作单元。

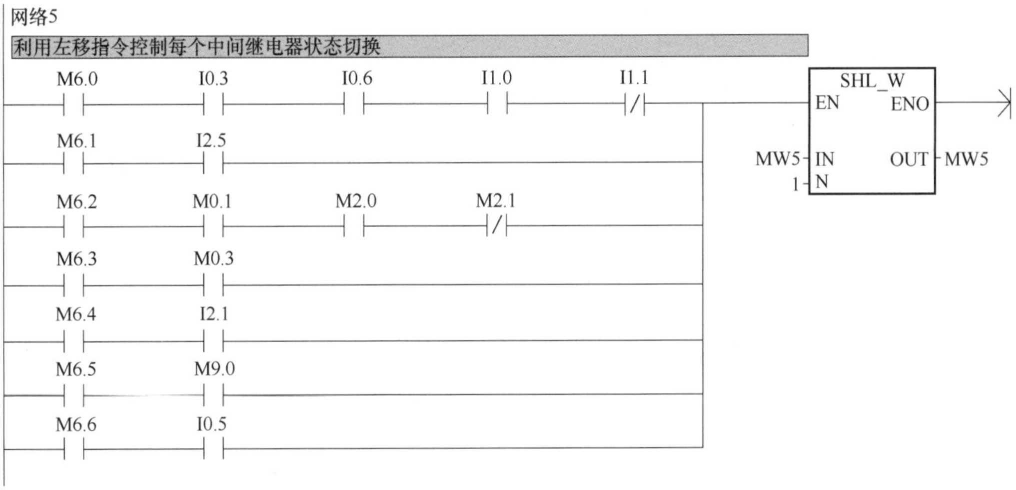

图 1-28　利用左移指令控制每个中间继电器状态切换的梯形图

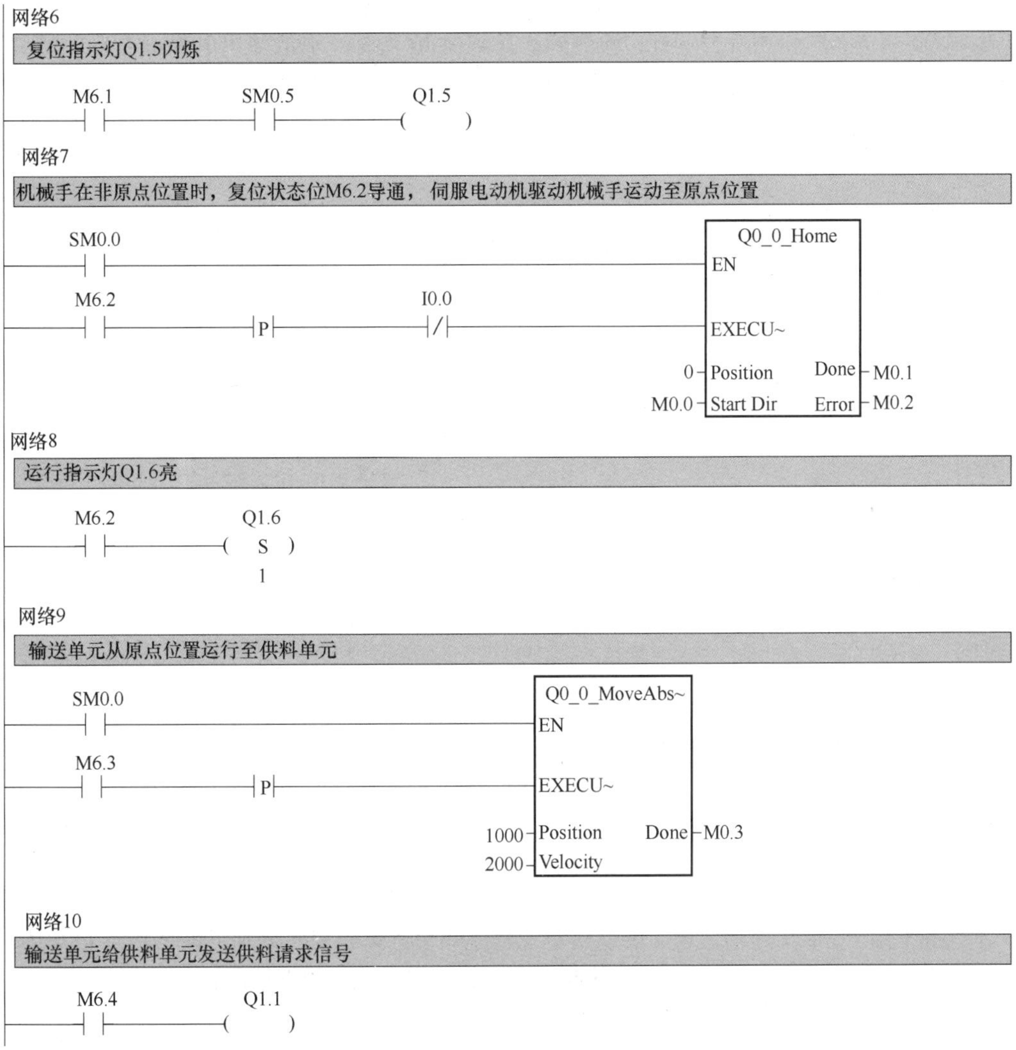

图 1-29　顺序执行相应工序梯形图

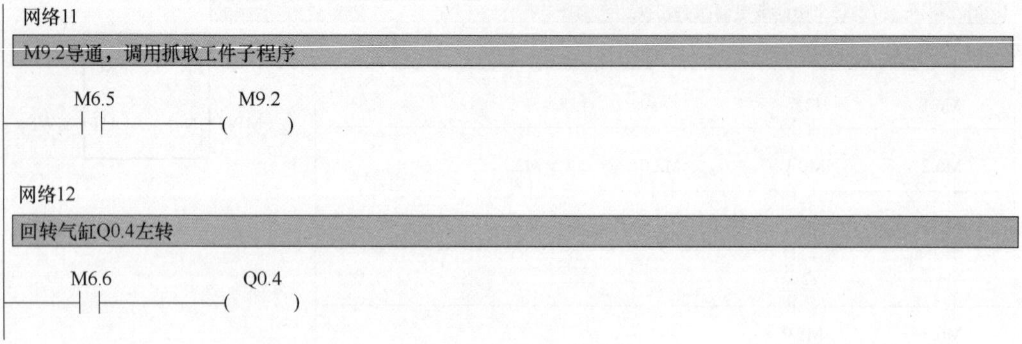

图 1-29　顺序执行相应工序梯形图（续）

2）抓取工件子程序。具体梯形图如图 1-30 所示。未按下急停按钮 I2.6 时，当 M9.2 导通后，机械手检测到抬升下限 I0.3 时，手爪伸出电磁阀 Q0.6 被置位，机械手伸出；检测到伸出到位 I0.7 时，手爪夹紧电磁阀 Q0.7 被置位，机械手爪夹紧工件；检测到夹紧到位 I1.1 时，抬升台电磁阀 Q0.3 被置位，抬升台上升；检测到上升到位 I0.4 时，手爪伸出电磁阀 Q0.6 和手爪夹紧电磁阀 Q0.7 均被复位，手爪缩回；检测到手爪缩回到位 I1.0 时，抓取完毕后标志位 M9.0 导通。

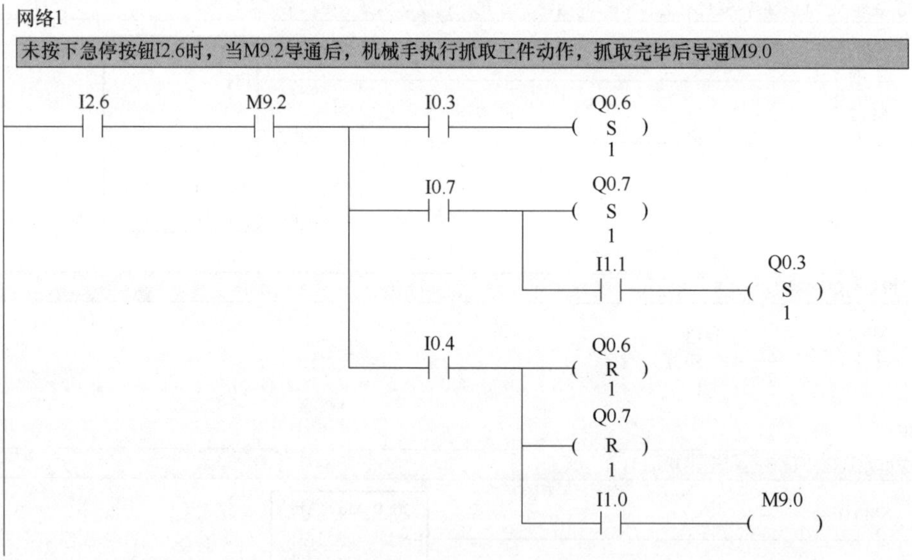

图 1-30　抓取工件子程序梯形图

4. 下载与调试

本任务采用 PC/PPI 通信协议，将供料单元程序和输送单元程序分别下载至各自 PLC 中。联机调试程序时，当按下输送单元面板上的起动按钮时，需要观察如下情况：

1）输送单元能否向供料单元发送请求供料信号。

2）供料单元能否读取输送单元发送来的请求供料信号。

3）供料单元在接收到输送单元的请求供料信号后，把料仓中的工件推出到物料台后，能否向输送单元发送供料完成信号。

4）输送单元在接收到供料完成信号后，能否驱动其机械手抓取物料台上的工件，并将其输送至其他工作单元。

在联机运行程序时，若出现供料单元无法接收到请求供料信号或者输送单元无法接收到供料完成信号，则说明 I/O 通信规定的接线不正确或没有连接好，需要检查接线并重新接好，直到通信正常为止。

「练习反馈」

1）简述如何设计供料单元与输送单元 I/O 接口通信。

2）伺服电动机驱动机械手在导轨上进行直线运动，需要设置哪些参数？

工作任务 1.3　生产线 I/O 通信系统的组建

在自动生产线中，供料单元是起始单元，供给待加工的工件；加工单元完成工件的加工工艺；输送单元将工件搬运到不同的工作单元。在联机运行时，供料单元、加工单元与输送单元不再是彼此独立的工作单元，而是彼此相互制约且协调工作的工作单元。

为了保证设备运行的安全性和可靠性，联机运行时，供料单元、加工单元需要检查输送单元是否做好接收的准备工作，而输送单元请求供料、加工时，也要等待供料单元和加工单元已准备好，否则就不能协调运行。因此，在联机运行中，需要组建工作单元的 I/O 通信系统，才能实现彼此相互制约且协调工作的目的。

「任务描述」

在联机运行时，供料单元、加工单元与输送单元的工作过程如下：输送单元向供料单元发送请求供料信号；供料单元在接收到输送单元的请求供料信号后，按照需要将放置在料仓中待加工的工件自动地推出到物料台上，同时向输送单元发送供料完成信号；输送单元在接收到供料完成信号后，驱动其机械手抓取物料台上的工件输送至加工单元，并向加工单元发送请求加工信号；加工单元在接收到输送单元的请求加工信号后，按照需要将放置在物料台上的工件移送到加工冲压气缸的正下方，完成冲压加工后将其重新送回物料台上，向输送单元发送加工完成信号；输送单元在接收到加工完成信号后，驱动其机械手抓取物料台上的工件输送至其他单元。

因此，本任务在实施中需要设计用于 3 个单元进行通信的 I/O 接口，编写 3 个单元的 PLC 程序，实现供料单元、加工单元与输送单元之间数据信号的交换，其中 PLC 程序的下载则可以采用 PPI 通信协议实现。

「任务目标」

1）熟悉 I/O 接口通信设计的工作原理。

2）掌握 3 个单元之间 I/O 接口通信的方法。

「任务准备」

任务准备内容见表 1-10。

表 1-10 任务准备

序号	硬件	软件
1	CPU 224 AC/DC/RLY	STEP7-Micro/WIN
2	CPU 224 AC/DC/RLY	
3	CPU 226 DC/DC/DC	

「相关知识」

1. 加工单元的结构

加工单元是把该单元物料台上的工件（工件由输送单元的抓取机械手装置送来）送到加工冲压气缸下面，完成一次冲压加工动作，然后再送回到物料台上，等待输送单元的抓取机械手装置取出。加工单元主要由手爪夹紧气缸、料台伸缩气缸、加工冲压气缸、传感器、工件、PLC 模块、接线端口和按钮/指示灯模块等组成。其中手爪夹紧气缸、料台伸缩气缸和加工冲压气缸的伸出和缩回都分别由二位五通单电控电磁阀电磁铁带电和弹簧复位控制。而手爪夹紧气缸、料台伸缩气缸和加工冲压气缸的先后动作顺序，则由安装在物料台上用来检测物料台有无工件的漫反射式传感器和安装在气缸外侧用来检测活塞运动位置的磁性开关控制。即将传感器检测的物料台无工件信号作为手爪夹紧气缸夹紧的起始信号，利用手爪夹紧气缸夹紧信号作为料台伸缩气缸缩回的起始信号，利用料台伸缩气缸缩回到位的信号作为加工冲压气缸下降的起始信号，利用加工冲压气缸下降到位的信号作为加工冲压气缸上升的起始信号，利用加工冲压气缸上升到位的信号作为料台伸缩气缸伸出的起始信号，利用料台伸缩气缸伸出到位的信号作为手爪夹紧气缸松开的起始信号。图 1-31 为加工单元实物图。

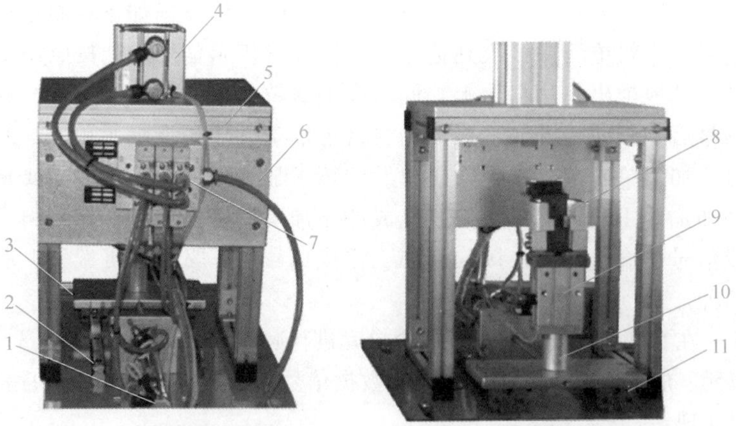

a) 正视图 b) 俯视图

图 1-31 加工单元实物图

1—料台伸缩气缸 2—导轨 3—滑动底板 4—加工冲压气缸 5—气缸支架 6—安装板 7—阀组 8—手爪夹紧气缸 9—气动手指气缸 10—连接座 11—滑块

2. 加工单元的气动控制回路原理图

加工单元的执行机构是电磁阀控制的双作用气缸，其中电磁阀的动作由 PLC 控制实现。

图1-32为加工单元气动控制回路原理图。图中I0.1、I0.2、I0.3、I0.4和I0.5为安装在气缸两个极限工作位置上的磁感应接近开关，Q0.0、Q0.2和Q0.3为控制气缸动作的电磁阀。通常，加工冲压气缸的初始位置设定在缩回状态，料台伸缩气缸和手爪夹紧气缸的初始位置设定在伸出状态。

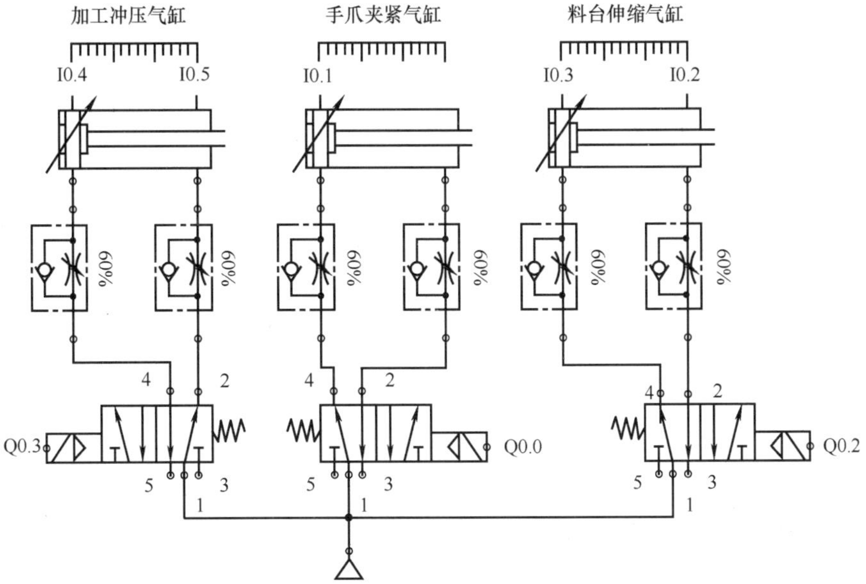

图1-32　加工单元气动控制回路原理图

「任务实施」

1. 通信信号指向关系

三个单元的通信指向关系

为了保证设备运行的安全性和可靠性，联机运行时，需要规划好供料单元、加工单元与输送单元之间传递的状态信息，合理分配I/O接口。由任务描述中可知，供料单元与输送单元之间只需要连接两根通信线，分别用于接收输送单元发送来的供料请求信号和向输送单元发送供料完成信号；加工单元与输送单元之间也只需要连接两根通信线，分别用于接收输送单元发送来的加工请求信号和向输送单元发送加工完成信号。

图1-33为供料单元、输送单元与加工单元的I/O通信信号指向关系图，其中，供料单元中的供料完成信号（Q0.4）通过I/O接口传递给输送单元中的I2.1；输送单元中的供料请求信号（Q1.1）通过I/O接口传递给供料单元中的I1.0；加工单元中的加工完成信号（Q0.5）通过I/O

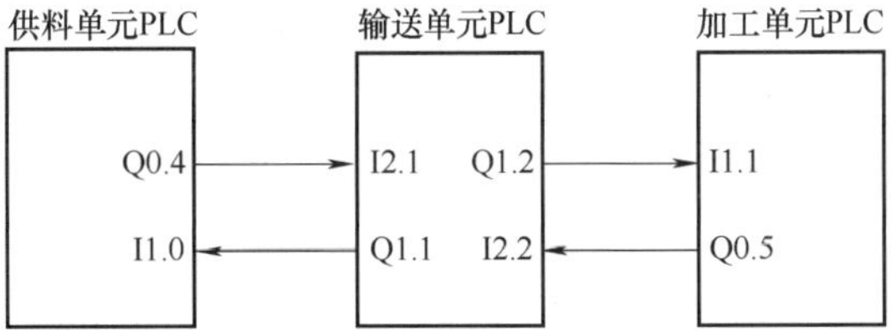

图1-33　供料单元、输送单元与加工单元的I/O通信信号指向关系图

接口传递给输送单元中的I2.2；输送单元中的加工请求信号（Q1.2）通过I/O接口传递给加工单元中的I1.1。表1-11为供料单元、输送单元与加工单元的I/O接口通信信号指向说明。

表1-11 供料单元、输送单元与加工单元的I/O接口通信信号指向说明

I/O通信接口	通信说明
I2.1	输送单元读取供料单元发送的供料完成信号
I2.2	输送单元读取加工单元发送的加工完成信号
I1.0	供料单元读取输送单元发送的供料请求信号
I1.1	加工单元读取输送单元发送的加工请求信号
Q0.4	供料单元向输送单元发送供料完成信号
Q0.5	加工单元向输送单元发送加工完成信号
Q1.1	输送单元向供料单元发送供料请求信号
Q1.2	输送单元向加工单元发送加工请求信号

2. I/O分配

根据任务描述可知，供料单元有两个I/O接口通信信号，分别用于接收输送单元的供料请求信号和向输送单元发送供料完成信号；加工单元有两个I/O接口通信信号，分别用于接收输送单元的加工请求信号和向输送单元发送加工完成信号；输送单元有4个I/O接口通信信号，分别为向供料单元发送供料请求信号和接收供料单元的供料完成信号，以及向加工单元发送加工请求信号和接收加工单元的加工完成信号。表1-12为加工单元的I/O分配表，表1-13为输送单元的I/O分配表。

表1-12 加工单元的I/O分配表

输入信号			输出信号		
序号	输入点	信号名称	序号	输出点	信号名称
1	I0.0	物料检测	1	Q0.0	手爪夹紧电磁阀
2	I0.1	手爪夹紧检测	2	Q0.2	料台伸缩电磁阀
3	I0.2	料台伸出到位	3	Q0.3	加工冲压电磁阀
4	I0.3	料台缩回到位	4	Q0.7	开始指示灯
5	I0.4	加工冲压上限	5	Q1.0	运行指示灯
6	I0.5	加工冲压下限	6	Q1.1	警示指示灯
7	I1.2	停止按钮	7	Q0.5	加工单元向输送单元发送加工完成信号
8	I1.3	起动按钮	8		
9	I1.4	急停按钮			
10	I1.5	单站/联调选择开关			
11	I1.1	加工单元读取输送单元发送的加工请求信号			

表 1-13　输送单元的 I/O 分配表

输入信号			输出信号		
序号	输入点	信号名称	序号	输出点	信号名称
1	I0. 1	右限位保护	1	Q0. 0	脉冲
2	I0. 2	左限位保护	2	Q0. 1	方向
3	I0. 3	机械手抬升下限检测	3	Q0. 3	抬升台上升电磁阀
4	I0. 4	机械手抬升上限检测	4	Q0. 4	回转气缸左旋电磁阀
5	I0. 5	机械手旋转左限检测	5	Q0. 5	回转气缸右旋电磁阀
6	I0. 6	机械手旋转右限检测	6	Q0. 6	手爪伸出电磁阀
7	I0. 7	机械手伸出检测	7	Q0. 7	手爪夹紧电磁阀
8	I1. 0	机械手缩回检测	8	Q1. 0	手爪放松电磁阀
9	I1. 1	机械手夹紧检测	9	Q1. 5	复位指示灯
10	I1. 2	伺服报警	10	Q1. 6	运行指示灯
11	I2. 4	起动按钮	11	Q1. 7	停止指示灯
12	I2. 5	复位按钮	12	Q1. 1	输送单元向供料单元发送供料请求信号
13	I2. 6	急停按钮			
14	I2. 7	单站/联调选择开关	13	Q1. 2	输送单元向加工单元发送加工请求信号
15	I2. 1	输送单元读取供料单元发送的供料完成信号			
16	I2. 2	输送单元读取加工单元发送的加工完成信号			

3. 程序设计

PLC 程序包括供料单元程序（在工作任务 1.2 中已给出）、加工单元程序和输送单元程序。

（1）加工单元程序设计

加工单元程序主要包括 4 大部分，第 1 部分是网络 1~3，系统上电后实现程序的初始化；第 2 部分是网络 4，利用左移指令控制每个中间继电器的状态切换，即控制顺序流程中步状态的切换；第 3 部分是网络 5~13，顺序执行相应工序，即控制顺序流程中动作状态的切换；第 4 部分是网络 14，运行循环判断和发送加工完成信号。

图 1-34 为系统初始化梯形图，其中，在网络 1 中，PLC 上电首次扫描时，利用传送指令将 1 送入到 MW0 字中使 M1. 0 置位为 1，利用复位指令复位夹紧电磁阀 Q0. 0、料台伸缩电磁阀 Q0. 2、加工冲压电磁阀 Q0. 3 和停止状态位 M2. 1。在网络 2 中，利用置位优先指令，通过起动按钮 I1. 3 和停止按钮 I1. 2 控制停止状态位 M2. 1。在网络 3 中，I1. 5 为单站或联调的选择开关，M2. 0 为起动状态位。其中，在单站运行时是利用起动按钮 I1. 3 和开关 I1. 5 选择单站模式即可控制起动状态位 M2. 0 导通，在联调运行时是在接收到输送单元发送来的加工请求信号 I1. 1 和开关

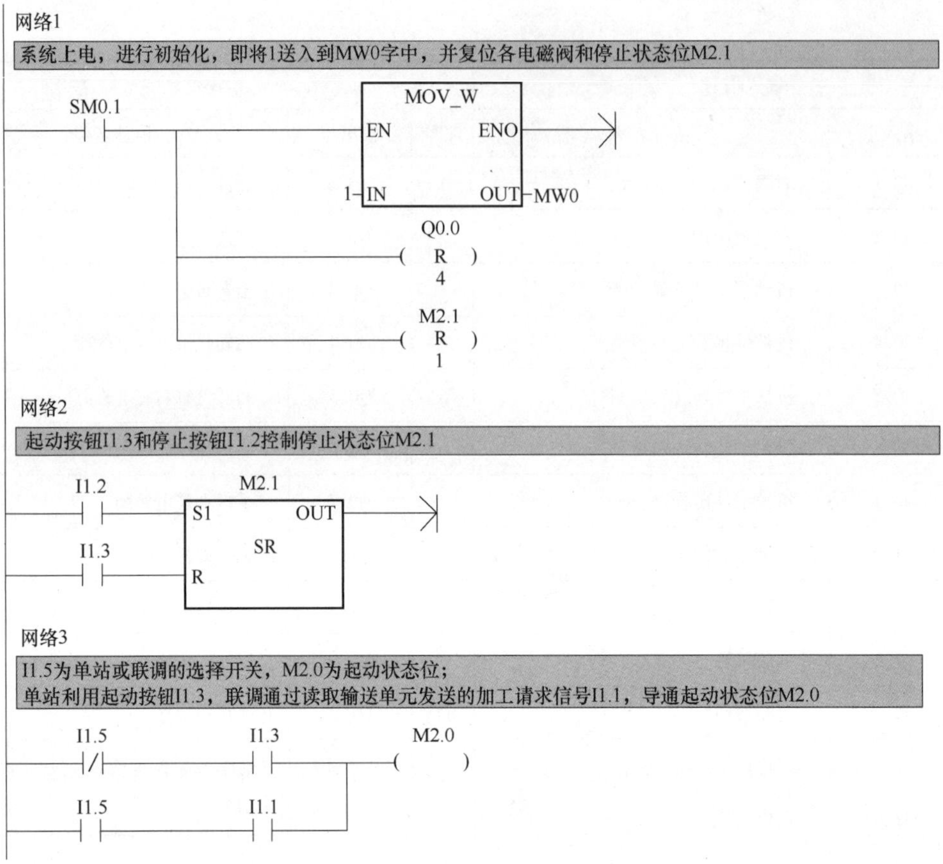

图 1-34　系统初始化梯形图

I1.5 选择联调模式下导通起动状态位 M2.0。

图 1-35 为利用左移指令控制每个中间继电器状态切换的梯形图，图 1-36 为顺序执行相应工

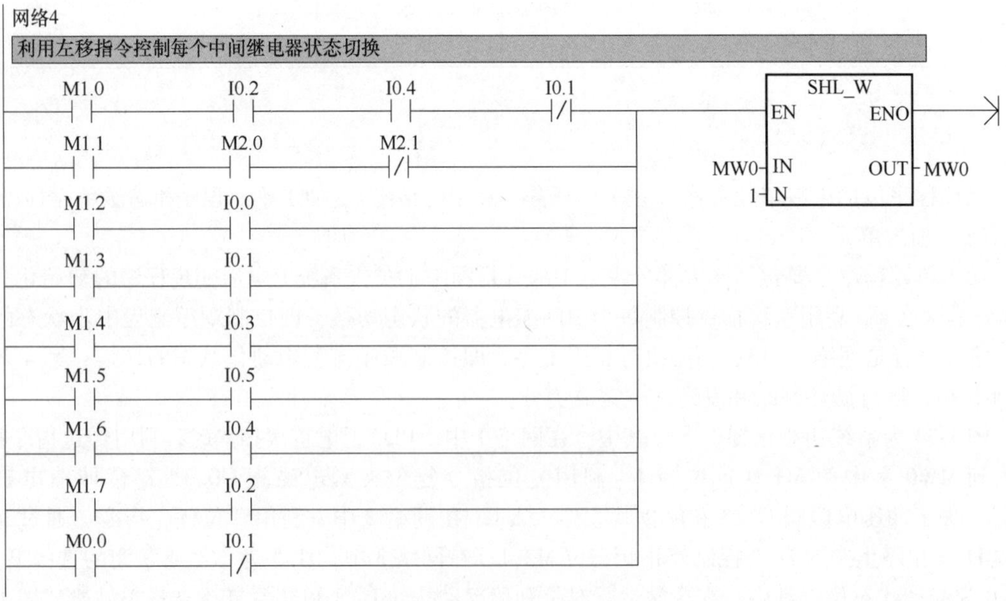

图 1-35　利用左移指令控制每个中间继电器状态切换的梯形图

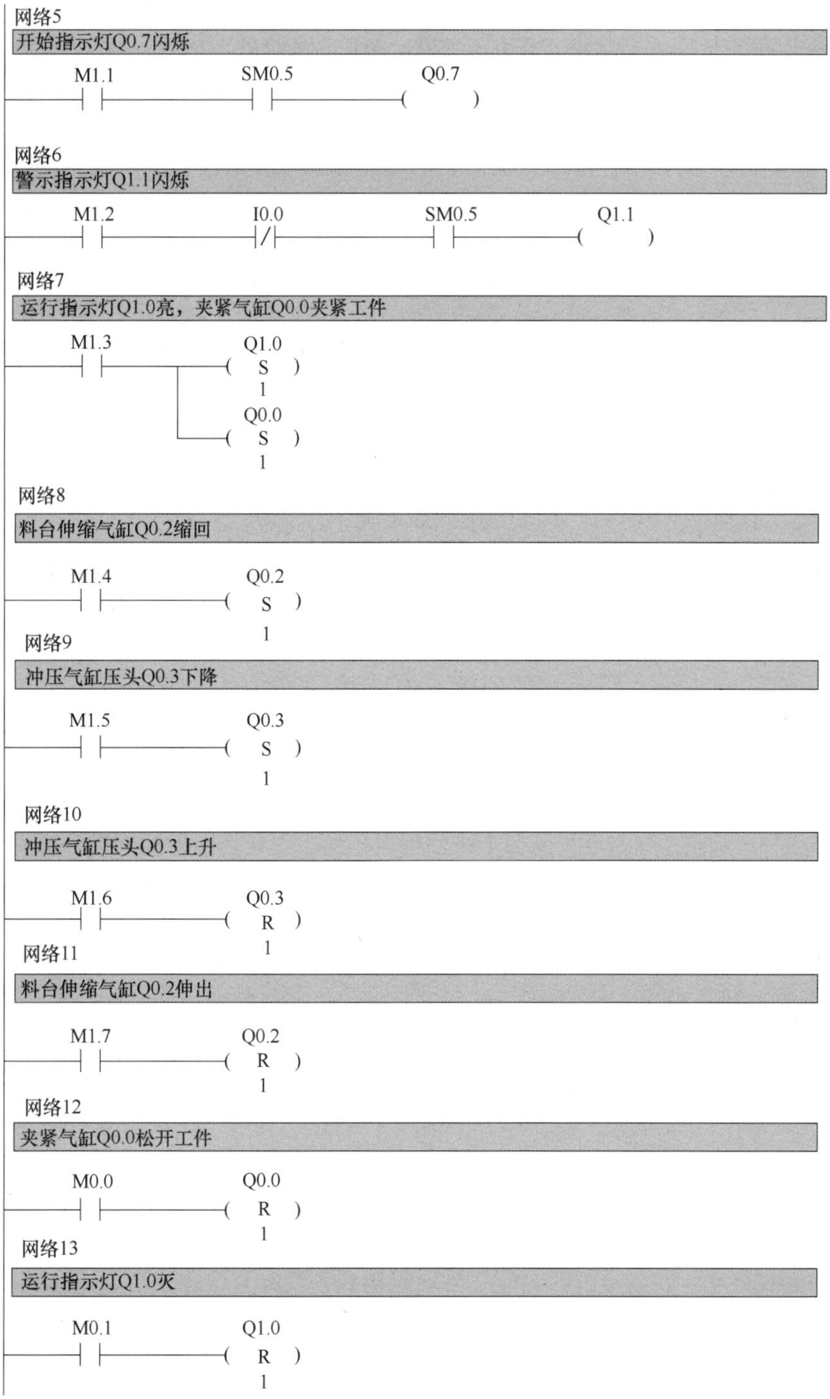

图 1-36 顺序执行相应工序梯形图

序梯形图。在网络 4 中，待各气缸的磁性开关均检测到各气缸复位完成后，左移指令左移 1 位，M1.1 导通，网络 5 中，开始指示灯 Q0.7 闪烁；按下开始按钮或接收到输送单元发送来的加工请求信号后，左移指令左移 1 位，M1.2 导通；M1.2 导通后，判断加工台有无工件，若无工件，则网络 6 中的警示指示灯 Q1.1 闪烁，等待工件；若有工件，则程序顺序执行左移指令左移 1 位，M1.3 导通；M1.3 导通后，网络 7 中运行指示灯 Q1.0 亮，夹紧气缸 Q0.0 夹紧工件，夹紧到位后，执行左移指令左移1位，M1.4导通；M1.4导通后，网络8中料台伸缩气缸Q0.2缩回，缩回到位后，执行左移指令左移1位，M1.5导通；M1.5导通后，网络9中加工冲压气缸压头Q0.3下降，下降到位后，执行左移指令左移1位，M1.6导通；M1.6导通后，网络10中加工冲压气缸压头Q0.3上升，上升到位后，执行左移指令左移1位，M1.7导通；M1.7导通后，网络11中料台伸缩气缸Q0.2伸出，伸出到位后，执行左移指令左移1位，M0.0导通；M0.0导通后，网络12中夹紧气缸Q0.0松开工件，松开到位后，执行左移指令左移1位，M0.1导通则网络13中运行指示灯Q1.0灭。

图1-37为循环判断和发送加工完成信号的梯形图，当M0.1导通后，发送加工完成信号Q0.5给输送单元，同时利用传送指令重新赋值跳转到M1.1中循环执行。

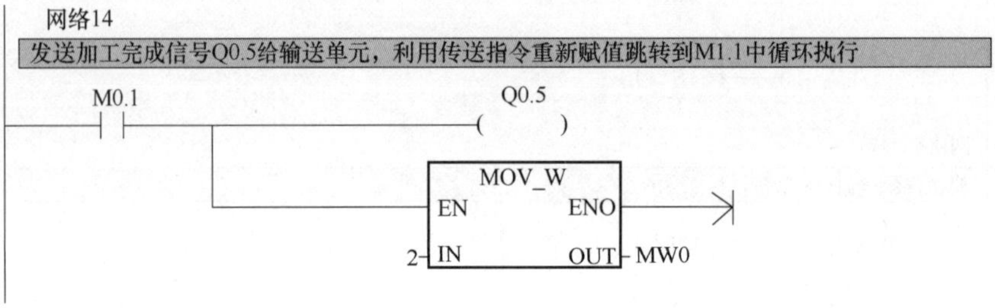

图1-37 循环判断和发送加工完成信号的梯形图

（2）输送单元程序设计

输送单元程序由主程序、抓取工件子程序和放下工件子程序组成。

1）主程序。主程序包括4大部分，第1部分是网络1～4，系统上电后实现程序的初始化；第2部分是网络5，利用左移指令控制每个中间继电器的状态切换，即控制顺序流程中步状态的切换；第3部分是网络6～17，顺序执行相应工序，即控制顺序流程中动作状态的切换；第4部分是网络2中利用M5.7实现程序循环运行。

图1-38为系统初始化梯形图，其中，在网络1中，系统上电后，MAP库初始化定义，调用抓取工件、放下工件子程序。在网络2中，PLC上电首次扫描时，利用传送指令将1送入到MW5字中使M6.0置位为1，利用复位指令复位各电磁阀、指示灯和停止状态位M2.1。在网络3中，利用置位优先指令，通过起动按钮I2.4和急停按钮I2.6控制停止状态位M2.1。在网络4中，I2.7为单站或联调的选择开关，M2.0为起动状态位，其中，在单站运行时利用起动按钮I2.4和选择开关I2.7为单站模式即可控制起动状态位M2.0导通，而在联调运行时，只需要选择开关I2.7为联调模式即可导通起动状态位M2.0。

图1-39为利用左移指令控制每个中间继电器状态切换的梯形图，图1-40为顺序执行相应工序梯形图。在网络5中，待各气缸的磁性开关均检测到各气缸复位完成后，左移指令左移1位，M6.1导通，网络6中复位指示灯Q1.5闪烁；按下复位按钮I2.5，左移指令左移1位，M6.2导通；M6.2导通后，网络7中，机械手在非原点位置时，伺服电动机驱动机械手运动至原点位置后，回原点完成位M0.1导通，并且当起动M2.0置位、停止M2.1复位时，左移指令左移1位，M6.3导通；同时M6.2导通后，网络8中运行指示灯Q1.6亮；M6.3导通后，网络9中输送单元从原点位置运行至供料单元后，完成位M0.3导通，左移指令左移1位，M6.4导通；M6.4导通后，网络10中输送单元向供料单元发送供料请求信号（Q1.1），供料单元执行供料程序，将料仓的工件推至供料台上，同时输送单元在接收到供料完成信号（I2.1）后，左移指令左移1位，M6.5导通；M6.5导通后，网络11中M9.2导通，调用抓取工件子程序，机械手抓取供料台上的工件，左移指令在接收到抓取工件完成位M9.0后左移1位，M6.6导通；M6.6导通后，网络

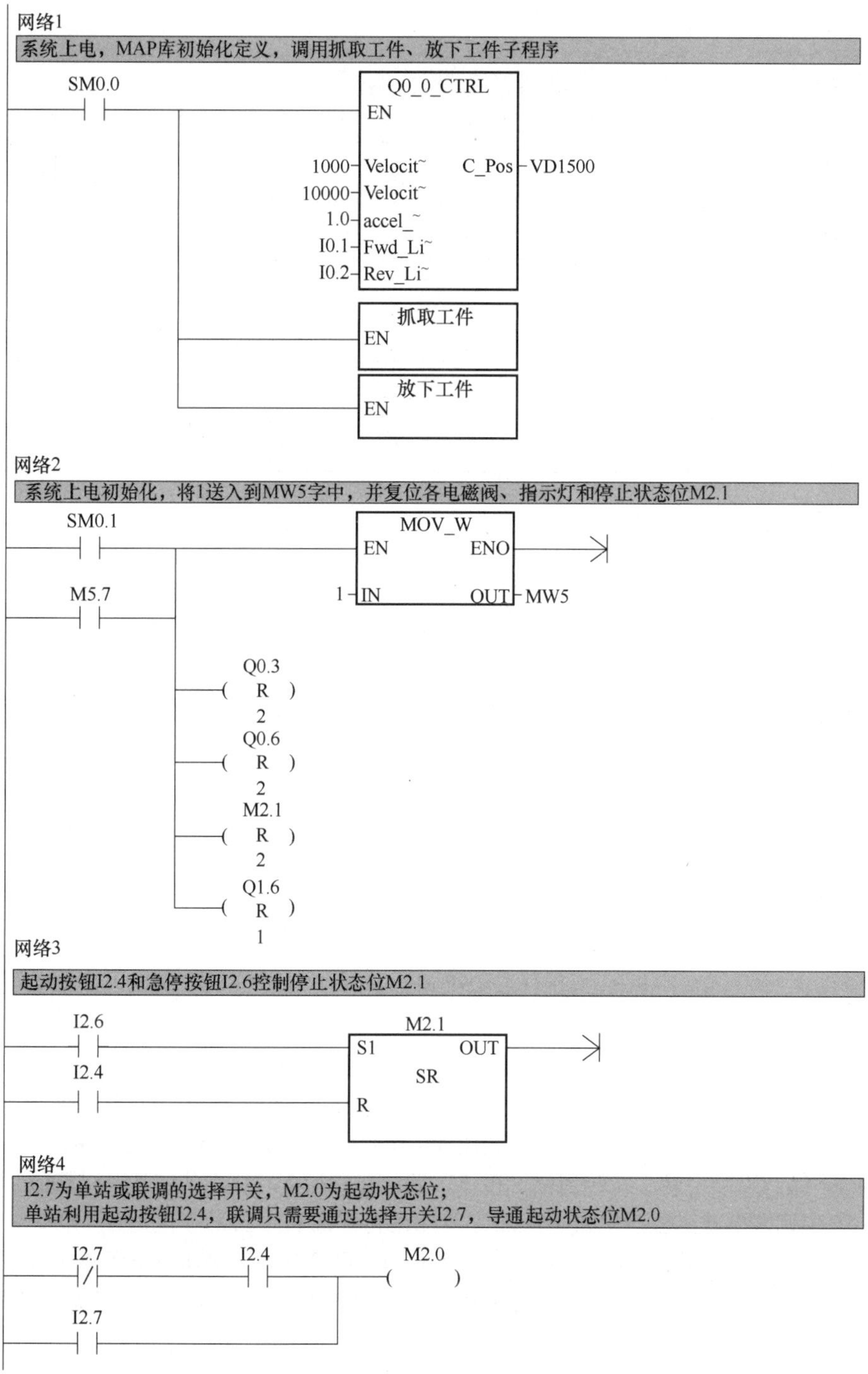

图 1-38　系统初始化梯形图

12 中回转气缸 Q0.4 左转，左转到位（I0.5）后，左移指令左移 1 位，M6.7 导通；M6.7 导通后，网络 13 中伺服电动机驱动机械手从供料单元运行至加工单元后，完成位 M0.4 导通，左移指令左移 1 位，M5.0 导通；M5.0 导通后，网络 17 中回转气缸 Q0.5 右转，右转到位（I0.6）后导通网络 14 中 M9.3，调用放下工件子程序，机械手将工件放到加工单元物料台上，左移指令在接收到放下工件完成位 M9.1 后左移 1 位，M5.1 导通；M5.1 导通后，网络 15 中输送单元向加工

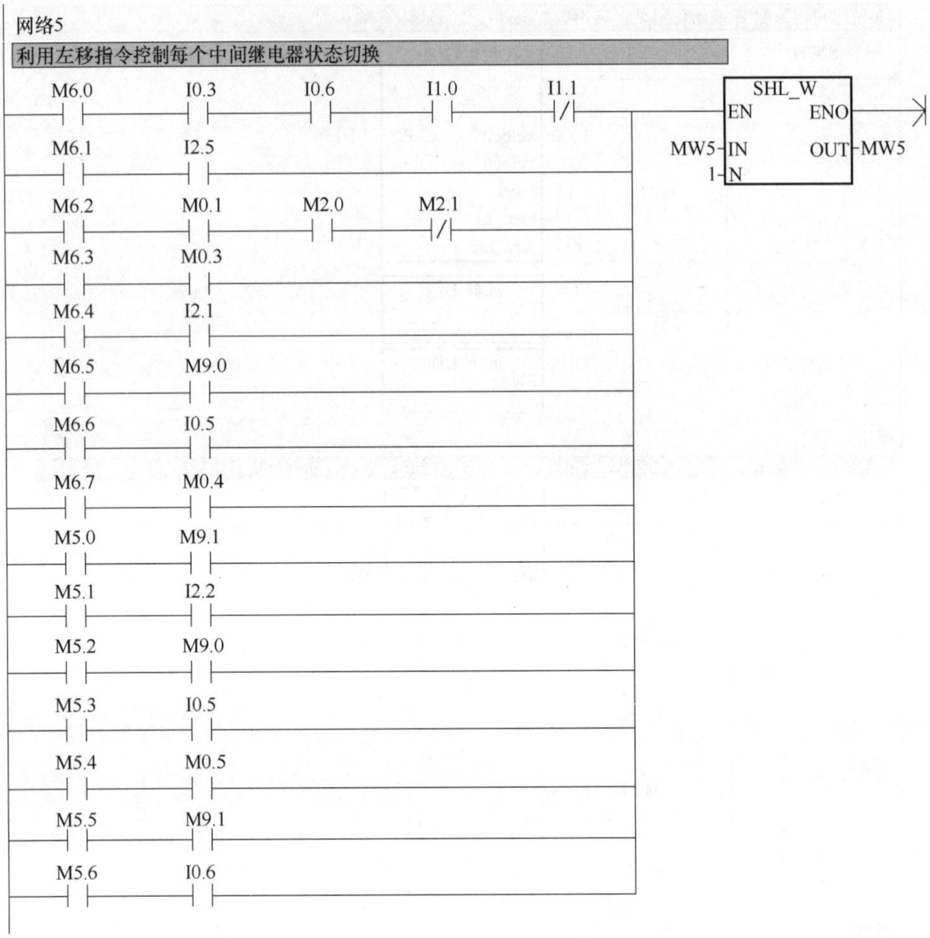

图 1-39　利用左移指令控制每个中间继电器状态切换的梯形图

单元发送加工请求信号（Q1.2），加工单元执行加工程序，同时输送单元在接收到加工完成信号（I2.2）后，左移指令左移 1 位，M5.2 导通；M5.2 导通后，网络 11 中 M9.2 导通，调用抓取工件子程序，左移指令在接收到抓取工件完成位 M9.0 后左移 1 位，M5.3 导通；M5.3 导通后，网络 12 中回转气缸 Q0.4 左转，左转到位（I0.5）后，左移指令左移 1 位，M5.4 导通；M5.4 导通后，网络 16 中伺服电动机驱动机械手从加工单元运行至放料平台后，完成位 M0.5 导通，左移指令左移 1 位，M5.5 导通；M5.5 导通后，网络 14 中 M9.3 导通，调用放下工件子程序，机械手将工件放到放料平台上，左移指令在接收到放下工件完成位 M9.1 后左移 1 位，M5.6 导通；M5.6 导通后，网络 17 中回转气缸 Q0.5 右转，右转到位（I0.6）后，左移指令左移 1 位，M5.7 导通；M5.7 导通后，网络 2 中利用传送指令重新赋值跳转到 M6.0 中循环执行。

2）抓取工件子程序。图 1-41 为抓取工件子程序，未按下急停按钮 I2.6 时，当 M9.2 导通后，机械手检测到抬升下限 I0.3 时，手爪伸出电磁阀（Q0.6）被置位，机械手伸出；检测到伸出到位 I0.7 时，手爪夹紧电磁阀（Q0.7）被置位，机械手夹紧工件；检测到夹紧到位 I1.1 时，抬升台上升电磁阀 Q0.3 被置位，抬升台上升；检测到上升到位 I0.4 时，手爪伸出电磁阀（Q0.6）和手爪夹紧电磁阀（Q0.7）均被复位，手爪缩回；检测到手爪缩回到位 I1.0 时，抓取完毕标志位 M9.0 导通。

3）放下工件子程序。图 1-42 为放下工件子程序，未按下急停按钮 I2. 6 时，当 M9. 3 导通后，机械手检测到抬升上限 I0. 4 时，手爪伸出电磁阀（Q0. 6）被置位，机械手伸出；检测到伸出到位 I0. 7 时，抬升台上升电磁阀 Q0. 3 被复位，抬升台下降；检测到下降到位 I0. 3 时，手爪放松电磁阀（Q1. 0）被置位，机械手松开工件；检测到松开到位 I1. 1 时，手爪伸出电磁阀（Q0. 6）和手爪放松电磁阀（Q1. 0）均被复位，手爪缩回；检测到手爪缩回到位 I1. 0 时，放松完毕标志位 M9. 1 导通。

4. 下载与调试

本任务采用 PC/PPI 通信协议，将供料单元程序、加工单元程序和输送单元程序分别下载至各自 PLC 中。联机调试程序时，当按下输送单元面板上的起动按钮后，需要观察如下情况：

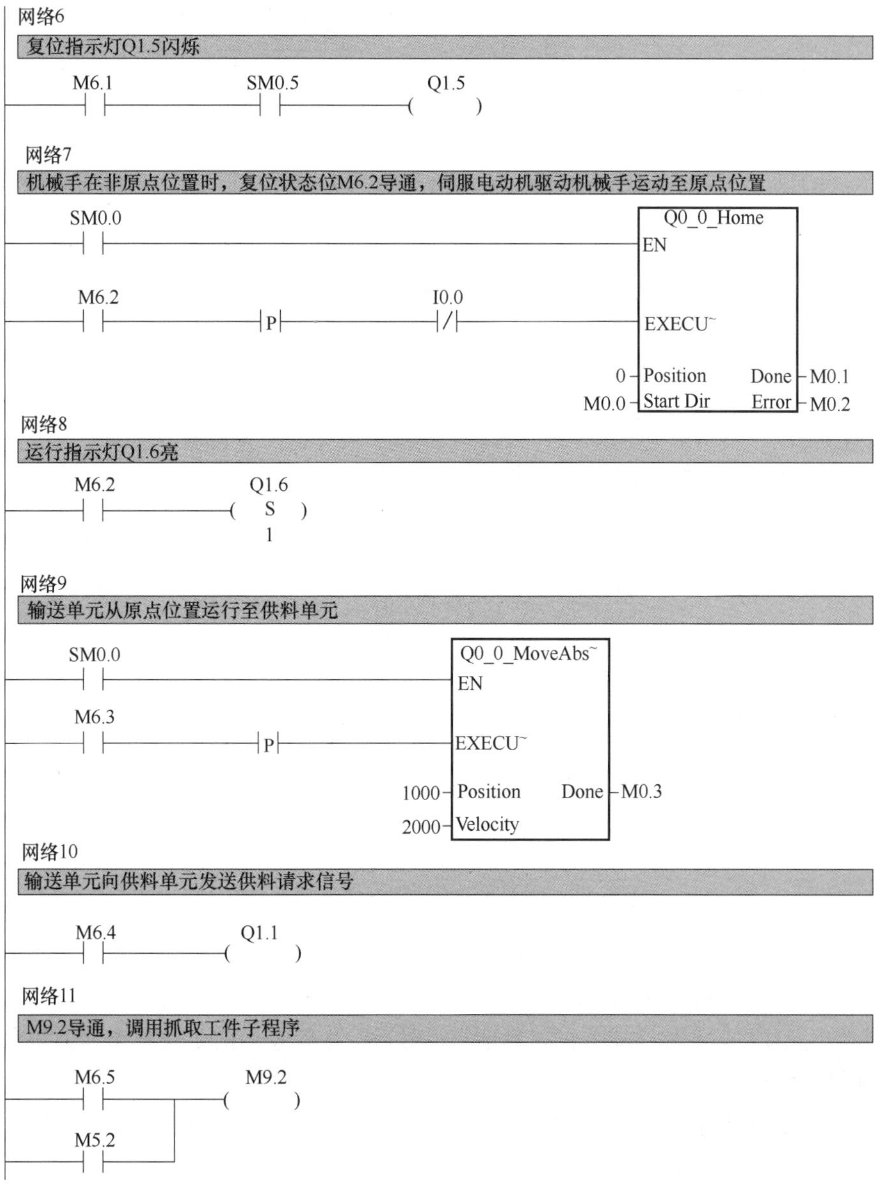

图 1-40　顺序执行相应工序梯形图

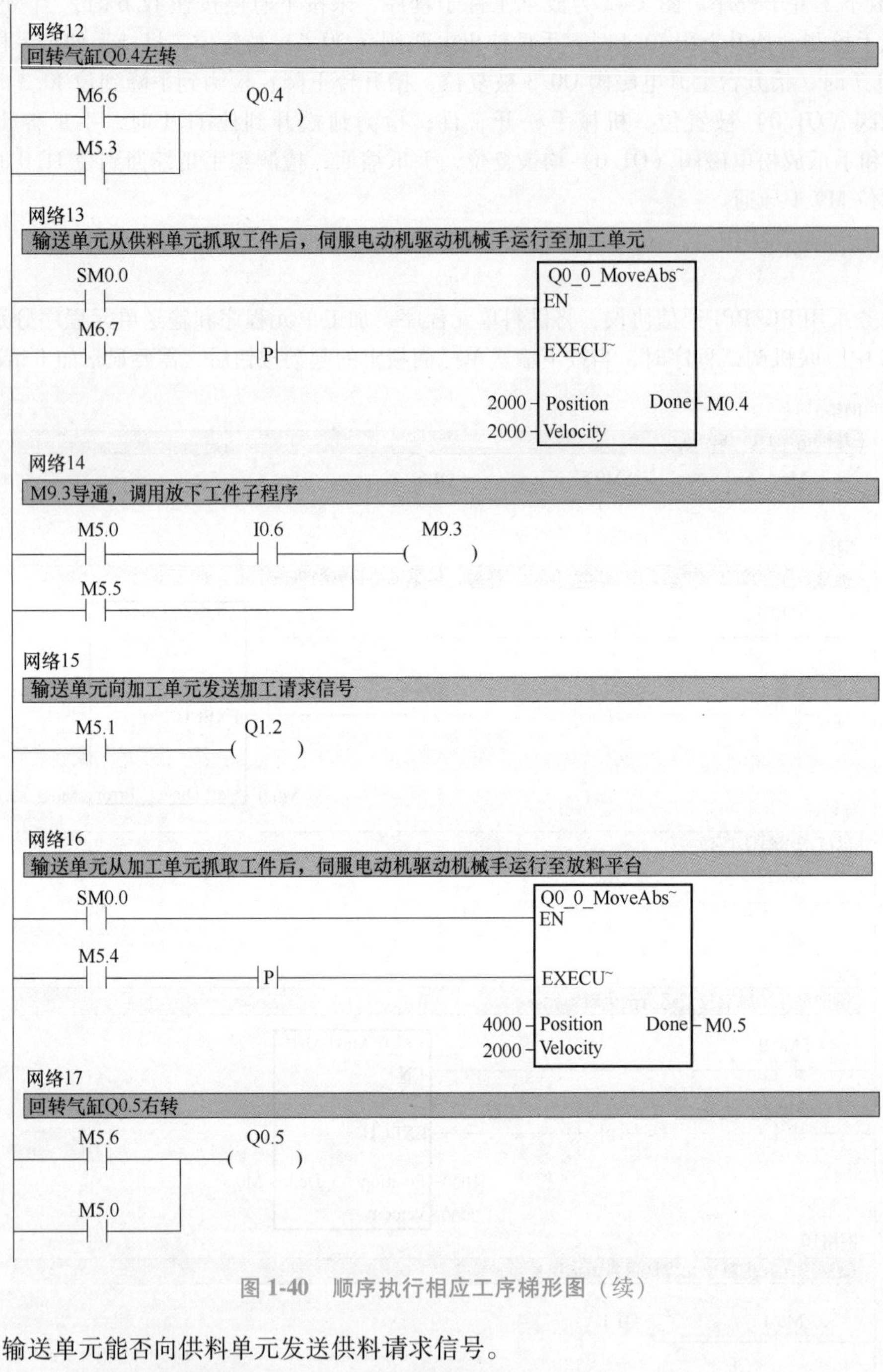

图 1-40　顺序执行相应工序梯形图（续）

1）输送单元能否向供料单元发送供料请求信号。

2）供料单元能否读取输送单元发送来的供料请求信号。

3）供料单元在接收到输送单元的供料请求信号后，把料仓中的工件推出到物料台后，能否向输送单元发送供料完成信号。

4）输送单元在接收到供料完成信号后，能否驱动其机械手抓取物料台上的工件，并将其输送至其他工作单元。

5）输送单元能否向加工单元发送加工请求信号。

6）加工单元能否读取输送单元发送来的加工请求信号。

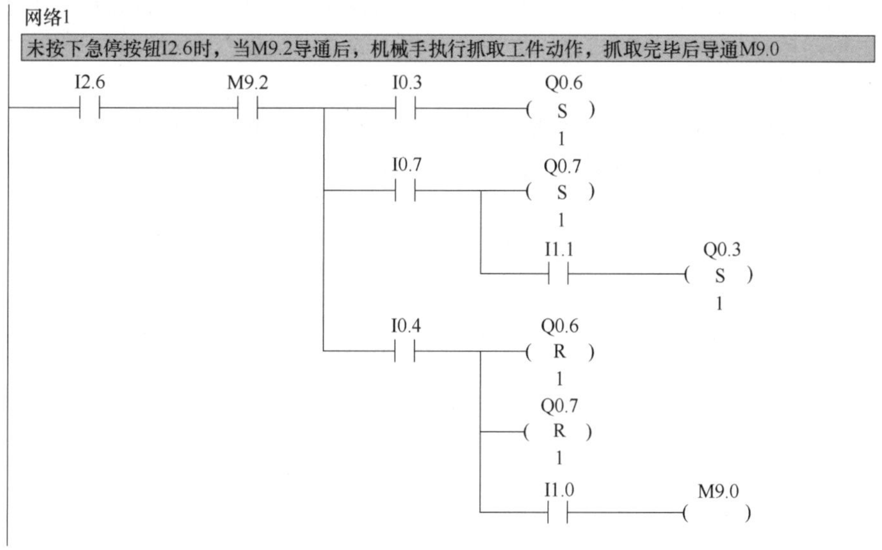

图 1-41　抓取工件子程序

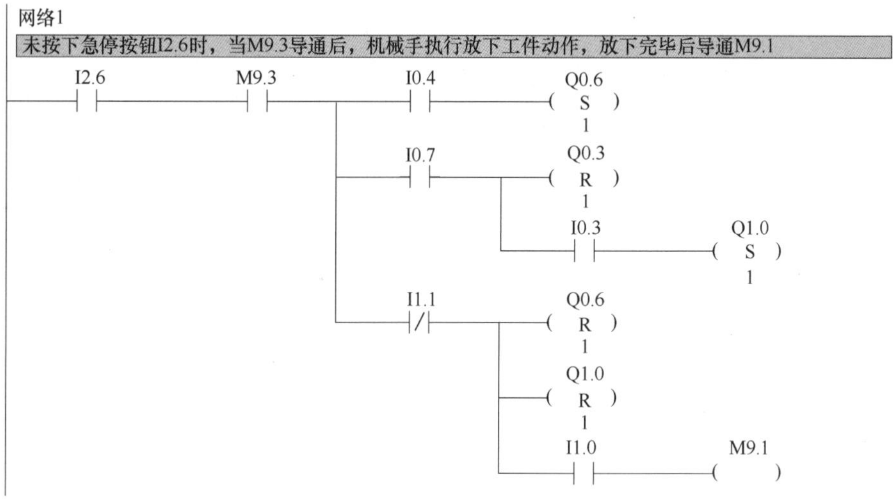

图 1-42　放下工件子程序

7）加工单元在接收到输送单元的加工请求信号后，把待加工工件从物料台移送到加工区域加工冲压气缸的正下方，完成对工件的冲压加工，然后把加工好的工件重新送回物料台后，能否向输送单元发送加工完成信号。

8）输送单元在接收到加工完成信号后，能否驱动其机械手抓取物料台上的工件，并将其输送至其他工作单元。

在联机运行程序时，如果出现供料单元无法接收到供料请求信号、加工单元无法接收到加工请求信号，或者输送单元无法接收到供料、加工完成信号，则说明 I/O 通信规定的接线不正确或没有连接好，需要检查接线并重新接好，直到通信正常为止。

「练习反馈」

1）简述如何设计供料单元与输送单元 I/O 接口通信。

2）完成供料单元与输送单元 I/O 接口通信连接与测试。具体为：将供料单元中的 Q0.4 通过 I/O 接口传递给输送单元中的 I2.1；将输送单元中的 Q1.1 通过 I/O 接口传递给供料单元中的 I1.0。

3）完成加工单元与输送单元 I/O 接口通信连接与测试。具体为：将加工单元中的 Q0.5 通过 I/O 接口传递给输送单元中的 I2.2；将输送单元中的 Q1.2 通过 I/O 接口传递给供料单元中的 I1.1。

项目 2

PPI 通信系统组建

PPI 协议是专门为 S7-200 PLC 和 S7-200 SMART PLC 开发的通信协议。S7-200 PLC CPU 的通信口（Port0、Port1）支持 PPI 通信协议，S7-200 PLC 的一些通信模块也支持 PPI 协议。STEP7-Micro/WIN 与 CPU 也通过 PPI 协议进行编程通信。

S7-200 PLC CPU 的 PPI 网络通信建立在 RS-485 网络的硬件基础上，因此其连接属性和需要的网络硬件设备与其他 RS-485 网络一致。

工作任务 2.1　PPI 通信系统连接与调试

「任务描述」

利用 PPI 通信电缆连接两个 PLC，并实现两者之间的 PPI 通信。

「任务目标」

掌握 PPI 通信的硬件连接技术及软件编程方法。

「任务准备」

任务准备内容见表 2-1。

表 2-1　任务准备

序号	硬件	软件
1	CPU 226 AC/DC/RLY	STEP7-Micro/WIN
2	PPI 通信电缆	

「相关知识」

1. 通信及网络概述

PLC 通信即 PLC 与 PLC、PLC 与计算机、PLC 与现场设备或远程 I/O 之间的信息交换。通信介质是信息传送的通道，是发送设备与接收设备之间的桥梁。

通信协议是通信过程中必须遵守的各种数据传送的规则，是通信得以进行的“法律”。

通信软件用于对通信的软件、硬件进行统一调度、控制和管理。

传输速率为单位时间内传送二进制数的位数。例如，数据的符号传输速率为每秒 480 字符，每个字符为 10 位，则数据传输速率为 10×480 = 4800（位/秒），即 4800（bit/s）；传送每一位的时间：T_d = 1/传输速率 = 1/4800 = 0.208（ms）。

（1）基本通信方式

1）并行通信。并行通信方式一般发生在 PLC 的内部各元器件之间、主机与扩展模块或近距离智能模块的处理器之间。并行传送时，一个数据的所有位同时传送，因此，每个数据位都需要一条单独的传输线，信息由多少二进制位组成就需要多少条传输线，如图 2-1 所示。

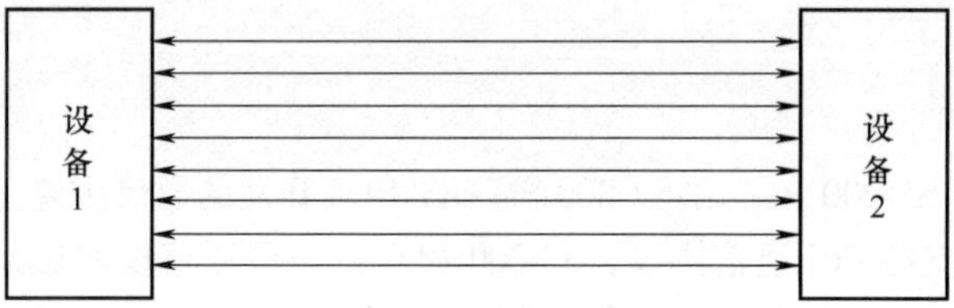

图 2-1　并行通信

2）串行通信。串行通信多用于 PLC 与计算机之间、多台 PLC 之间的数据传送。传送时，数据的各个不同位分时使用同一条传输线，从低位开始一位接一位按顺序传送，数据有多少位就需要传送多少次。串行通信如图 2-2 所示。

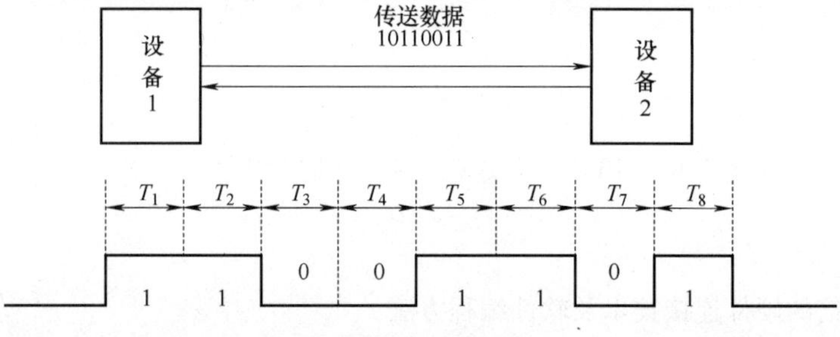

图 2-2　串行通信

串行通信分类如下：

① 按时钟分类：串行通信可分为同步串行传送和异步串行传送两种方式。

同步串行传送：以数据块为单位，在每个数据块的开始加入一个同步字符来控制同步，而在数据块中的每个字节前后无须加开始位、校验位和停止位标记，因而克服了异步串行传送效率低的缺点。同步串行传送要求用统一的时钟信号来实现发送端和接收端之间的严格同步，这种传送方式所需要的软件和硬件的价格昂贵，所以通常只在数据传输速率要求较高时才使用。

异步串行传送：允许传输线上的各个部件有各自的时钟，在各部件之间进行通信时没有统一的时间标准，相邻两个字符传送数据之间的停顿时间长短是不一样的，它是靠发送信息时同时发出字符的开始和结束标志信号来实现的，异步串行传送数据格式如图 2-3 所示。

S7-200 PLC 采用异步串行通信方式，传送字符数据格式有 10 位字符数据和 11 位字符数据两种。

10 位字符数据：1 个起始位、8 个数据位和 1 个停止位，传输速率为 9600bit/s。

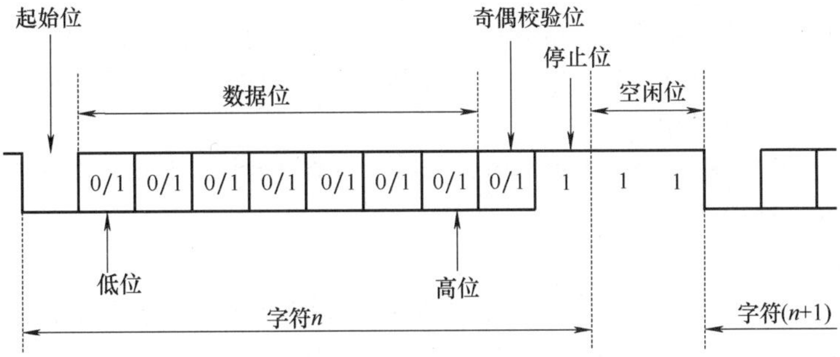

图 2-3　异步串行传送数据格式

11 位字符数据：1 个起始位、8 个数据位、1 个奇偶校验位和 1 个停止位，传输速率为 9600bit/s 或 19200bit/s。

② 按方向分类：串行通信按信息在设备间的传送方向又分为单工、半双工和全双工 3 种通信方式，分别如图 2-4a~c 所示。

（2）通信接口

1）RS-422A 通信接口。RS-422A 通信速率、通信距离和抗共模干扰等方面较 RS-232C 通信接口有较大的提高。使用 RS-422A 通信接口最大数据传输速率可达 10Mbit/s（对应距离为 12m），最大通信距离为 1200m（对应的通信速率为 10kbit/s）。

2）RS-485 通信接口。RS-485 的抗干扰能力极强，传输距离可达 1200m，传输速率可达 10Mbit/s。符合欧洲标准 EN 50170 中过程现场总线（Process Field Bus，PROFIBUS）标准的 RS-485 兼容 9 针 D 形连接器，其引脚分配如图 2-5 所示。

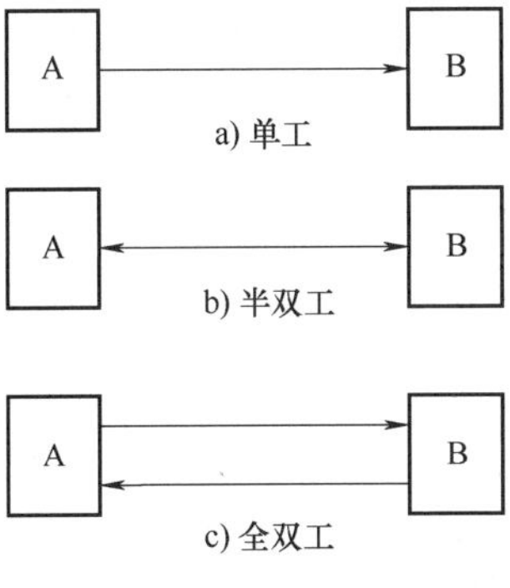

图 2-4　单工、半双工和全双工通信方式

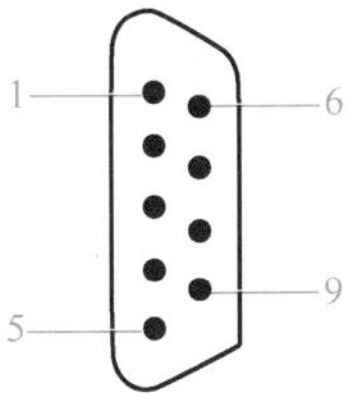

图 2-5　RS-485 引脚分配

在进行调试时，将 S7-200 PLC 接入网络，RS-485 端口一般是作为端口 1 出现的，端口 0 为所连接的调试设备的端口。

3）RS-232C 通信接口。该接口规定通信设备之间信息交换的方式与功能，采用按位串行通信的方式传送数据，传输速率规定为 300bit/s、600bit/s、1200bit/s、4800bit/s、9600bit/s 和 19200bit/s 等几种。

机械性能上，RS-232C 通信接口是标准 25 针的 D 形连接器，实际使用时并未将 25 个引脚全部用完，最简单的通信只需用 3 个引脚，最多用 22 个引脚。当 PLC 与计算机通信时，使用的连接器有 25 针的也有 9 针的。

（3）通信介质

通信介质是信息传输的物理通道，是 PLC、计算机及外部设备之间相互连接的桥梁。

PLC 中常用的通信介质有：带屏蔽的同轴电缆、双绞线和光纤。

PLC 对通信介质的基本要求为：通信介质必须具有传输速率高、能量损耗小、抗干扰能力强和性价比高等特性。在各种通信介质中，双绞线和同轴电缆以其成本低、安装简单，性价比较高，广泛应用于 PLC 的通信中。

随着通信技术和计算机技术的发展，PLC 的通信介质已有向红外线、无线电、微波和卫星通信等无线介质方向发展的趋势。

（4）通信协议

通信协议是通信双方交换信息时必须遵守的各种规则。目前国际上公认的通信协议主要有如下 4 个：OSI 协议、IEEE 802 协议、TCP/IP 与 FTP、MAP。

（5）网络结构概述

1）简单网络。一个主设备和多个从设备通过传输线相连，可以实现多个设备间的通信，这就形成了一种简单的网络结构，如图 2-6 所示。

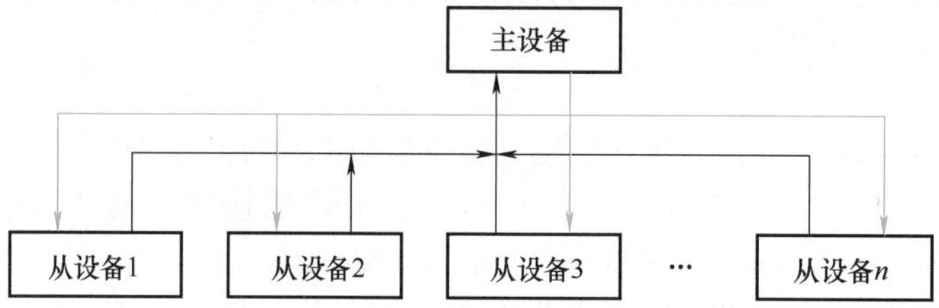

图 2-6　简单网络结构示意图

2）多级网络。一般现代大型工业企业，常常采用多级网络结构。PLC 厂家常用生产金字塔结构描述其产品可实现的功能。ISO（国际标准化组织）对企业自动化系统确立了初步的 6 级金字塔结构模型，如图 2-7 所示。

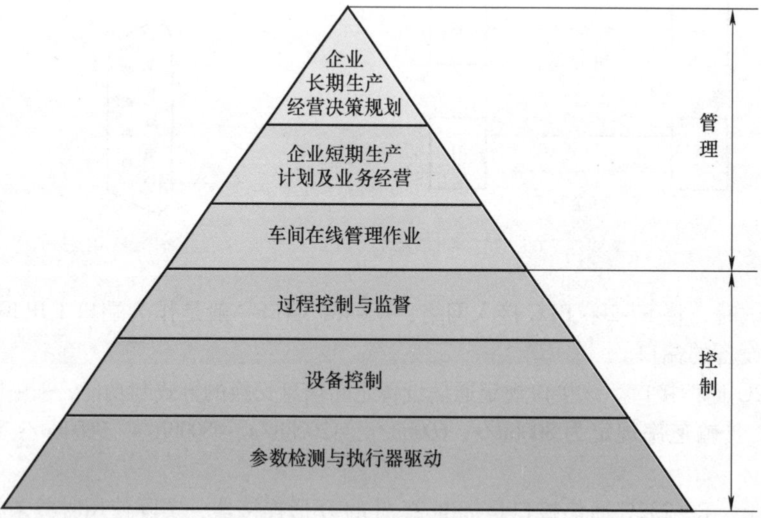

图 2-7　初步的 6 级金字塔结构模型

西门子 S7 系列 PLC 的生产金字塔由 4 级构成，从上到下依次为公司管理级、工厂与过程管理级、过程监控级和过程测量与控制级。

2. PLC 与计算机通信的基本功能

PLC 与计算机之间的通信又叫上位通信，与 PLC 通信的计算机常称为上位计算机。上位计算机可以是个人计算机，也可以是大、中型计算机。把 PLC 与计算机连接起来实现数据通信，可以更有效地发挥各自的优势，互补应用上的不足，扩大 PLC 的应用范围。

PLC 与计算机通信的基本功能如下：

1）可以直接在计算机上编写、调试应用程序。

2）可用图形、图像和图表的形式在计算机上对整个生产过程进行监控。

3）可对 PLC 进行全面的系统管理，包括数据处理、生成报表、参数修改和数据查询等。

4）可对 PLC 实施直接控制。

5）可以实现对生产过程的模拟仿真。

6）可以打印用户程序和各种管理信息资料。

7）可以利用各种可视化编程语言在计算机上开发组态界面。

8）通过计算机可以随时随地获得网上有用的信息和其他 PLC 厂家、用户的 PLC 控制信息，也可以将本地的 PLC 控制信息发送到网上，实现控制系统的资源共享。

「任务实施」

PPI 通信系统硬件连接

1. PPI 通信系统连接

（1）网络的硬件组成

S7-200 PLC 无论是组成 PPI 还是 PROFIBUS-DP 网络，用到的主要部件都是一样的，主要有：

1）PROFIBUS 电缆。电缆型号有多种，其中最基本的是 PROFIBUS FC（Fast Connect，快速连接）标准电缆。

2）PROFIBUS 网络连接器。网络连接器主要分为两种类型，即带编程口和不带编程口的。如图 2-8 所示，左侧为不带编程口的网络连接器，右侧为带编程口的网络连接器。不带编程口的网络连接器插头用于一般联网，带编程口的网络连接器插头可以在联网的同时仍然提供一个编程连接端口，用于编程或者连接 HMI 等。

（2）网络连接器的连接

1）剥好的 PROFIBUS 电缆与快速剥线器，如图 2-9 所示。使用 FC 技术剥出裸露的铜线。

图 2-8　PROFIBUS 网络连接器

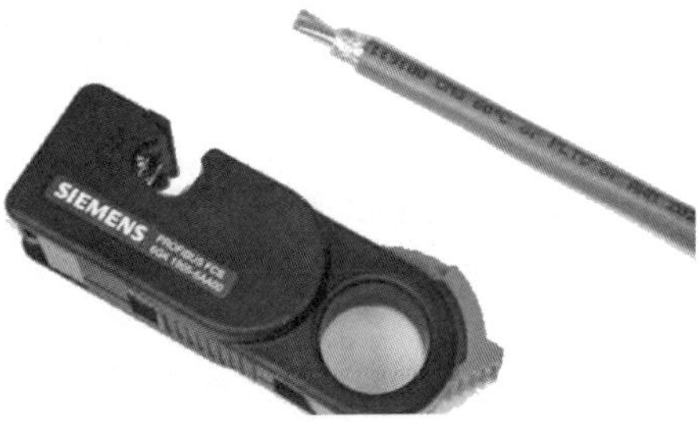

图 2-9　剥好的 PROFIBUS 电缆与快速剥线器

2）打开 PROFIBUS 网络连接器。首先打开电缆张力释放压块，然后掀开芯线锁，如图 2-10

所示。

3）去除 PROFIBUS 电缆芯线外的保护层，将芯线按照相应的颜色标记插入芯线锁，再把锁块用力压下，使内部导体接触，如图 2-11 所示，应注意使电缆剥出的屏蔽层与屏蔽连接压片接触。

图 2-10　打开 PROFIBUS 网络连接器

图 2-11　将芯线按照相应的颜色标记插入芯线锁

由于通信频率比较高，因此通信电缆采用双端接地，电缆两头都要连接屏蔽层。

4）复位电缆压块，拧紧螺钉，消除外部拉力对内部连接的影响。

（3）总线型网络结构

通过 PROFIBUS 电缆连接网络插头，构成总线型网络结构，如图 2-12 所示。

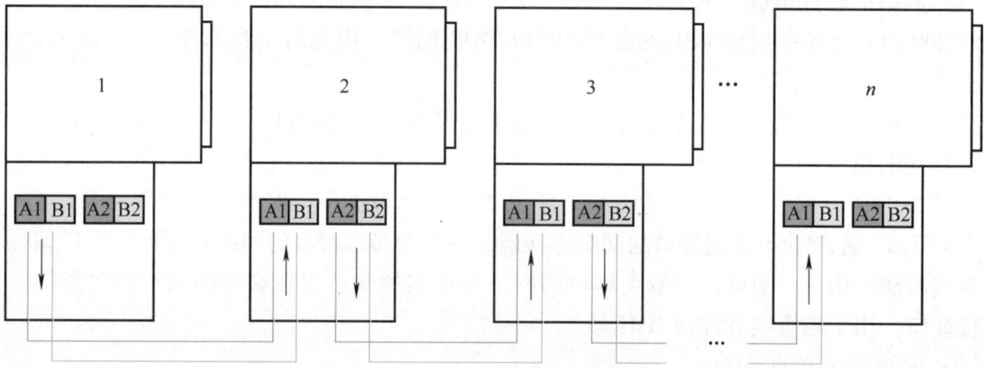

图 2-12　总线型网络结构

当连接多个网络连接器时，将 PROFIBUS 电缆线芯按颜色接到第 1 个连接器接出端，螺钉要拧紧（屏蔽线要接好），电缆线的另一端接第 2 个连接器的进端，按颜色接好，依次类推，根据需要接 n 个连接器（$n<128$），如果 PROFIBUS 电缆线的长度过长，需要在最后 1 个连接器上接 1 个终端电阻。

注意：设置终端电阻开关时，网络终端的插头，其终端电阻开关必须放在“ON”的位置；中间站点的插头，其终端电阻开关应放在“OFF”位置。

（4）终端电阻和偏置电阻

一个正规的总线网络须使用终端电阻和偏置电阻。在网络连接线非常短、临时或实验室测试时也可以不使用终端电阻和偏置电阻。

终端电阻：在线型网络两端（相距最远的两个通信端口），并联在一对通信线上的电阻。根据传输线理论可知，终端电阻可以吸收网络上的反射波，有效地增强信号强度。两个终端电阻并联后的值应当基本等于传输线在通信频率上的特性阻抗。

偏置电阻：偏置电阻可在电气情况复杂时确保 A、B 信号的相对关系，保证“0”“1”信号的可靠性。

西门子的 PROFIBUS 网络连接器已经内置了终端和偏置电阻，可通过一个开关方便地接通或断开。终端和偏置电阻的值完全符合西门子通信端口和 PROFIBUS 电缆的要求。合上网络中网络插头的终端电阻开关，可以非常方便地切断插头后面部分网络的信号传输。

西门子网络插头中的终端电阻、偏置电阻的大小与西门子 PROFIBUS 电缆的特性阻抗相匹配，因此建议配套使用西门子的 PROFIBUS 电缆和网络插头，可以避免许多麻烦。

2. PPI 通信系统测试

指令向导生成 PPI 通信子程序

在按照上述方式完成对 PPI 通信系统的硬件线路连接后，还要对所组成的 PPI 通信网络进行测试，验证其是否可以进行正常通信。

两台 PLC 之间的 PPI 通信控制测试步骤 1 号 PLC 作为主站发送起动、停止信号给 2 号 PLC，2 号 PLC 接收到信号后，PLC 输出端 Q1.0 指示灯输出指示；1 号 PLC 读取作为从站的 2 号 PLC 的通信信息，使 1 号 PLC 的输出端 Q1.6 指示灯输出指示。

将制作完成的 PPI 通信电缆的网络连接器分别连接到 1 号 PLC 和 2 号 PLC 的端口 0 上，并将其用螺钉旋具锁紧，完成两台 PLC 进行 PPI 通信硬件上的连接。

下面介绍通过 Instruction Wizard（指令向导）实现两台 PLC 间 PPI 通信的操作。

在 Micro/WIN 的命令菜单中选择“工具”→“指令向导”，然后在指令向导窗口中选择“NETR/NETW”指令，指令向导窗口如图 2-13 所示。

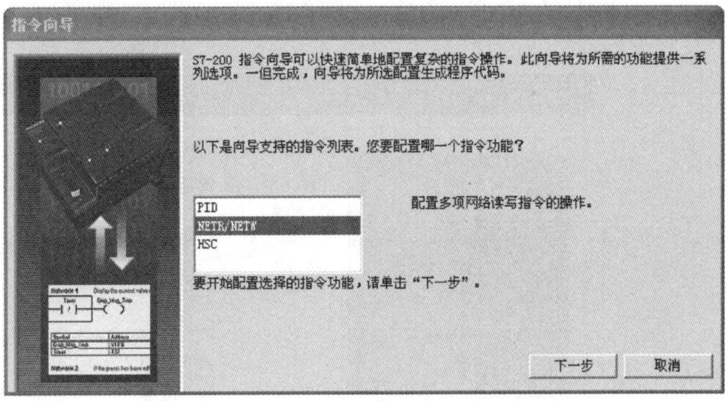

图 2-13　指令向导窗口

在使用向导时必须先对项目进行编译，在随后弹出的对话框中选择“Yes”，确认编译。如果已有的程序中存在错误，或者有尚未编完的指令，编译不能通过。

如果项目中已经存在一个 NETR/NETW 的配置，必须选择是编辑已经存在的 NETR/NETW 的配置，还是创建一个新的。

（1）定义用户所需网络操作的数目

进入如图 2-14 所示的“NETR/NETW 指令向导”对话框，在“您希望配置多少项网络读/写操作?”中输入“2”。

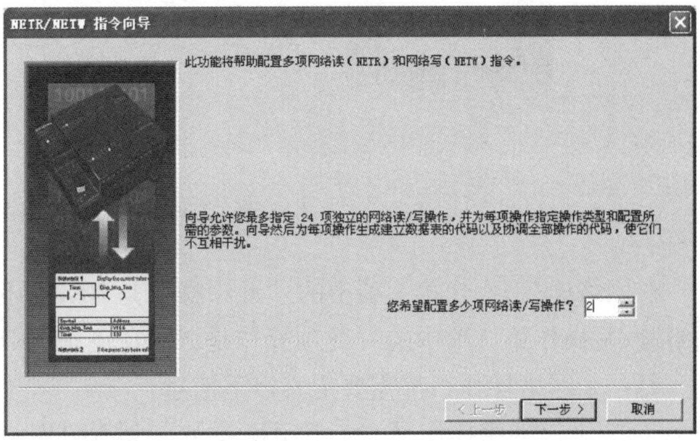

图 2-14　“NETR/NETW 指令向导”对话框

选择网络读写指令条数，向导允许用户最多配置 24 个网络操作，程序会自动调配这些通信操作。

（2）定义通信口和子程序名

进入如图 2-15 所示的通信端口配置和子程序命名界面。

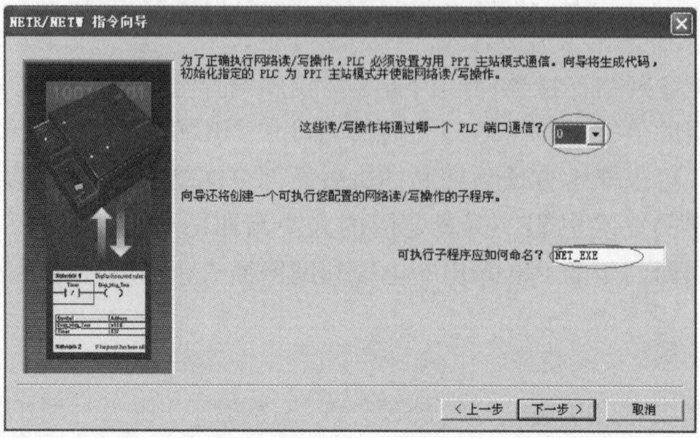

图 2-15　通信端口配置和子程序命名界面

1）选择“端口 0”作为通信端口。

注意：一旦定义选择了通信口，则向导中所有网络操作都将通过该口通信，即通过向导定义的网络操作，只能一直使用一个口与其他 CPU 进行通信。

2）向导为子程序定义了一个默认名，也可以修改这个默认名。

（3）定义网络操作

进入如图 2-16 所示的“网络读/写操作”配置界面。

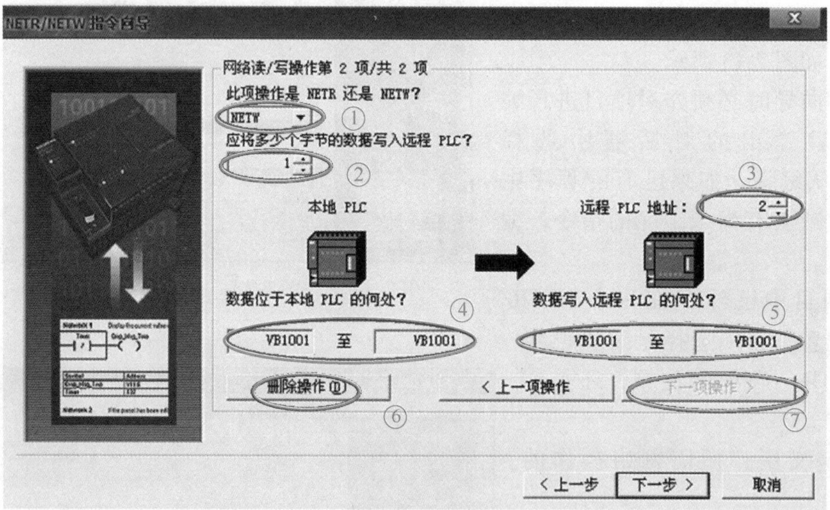

图 2-16　“网络读/写操作”配置界面

在网络读/写操作第 1 项中的“此项操作是 NETR 还是 NETW”选择配置“NETR”操作，在网络读/写操作第 2 项中的“此项操作是 NETR 还是 NETW”选择配置“NETW”操作。

每一个网络操作，都需要定义以下信息：

① 定义该网络操作是一个 NETR 还是一个 NETW。

② 定义应该从远程 PLC 读取多少个数据字节（NETR）或者应该写到远程 PLC 多少个数据

字节（NETW）。每条网络读写指令最多可以发送或接收 14 个字节的数据。

③ 定义想要通信的远程 PLC 地址。

④ 如果定义的是 NETR（网络读）操作：定义读取的数据应该存在本地 PLC 的哪个地址区，有效的操作数为 VB、IB、QB、MB 和 LB。

如果定义的是 NETW（网络写）操作：定义要写入远程 PLC 的本地 PLC 数据地址区，有效的操作数为 VB、IB、QB、MB 和 LB。

⑤ 如果定义的是 NETR（网络读）操作：定义应该从远程 PLC 的哪个地址区读取数据，有效的操作数为 VB、IB、QB、MB 和 LB。

如果定义的是 NETW（网络写）操作：定义在远程 PLC 中应该写入哪个地址区，有效的操作数为 VB、IB、QB、MB 和 LB。

⑥ 操作此按钮可以删除当前定义的操作。

⑦ 操作此按钮可以进入下一项网络操作。

(4) 分配 V 存储区地址

进入如图 2-17 所示的配置分配 V 存储区界面。

根据之前配置读/写的操作项，指定一个 V 存储地址区域，或者直接使用“向导建议”的一个合适且未使用的 V 存储区地址范围。

配置的每一个网络操作需要 12 个字节的 V 区地址空间，上例中配置了两个网络操作，因此占用了 24 个字节的 V 区地址空间。向导自动为用户提供了建议地址，用户也可以自己定义 V 区地址空间的起始地址。

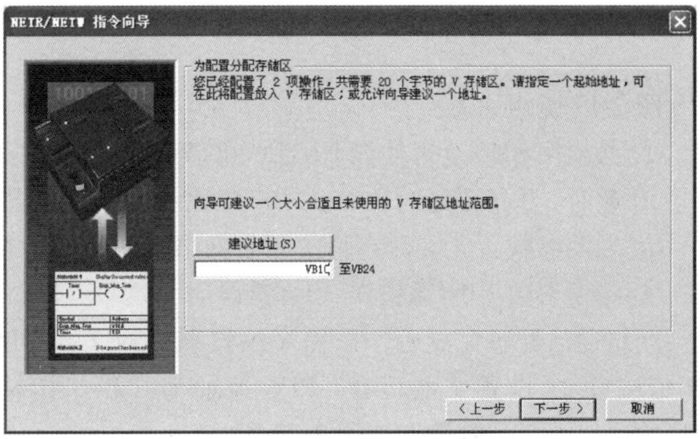

图 2-17　配置分配 V 存储区界面

注意：要保证用户程序中已经占用的地址、网络操作中读写区所占用的地址以及此处向导所占用的 V 区地址空间不能重复使用，否则将导致程序不能正常工作。

(5) 生成子程序及符号表

图 2-18 为生成子程序及符号表界面。

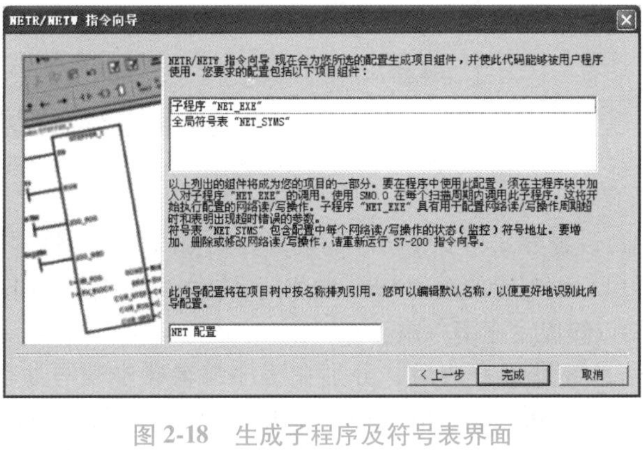

图 2-18　生成子程序及符号表界面

图中显示了 NETR/NETW 向导生成的子程序、符号表，单击“完成”按钮，上述显示的内容将在项目中生成。

（6）调用子程序“NET_EXE”

配置完 NETR/NETW 向导后，需要在程序中调用向导生成的 NETR/NETW 参数化子程序“NET_EXE”，如图 2-19 所示。

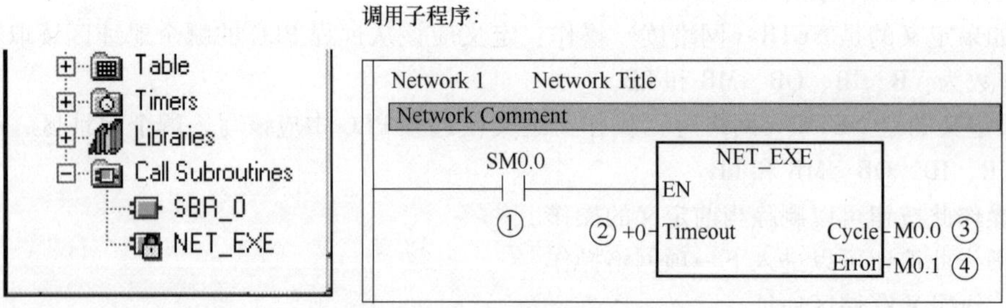

图 2-19 调用子程序“NET_EXE”

图 2-19 说明如下：

① 必须用 SM0. 0 来使能 NETR/NETW，以保证它的正常运行。

② 超时：0 指不延时；1~32767 指以秒为单位的超时延时时间。

③ 周期参数：此参数在每次所有网络操作完成后切换其开关量状态。

④ 错误参数：0=无错误；1=错误。

网络通信配置完成后，在程序编辑器中对 1 号 PLC 设置通信端口。选择“系统块”，打开“通信端口”，设置“端口 0” PLC 地址为“1”，传输速率为“9. 6kbit/s”，其余选项为默认，PLC 的通信端口参数设置如图 2-20 所示。

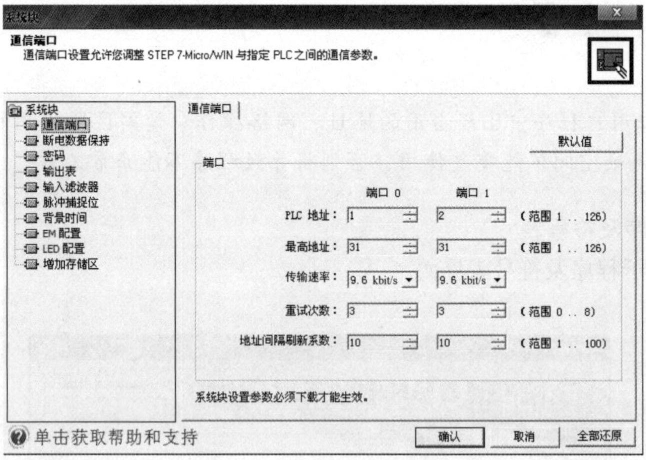

图 2-20 PLC 的通信端口参数设置

2 号 PLC 的通信端口设置方式与 1 号 PLC 的设置方式相同，只要将“端口 0”的 PLC 地址选为“2”即可（即 1 号 PLC 里配置的远程 PLC 地址）。注意，必须保证 PLC 地址正确，同时还要保证两台 PLC 的通信端口的传输速率一致。

在两台 PLC 的通信参数设置完成后，分别在程序编辑器中编写通信测试程序。由于 PPI 协议是一种主/从通信协议，所以只需在主站中调用网络子程序，从站无须配置网络子程序。

图 2-21 为 1 号 PLC 的通信测试程序，在 1 号 PLC 的通信测试程序中调用网络子程序；I2.0、I2.1 分别为起动和停止的标志，使 V1001.0 和 V1001.1 接通，作为起动信号和停止信号发送给 2 号 PLC；V2001.0 为读取 2 号 PLC 反馈的通信信号。图 2-22 为 2 号 PLC 的通信测试程序，接收到 1 号 PLC 发送的起动信号，使 2 号 PLC 的输出端 Q1.0 输出指示；接收到 1 号 PLC 发送的停止信号，使 2 号 PLC 的输出端 Q1.0 停止输出指示；I2.0 控制 2 号 PLC 发送反馈信号 V2001.0 给 1 号 PLC。在完成两台 PLC 通信测试程序编写后，将程序分别下载到 1 号 PLC 和 2 号 PLC 中进行通信调试。

PPI 通信系统测试程序

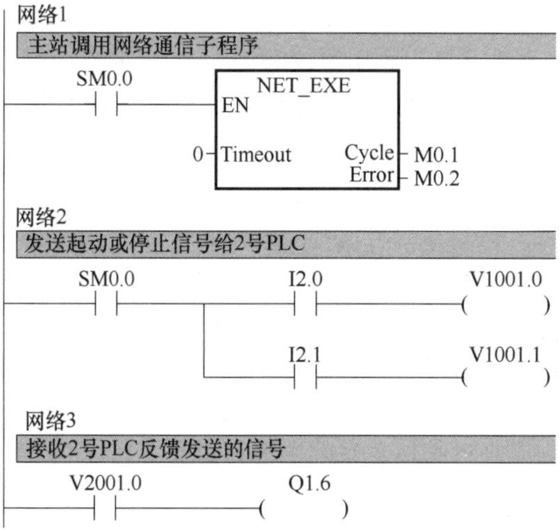

图 2-21　1 号 PLC 的通信测试程序

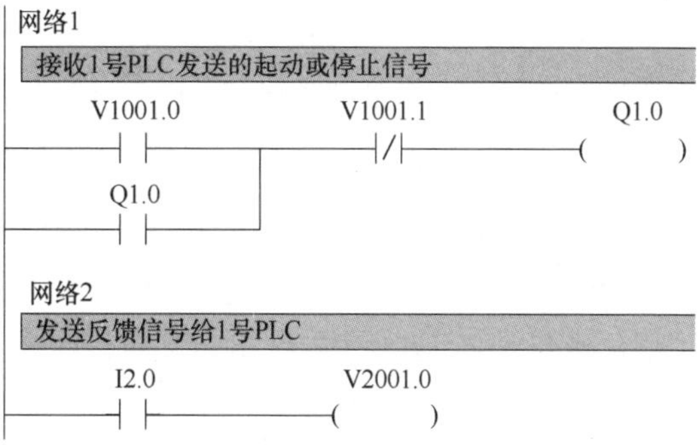

图 2-22　2 号 PLC 的通信测试程序

「练习反馈」

1）简述 PPI 通信硬件连接的实现方法。

2）简述 PPI 通信的编程方法。

工作任务 2.2　生产线两个单元 PPI 通信系统的组建

「任务描述」

利用 PPI 通信电缆连接生产线两个单元的 PLC，并实现生产线两个单元的 PPI 通信。

「任务目标」

1）掌握 PPI 通信的硬件连接技术及软件编程方法。

2）理解 PPI 通信在生产线上的应用。

「任务准备」

任务准备内容见表 2-2。

表 2-2 任务准备

序号	硬件	软件
1	CPU 226 AC/DC/RLY	STEP7-Micro/WIN
2	PPI 通信电缆	

「相关知识」

1. 网络通信协议及类型

（1）通信协议

西门子 S7 系列 PLC 的生产金字塔中的通信协议分两大类：通用协议和公司专用协议。通用协议采用工业以太网（Ethernet）协议，用于管理级的信息交换。公司专用协议是基于 OSI 协议的 7 层通信结构模型，协议定义了主站和从站两类通信设备。主站可以对网络上另一个设备发出初始化要求，从站只是响应来自主站的信息。S7-200 系列 PLC 的网络系统中主站、从站间的专用通信协议有 3 个标准协议和 1 个自由口协议。

1）PPI 协议。点对点接口（Point-to-Point Interface，PPI）协议是一种主/从协议。主站设备向从站设备发送要求，从站设备响应。从站不主动发信息，只是等待主站发送的要求并给出相应的响应。网络上所有 S7-200 PLC CPU 都默认为从站。如果在用户程序中允许 PPI 主站模式，一些 S7-200 PLC CPU 在 RUN 模式下可以作为主站。一旦允许 PPI 主站模式，就可以利用网络的有关通信指令来读写其他 CPU，并且还可以作为从站响应来自其他主站的申请和查询。

任何一个从站都可以与多个主站通信，但是在网络中最多只能有 32 个主站。

2）MPI 协议。多点接口（Multi-Point Interface，MPI）协议是主/主协议或主/从协议，协议如何操作依赖于设备类型。如果是 S7-300 PLC CPU，就建立主/主连接，因为所有 S7-300 PLC 都是网络主站。如果是 S7-200 PLC CPU，就建立主/从连接，因为 S7-200 PLC CPU 是从站。

3）PROFIBUS 协议。PROFIBUS（过程现场总线）协议用于分布式 I/O 设备（远程 I/O）的高速通信。

4）自由口协议（用户定义协议）。自由口协议是指通过用户程序控制 S7-200 PLC CPU 通信口的操作模式来进行通信。利用自由口协议，可实现以用户定义的通信协议连接多种智能设备。

在自由口协议下，通信协议完全由用户程序控制，用户可以通过使用有关指令编写程序控制通信口的操作。当 CPU 处于 RUN 模式时，通过 SMB30（端口 0）允许自由口协议。当 CPU 处于 STOP 模式时，自由口协议通信停止，通信口转为正常的 PPI 协议操作。

（2）通信类型

单主站：一个主站与一个或多个从站连接的网络。如图 2-23 所示是一个单主站网络结构示意图，以一台计算机作为主站，4 台 S7-200 PLC CPU 作为从站。

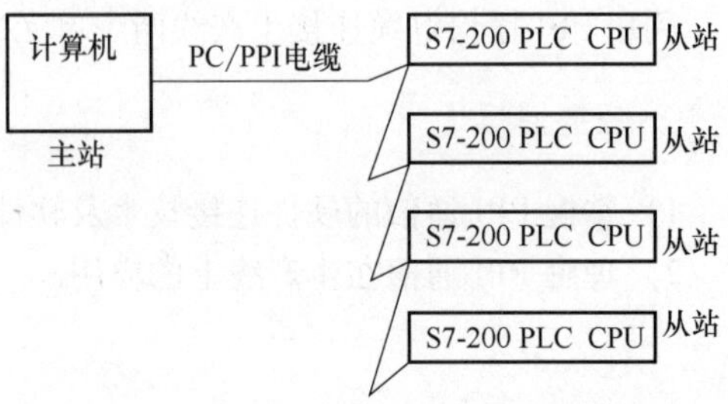

图 2-23 单主站网络结构示意图

多主站：一个主站与最少一个从站及一个主站连接的网络。如图 2-24 所示是一个多主站网络结构示意图。图 2-24 中一台计算机作为主站，一台 TD 200 中文文本显示器也是主站，另外 4 台 S7-

200 PLC CPU 作为从站。

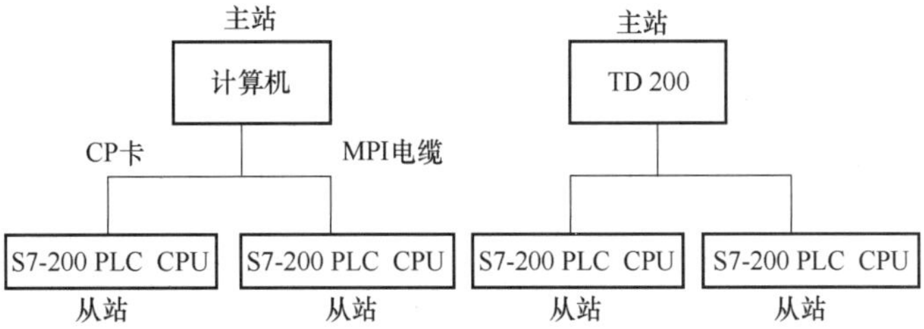

图 2-24　多主站网络结构示意图

2. 网络通信硬件

（1）通信口

S7-200 PLC CPU 上的通信口是 PROFIBUS 标准的 RS-485 兼容 9 针 D 形连接器。在进行调试时，将 S7-200 PLC CPU 接入网络，RS-485 端口一般是作为端口 1 出现的，端口 0 为所连接的调试设备的端口。

（2）网络连接器

利用西门子公司提供的两种网络连接器可以将多个设备方便地连接到网络中。其中一种连接器仅提供连接到 CPU 的接口，另一种连接器增加了一个编程接口。带有编程接口的连接器可以将 SIMATIC 编程器或操作面板增加到网络中而无须改变现有的网络连接。

（3）通信电缆

通信电缆主要有 PROFIBUS 网络电缆和 PC/PPI 电缆。PROFIBUS 网络电缆的最大长度取决于对传输速率的要求和所用电缆类型。要求的传输速率越高，则网络段的最大电缆长度越短，如传输速率为 3M~12Mbit/s，则最大电缆长度为 100m。

利用 PC/PPI 电缆和自由口通信功能可以把 S7-200 PLC CPU 与许多配置有 RS-232 标准接口的设备（如计算机、编程器和调制解调器）相连接。通信 PC/PPI 电缆的一端是 RS-485 端口，用来连接 PLC 主机；另一端是 RS-232 端口，用于连接计算机等其他设备。PC/PPI 电缆外形如图 2-25 所示。

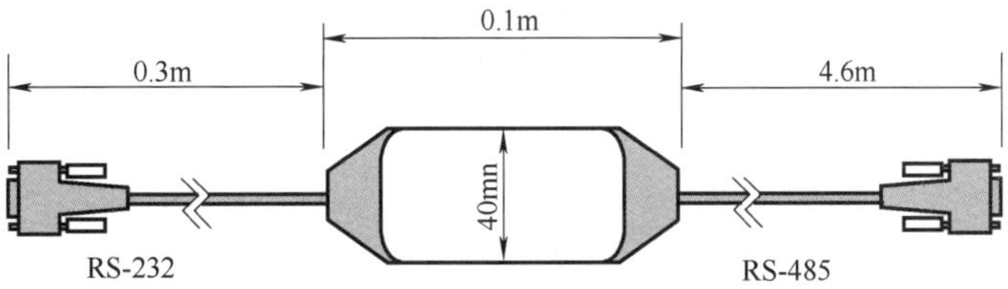

图 2-25　PC/PPI 电缆外形

PC/PPI 电缆分两种型号：一种为带有 RS-232 口的隔离型 PC/PPI 电缆，用 5 个 DIP 开关设置传输速率和其他配置项；另一种为带有 RS-232 口的非隔离型 PC/PPI 电缆，用 4 个 DIP 开关设置传输速率。

PC/PPI 电缆上的 DIP 开关选择的传输速率应与编程软件中设置的传输速率一致。初学者可选传输速率的默认值 9600bit/s。4 号开关为 1，选择 10 位模式，4 号开关为 0，选择 11 位模式；5 号开关为 0，将 RS-232 口设置为数据通信设备（DCE）模式，5 号开关为 1，将 RS-232 口设置为数据终端设备（DTE）模式。未用调制解调器时 4 号开关和 5 号开关均应设为 0。

（4）网络中继器

网络中继器连接到 PROFIBUS 网络段可以延长网络距离、给网络加入设备，并且提供一个隔离不同网络段的方法。每个中继器允许给网络增加 32 个设备，可以将网络延长 1200m，同时为网络段提供偏置和终端匹配。网络中最多可使用 9 个网络中继器。

（5）调制解调器

调制解调器的功能是将数字信号转化为模拟信号，以便能在电话线路上使用，实现计算机或编程器与 PLC 主机之间的远程通信。

「任务实施」

1. PPI 通信地址分配

供料和检测两个单元通过信息的交换达到彼此之间的配合运行。当检测单元的工作平台上无工件时，发出请求供料的信号；待供料单元接收到检测单元请求供料的通信信号后，其转运模块方可将工件运送到检测单元的工作平台上。待检测单元工作台有工件后，检测单元必须接收供料单元发送的供料完成信息（转运模块返回到初始位置），才可以对工件进行材质、颜色的识别和工件高度的检测，最后再进行工件的分流处理。

在生产线供料单元与检测单元 PPI 通信前，必须预先合理规划这两个单元之间的通信地址信息。生产线供料单元与检测单元通信地址分配见表 2-3。

表 2-3　生产线供料单元与检测单元通信地址分配

站名	通信地址	地址含义
供料单元（主）	V1001. 2	向检测单元发送供料完成信号
	V2001. 0	接收检测单元的供料请求信号
检测单元（从）	V1001. 2	接收供料单元供料完成信号
	V2001. 0	向供料单元发送供料请求信号

2. 网络连接

完成这两个单元的通信地址规划后，进行供料单元和检测单元的 PPI 网络连接，只要将制作好的 PPI 网络连接线的网络连接器分别连接并锁紧到这两个 PLC 的端口 0 或端口 1 上，并将网络连接器的终端电阻开关拨到“OFF”位置上即可。**注意**，*必须在断电情况下连接 PPI 网络连接线，否则可能会烧毁网络连接器*。之后利用编程软件将这两个单元的通信传输速率设置相同，通信端口的地址设置不同。

3. 通信程序编写

完成这两单元的 PPI 网络连接后，进行供料单元与检测单元的 PPI 通信。为保证两个单元信息传递的准确性，可预先画出其通信控制工艺流程图。

根据通信控制工艺流程图进行两个单元的 PPI 通信控制程序编写，可以在单站程序的基础上直接修改其控制程序。当两个单元进行通信时，供料单元作为主站，因此网络读/写操作应在供料单元中配置。根据表 2-3 两个单元的 PPI 通信地址分配可知，只要在读/写指令向导中配置一个网络读操作和一个网络写操作即可。具体如图 2-26 和图 2-27 所示。

供料单元的网络读/写配置完后，在程序中直接调用通信子程序即可。

供料单元应预先判断检测单元是否准备接收工件。当供料单元接收到检测单元发送的请求供料的信号 V2001. 0 为 1 时，确定检测单元可以接收工件后才进行供料；供料单元供料完成，向

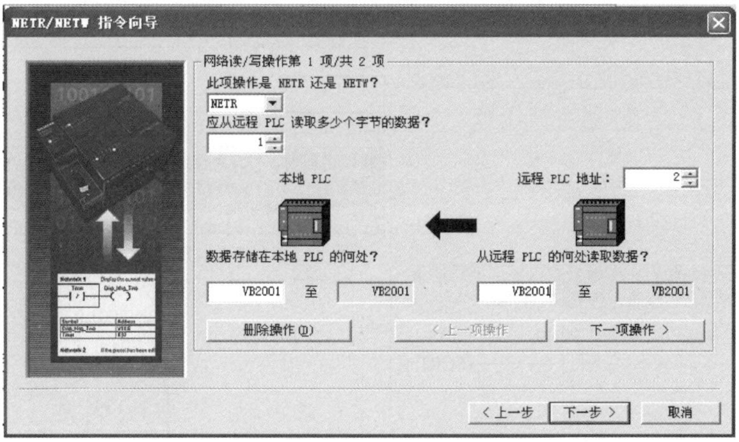

图 2-26　配置一个网络读操作

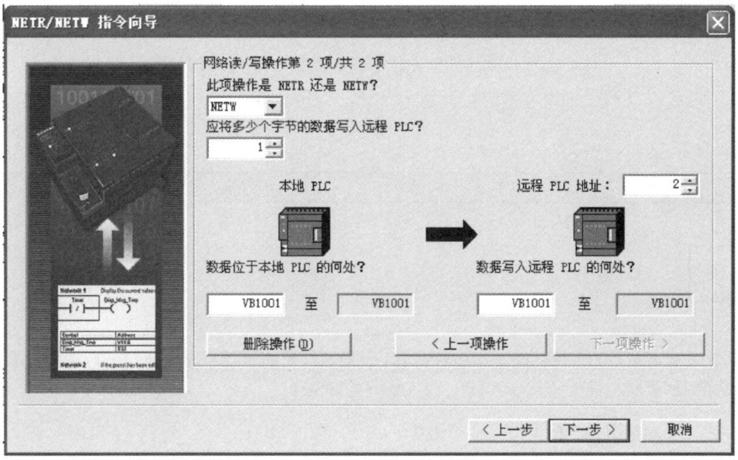

图 2-27　配置一个网络写操作

检测单元发送供料完成信号 V1001.2 为 1，待检测单元撤销供料请求信号后，供料单元才能执行后续工序。供料单元的通信控制部分处理程序如图 2-28 所示。

检测单元执行机构回到初始位置，向供料单元发送供料请求信号 V2001.0 为 1；待其接收供料单元供料完成信号 V1001.2 值为 1 后，检测单元才执行后续工序，检测单元的通信控制部分处理程序如图 2-29 所示。

生产线两个单元 PPI 通信程序设计

4. 调试

完成这两个单元的通信参数设置后，分别将编好的程序对应下载到这两个单元的 PLC 中进行调试。调试前，供料单元和检测单元拉开一定距离（以两个单元运行时不接触为宜），以避免因程序出错导致两个单元的机构发生碰撞。

运行并监控供料单元程序，若通信子程序的参数 Cycle 值在 0 和 1 之间周期性变化，则说明这两个单元已经在通信；否则通信出错，可根据 Cycle 错误代码找出出错原因。检查 PPI 网络连接线是否接好；通过软件检查两个单元 PLC 通信端口地址是否设置正确，通信传输速率设置是否一致。

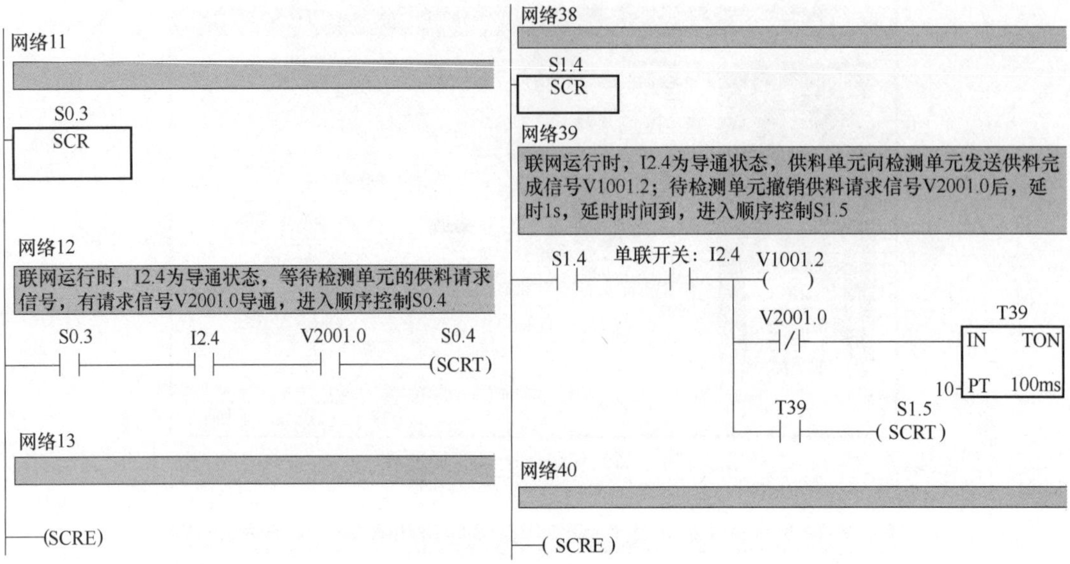

图 2-28　供料单元的通信控制部分处理程序

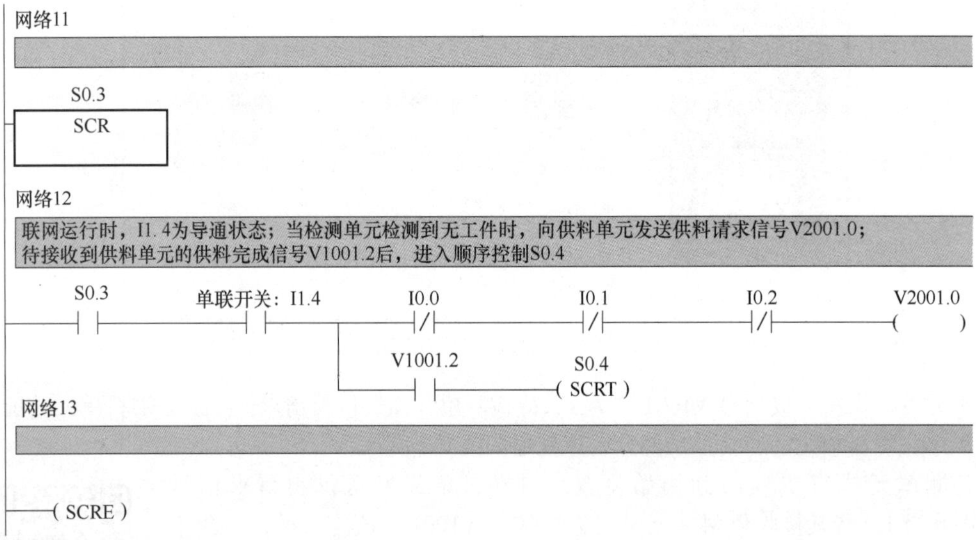

图 2-29　检测单元的通信控制部分处理程序

待排除通信故障后，若供料单元开始供料，则说明供料单元已接收到检测单元的供料请求信号，由于两个单元并未实际连接起来，供料单元送出的工件并不能实际传送到检测单元的工作台上，所以在该环节上需要人工辅助工作，即将供料单元送出的工件用手接住，与此同时在检测单元的工作台上放上另一个工件。多次运行程序，观察两站之间是否能够协调运行，待两站可以协调运行后，将两个单元用连接条连接好，并调试机械位置，完成后运行程序，再次检查能否协调运行。

「练习反馈」

1）简述生产线供料单元和检测单元之间 PPI 通信地址分配方法。

2）简述生产线供料单元和检测单元之间 PPI 通信的程序编制。

项目 3

PROFIBUS-DP 通信系统组建

工业自动化领域中，设备之间的通信对通信性能的要求较高，要求具有良好的实时性及准确性，而且设备之间的通信十分频繁，任务量大，前面项目中介绍的 I/O 通信及 PPI 通信均不能胜任设备之间繁重且对性能要求较高的通信任务。为解决这一问题，可以采用 PROFIBUS 技术实现工业领域中设备间的通信，其能够满足工业领域中对通信提出的各种要求。本项目分两个任务介绍 PROFIBUS-DP 通信的知识及实现方法。

工作任务 3.1　S7-300 PLC 与 S7-200 PLC 的 PROFIBUS-DP 通信

「任务描述」

分别对 S7-300 PLC 和 S7-200 PLC 进行通信参数设置，设计 PLC 程序，实现 S7-300 PLC 与 S7-200 PLC 之间的 PROFIBUS-DP 通信，使主站 S7-300 PLC 的起动控制按钮 I2.0 控制从站 S7-200 PLC 的指示灯 Q1.6，从站的起动控制按钮 I2.0 控制主站的指示灯 Q1.6。

「任务目标」

1）进一步熟悉通信基本知识，熟悉 PLC 间的通信。
2）掌握 S7-300 PLC 和 S7-200 PLC 之间的 PROFIBUS-DP 通信方法。

「任务准备」

任务准备内容见表 3-1。

表 3-1　任务准备

序号	硬件	软件
1	CPU 313-2 DP	STEP7-Micro/WIN
2	CPU 226 CN	
3	EM277	

（续）

序号	硬件	软件
4	PROFIBUS 电缆	
5	两个网络总线连接器	

「相关知识」

PROFIBUS 是过程现场总线（Process Field Bus）的简称，该标准由西门子、ABB 等 18 家公司及研究机构于 1987 年按照 ISO/OSI 协议参考模型联合开发并制定。PROFIBUS 标准应用广泛、开放性好，是一种独立于设备生产商的现场总线标准，能够应用在快速的、对时间要求严格的复杂控制任务中。系统由主站和从站组成，系统总线由主站控制，通信任务由主站发起，当主站控制系统总线时，可以向从站主动发送信息，从站没有控制总线的权力，但可以处理主站发过来的信息或者对主站请求信息进行回应。

PROFIBUS 根据应用的特点和不同的用户需求，分为 PROFIBUS-DP、PROFIBUS-FMS 和 PROFIBUS-PA。这 3 个互相兼容版本的通信协议，实现了生产过程中现场级数据的可存取，既能满足工业现场传感器/执行器的通信需求，又能够实现单元级领域的所有网络通信功能。PROFIBUS 中的 PROFIBUS-DP 主要用于工业自动化系统中的单元级与现场级高速通信，实现自动化系统中分散 I/O 设备与智能现场仪表间的高速数据通信，传输速率达 12Mbit/s，一般构成单主站系统，适合加工自动化领域。PROFIBUS-FMS 主要用于车间级监控网络，完成车间级通用性通信任务、中等速率的循环和非循环通信任务，一般构成实时多主站网络系统，实现大范围的、复杂的通信任务。PROFIBUS-PA 主要用于工业现场中的过程自动化，实现过程自动化系统中的单元级与现场级通信。

PROFIBUS-DP 通信协议传输速率很高，结构精简高效，可靠性高，PLC 与现场分散的 I/O 设备之间的通信大多采用此方式，应用最广泛。所以，以下重点讲述 PROFIBUS-DP。

PROFIBUS-DP 的系统配置采用单主站或多主站两种方式，站点数目、站点地址、输入/输出数据格式、诊断信息的格式和所用的总体参数组成了系统设置描述。在单主站系统中，操作系统总线时只能有一个活动主站，单主站系统可以获得最短的通信总体循环时间。在多主站系统配置中，总线上的主站与各自的从站构成一个相互独立的子系统，或者作为 DP 网络上的附加配置和诊断设备。在多主站 DP 网络中，主站分为 1 类主站和 2 类主站，1 类主站可以对从站执行发送和接收数据的操作，2 类主站只能选择性地接收从站发给 1 类主站的数据，但它不直接控制从站。多主站系统比单主站系统的通信循环时间要长得多。

「任务实施」

由于 S7-200 PLC 没有 DP 接口，也不支持 DP 通信协议，所以作为从站的 S7-200 PLC 需要另加通信模块 EM277 来手动设置 DP 地址，EM277 模块上有地址开关（x10：地址的最高位，x1：地址的最低位）和 DP 从站接口，用于 DP 通信。

当 S7-300 PLC 与 S7-200 PLC 进行 PROFIBUS-DP 通信时，EM277 作为 S7-200 PLC 的扩展模块将 S7-200 PLC 连接到 PROFIBUS-DP 网络中，此时主站 S7-300 PLC 便能对从站 S7-200 PLC 进行读/写数据操作。

S7-300 与 S7-200 间的 PROFIBUS-DP 通信

S7-200 PLC 通过串行 I/O 总线与智能模块 EM277 相连，EM277 模块只能作为从站，所以两个 EM277 模块相互之间不能直接进行通信，PROFIBUS-DP 通信的所有配置工作都在主站完成，从站的地址配置在主站中完成，作为从站的 S7-200 PLC 不进行任何关于 PROFIBUS-DP 的配置和编程工作，只完成数据处理的工作。EM277 模块的相关参数存储在 GSD 文件当中，主站中安装该文件，并且在主站中进行相应的配置。

要正确实现 S7-200 PLC 与 S7-300 PLC 之间的 PROFIBUS-DP 通信连接，首先在没有通电的情况下，将 EM277 模块通过插头与 S7-200 PLC 连接，每个 S7-200 PLC 的 EM277 模块地址可通过调节其上的地址开关来设置，地址范围为 1~255，地址必须不同，EM277 模块设置的硬件地址必须与其组态的站点号一致。

当连接 PROFIBUS 通信系统时，将需要进行连接的带有 EM277 模块的 DP 从站接口与制作好的网络连接器直接连接并锁紧，再将中间的网络连接器的终端电阻开关均设定在“OFF”位置，首端和末端网络连接器终端电阻的开关设定在“ON”位置。

等到所有 PROFIBUS 通信系统连接完成后，即可设置 DP 通信硬件组态，具体实现方法如下所述。

打开 SIMATIC Manager 软件，进入 STEP7 主界面，主菜单栏中单击“文件”，选择下拉式菜单中的“新建”，新建一个项目，命名为“S7-200DP 通信”，并且为这个新的项目设定存储位置，如图 3-1 所示。

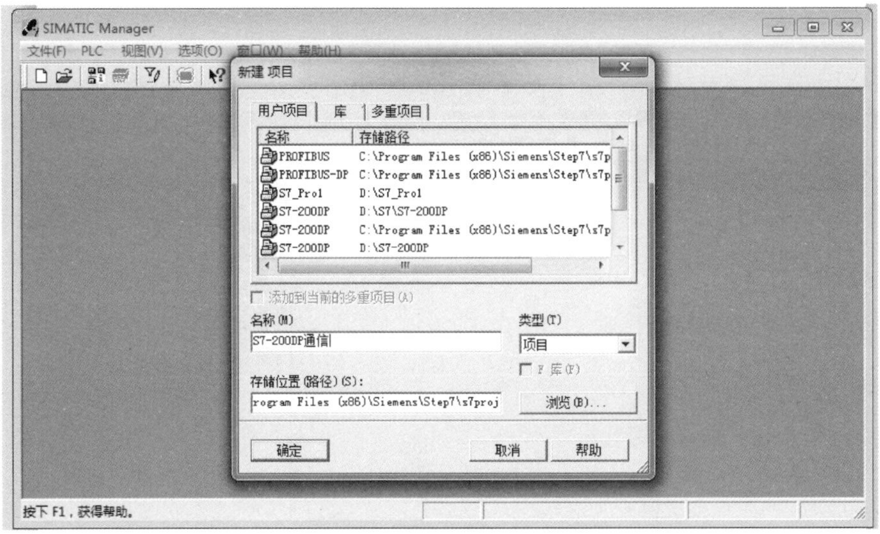

图 3-1　新建项目界面

回到 SIMATIC Manager 主界面，刚才新建的“S7-200DP 通信”项目中已自动生成建立了 MPI 对象，该 MPI 对象位于项目右侧界面，在项目主界面视图的左侧选中“S7-200DP 通信”项目，单击菜单栏中的“插入”，选择下拉式菜单中的“站点”，在弹出的不同站点类型中选择“SIMATIC 300 站点”，生成一个 S7-300 PLC 项目，如图 3-2 所示。

选中界面左侧中的项目“S7-200DP 通信”，单击“+”按钮，选中“SIMATIC 300（1）”，双击右边的硬件，即可进入如图 3-3 所示的硬件组态界面。

在硬件组态界面右侧的硬件目录中，选中“SIMATIC 300”→“RACK-300”中的机架（Rail），直接拖入界面，生成空机架，然后再从界面右侧的硬件目录视图中选择 PS-300 中的 1 种电源模块，选中的电源模块型号必须与正在使用的电源模块型号相符，如选中 PS 307 5A，直接拖到机架中的“1”位置，然后选择“CPU-300”中与实际使用的 CPU 型号相同的 CPU，如 CPU 313C-2 DP，放入机架中的“2”的位置，最后出现如图 3-4 所示的 DP 主站硬件组态界面。

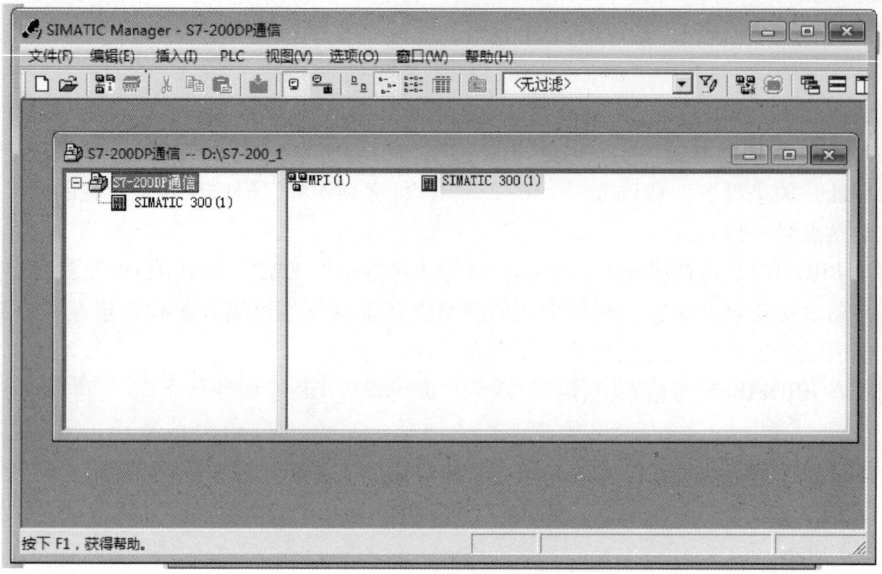

图 3-2 S7-200DP 通信界面

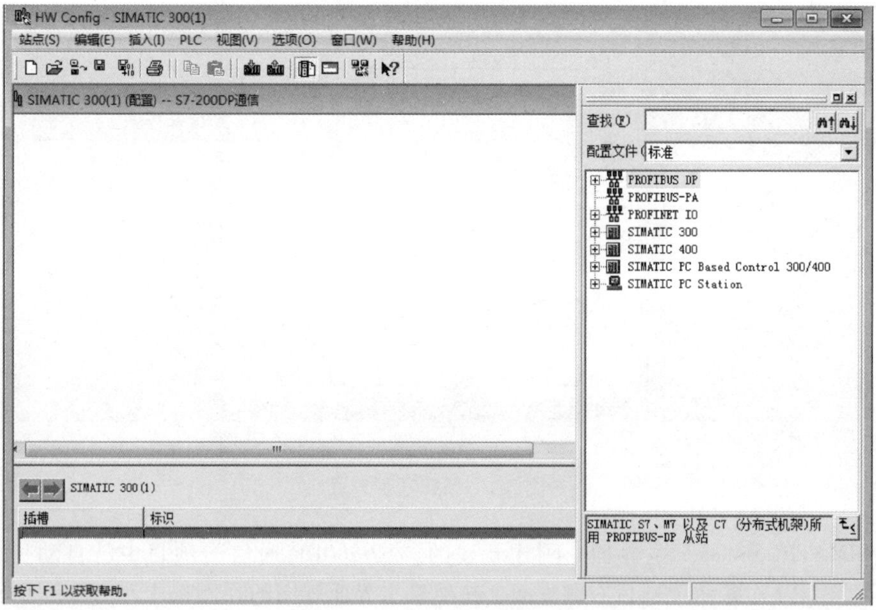

图 3-3 硬件组态界面

双击机架“2”位置的“CPU 313-2 DP”，弹出如图 3-5 所示的 CPU 313-2 DP 属性对话框，在这里进行 CPU 的属性设置。单击“属性”按钮，如图 3-6 所示可进行 MPI 接口属性设置。

单击 E2 位置中的“DP”，可显示如图 3-7 所示的 DP 属性设置对话框，进行 DP 属性设置。单击“属性”按钮，弹出如图 3-8 所示界面，可进行主站联网设置。设置 CPU 313-2 DP 主站的地址为“1”，设置通信的传输速率为 19. 2kbit/s。

单击图 3-8 中的“新建”“属性”按钮也可进行子网的新建、设置，如图 3-9 所示，在“属性”→“网络设置”选项卡中可进行网络类型、传输速率的设置。

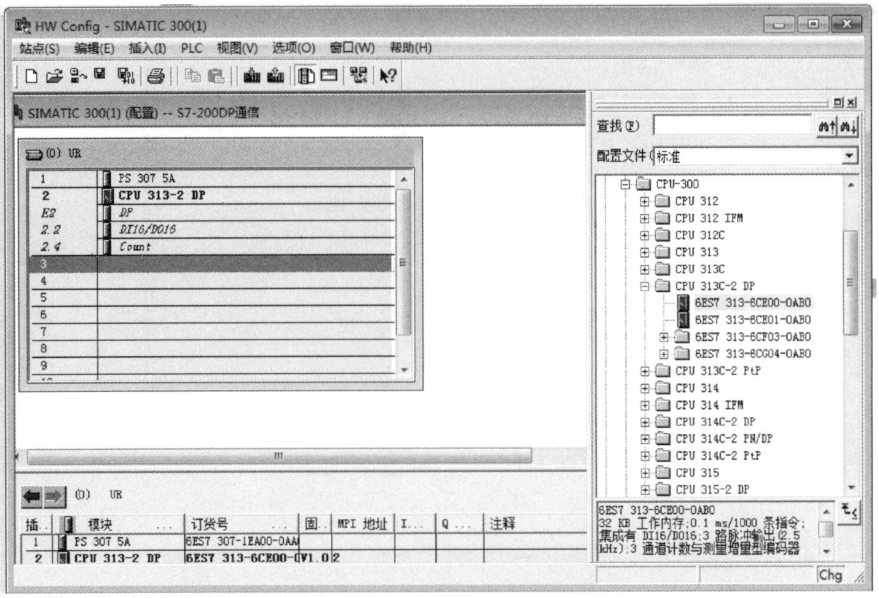

图 3-4 DP 主站硬件组态界面

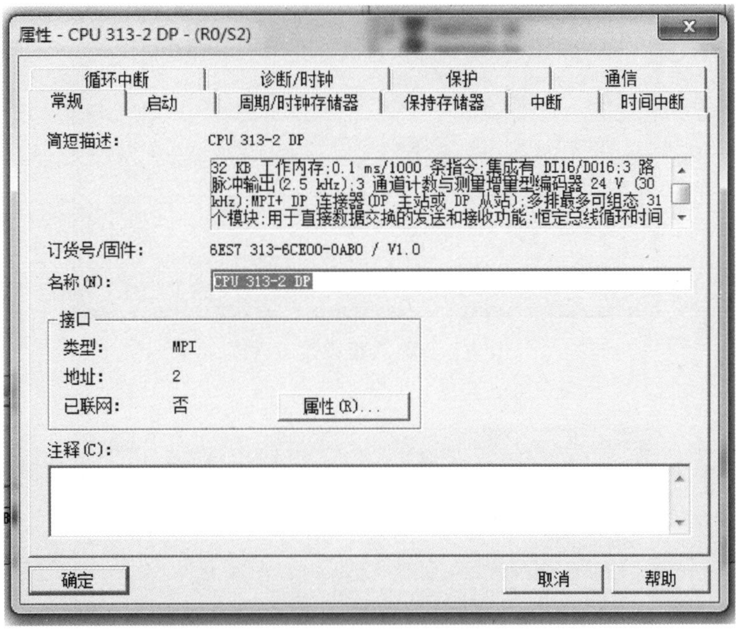

图 3-5 CPU 313-2 DP 属性对话框

最后单击“确定”按钮，就会自动生成一条“PROFIBUS（1）：DP 主站系统（1）”主站系统组态，如图 3-10 所示。

下面对从站进行组态，由于 S7-200 PLC 没有 DP 通信接口，需要通过扩展 EM277 模块完成 PROFIBUS-DP 通信，因此需要对 EM277 模块进行组态，首次组态时在硬件目录中没有该模块，必须先安装“GSD”文件，单击菜单栏中的“选项”菜单，选择“安装 GSD 文件”命令，找到“siem089d. gsd”文件进行安装，如图 3-11 所示。

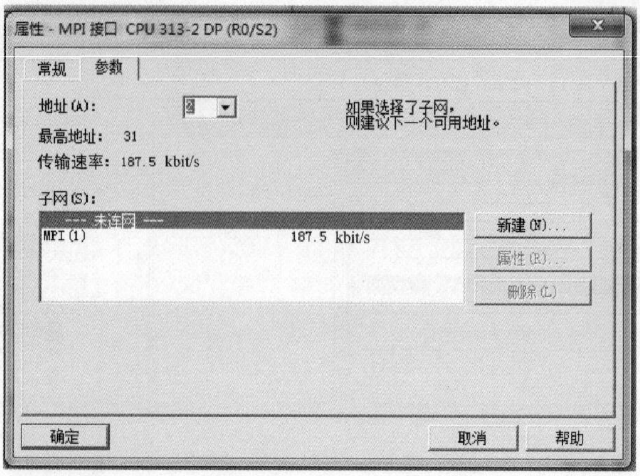

图 3-6 MPI 接口属性设置

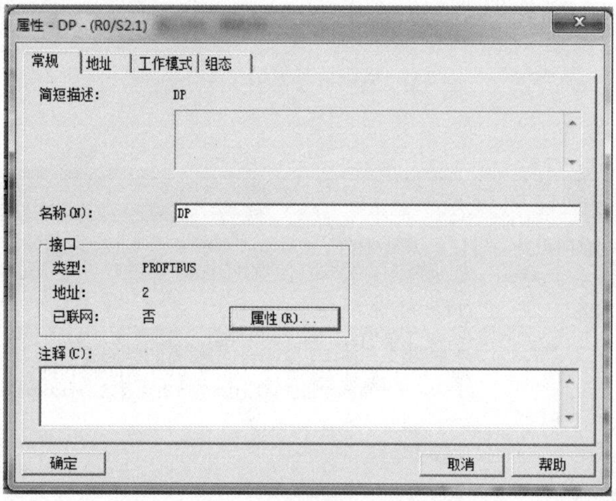

图 3-7 DP 属性设置对话框

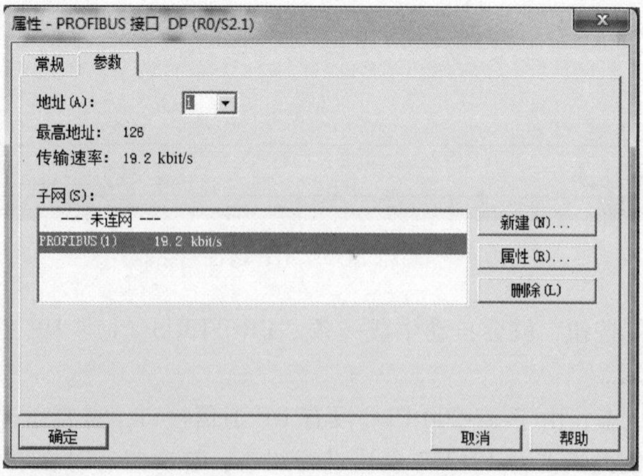

图 3-8 主站联网设置

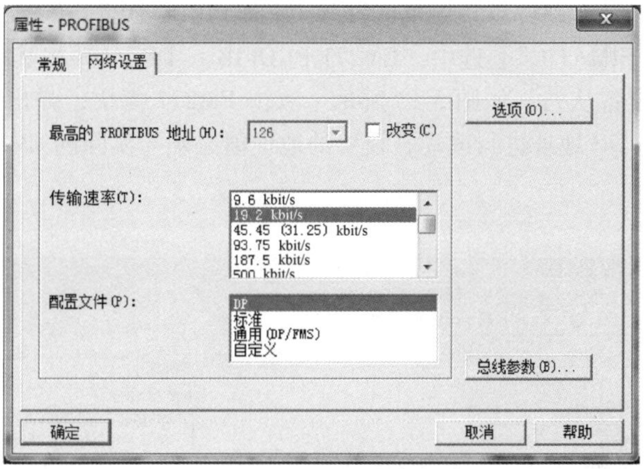

图 3-9　新建子网的设置

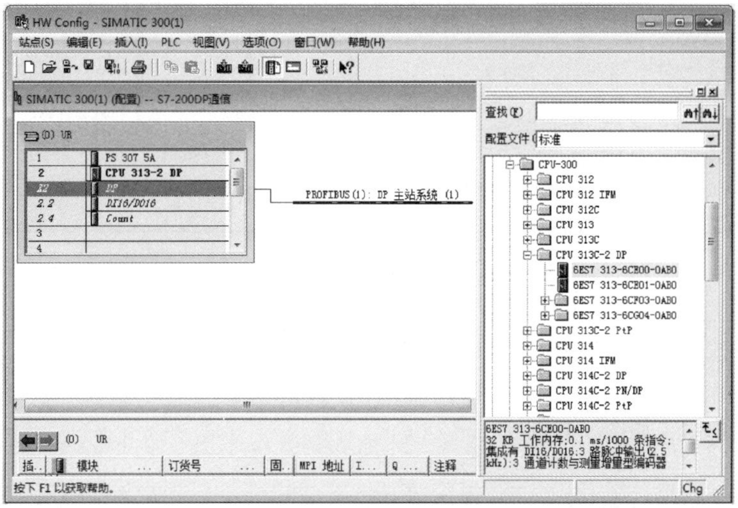

图 3-10　主站系统组态

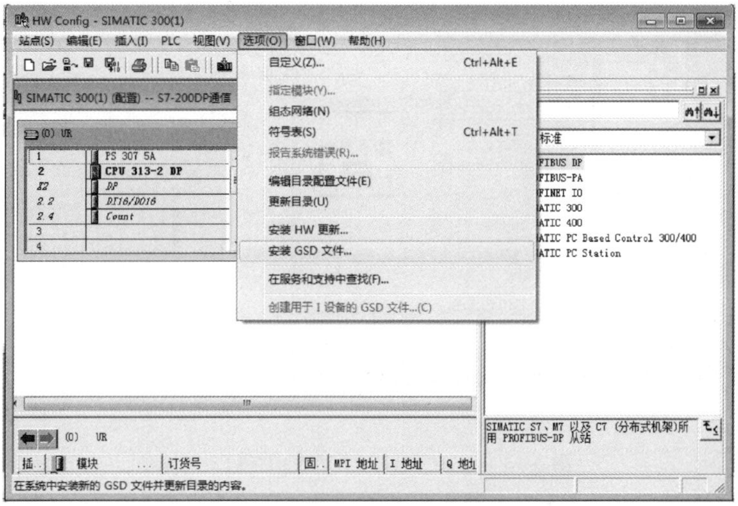

图 3-11　安装 GSD 文件

组态 EM277 模块时，在硬件目录中单击打开“PROFIBUS DP”→“Additional Field Device”→“PLC”，双击其中的“SIMATIC”，选中“EM277 PROFIBUS-DP”，并将其拖到左侧 DP 主站系统（1）上，作为第三方设备从站，如图 3-12 所示。双击 EM277 模块，弹出 EM277 PROFIBUS-DP 通信卡设置窗口，可对 DP 地址进行改动，设置的地址值必须与实际的 EM277 模块所设地址完全一样。

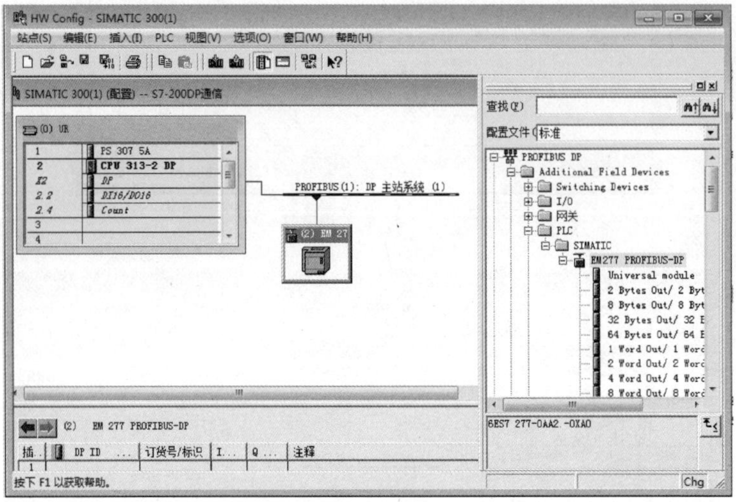

图 3-12　组态 EM277 模块

单击界面右侧的“EM277 PROFIBUS-DP”旁边的“+”号，可选择通信接口大小，如选择 EM277，定义通信接口大小为输入 16 个字/输出 16 个字，选中“16 Word Out/16 Word In”并直接拖到底部的选框中，如图 3-13 所示。

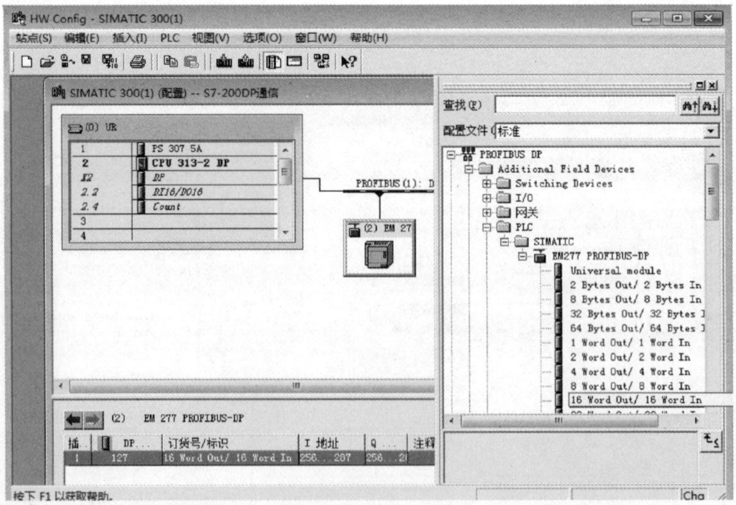

图 3-13　选择 EM277 定义通信接口大小

双击所选择的通信接口大小，定义与从站进行通信的发送与接收数据区，如图 3-14 所示。如输入为 IW10，输出为 QW10，对应于 S7-200 PLC 的 V 区。

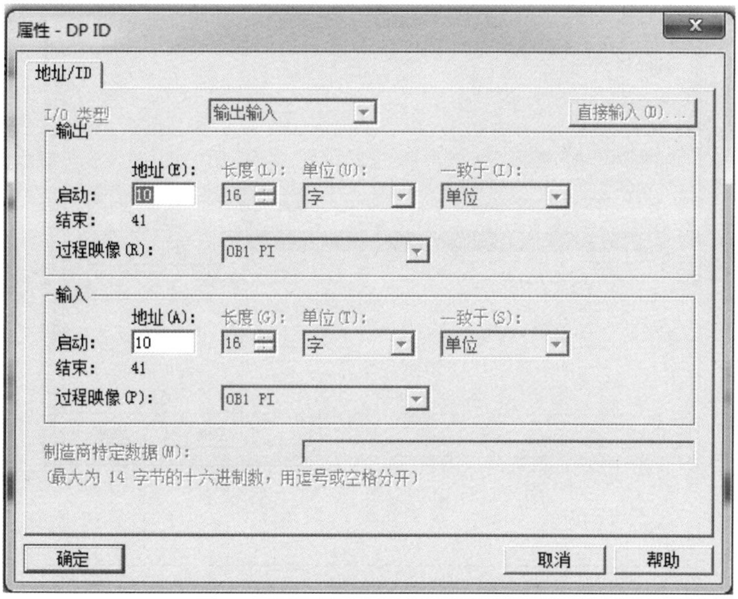

图 3-14　定义与从站进行通信的发送与接收数据区

接下来进行从站网络设置，双击连接在 PROFIBUS-DP 网络上的 EM277 模块，弹出如图 3-15 所示的对话框，可对从站网络属性进行设置。

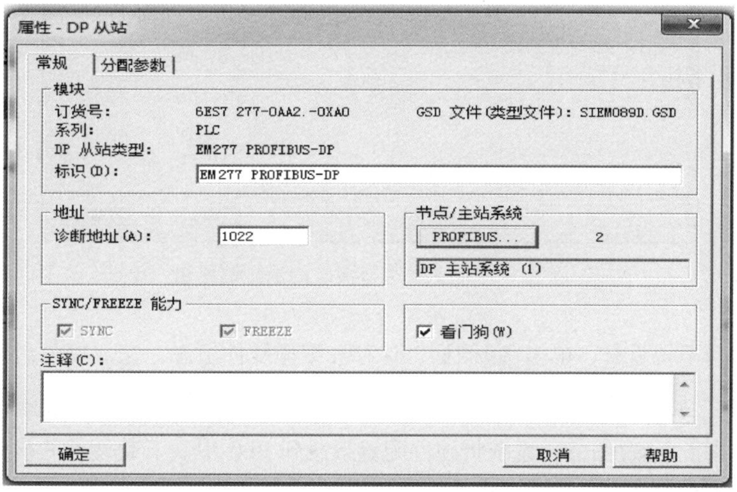

图 3-15　从站网络属性设置

单击图 3-15 中“节点/主站系统”中的“PROFIBUS”按钮，在弹出的对话框中设置从站地址和传输速率，如图 3-16 所示。

然后，单击“确定”按钮，返回图 3-15 所示的对话框，选择“分配参数”选项卡，定义发送与接收的地址偏移量，若在“I/O Offset in the V-memory”中填写 200，则表示设置从站 S7-200 PLC 的 V 区起始地址为 VB200，如图 3-17 所示。地址为 2 的 S7-200 PLC 通信存储区的地址范围为 VB200～VB263。

按照以上步骤，组态其他 EM277 模块，并给每个 EM277 模块分配相应的地址，注意各个

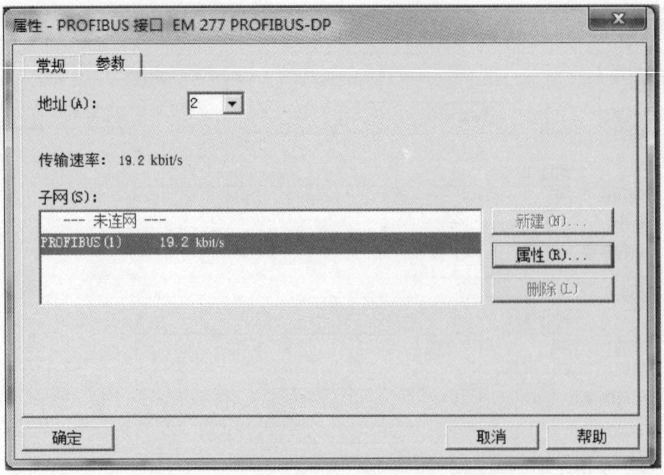

图 3-16 设置从站地址及传输速率

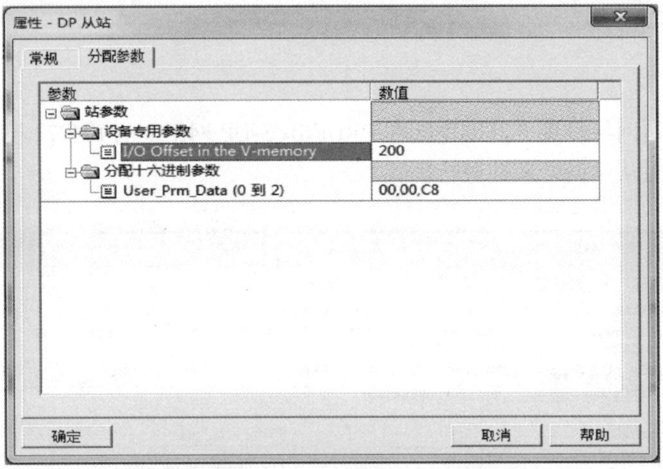

图 3-17 定义发送与接收的地址偏移量

EM277 模块的地址不得重复，单击图标，保存和编译硬件组态。完成硬件组态后，接着进行组态检查，单击“站点”中的“一致性检查”命令，若弹出没有错误的对话框，则表示硬件组态完成，接着单击下载图标，系统将硬件配置下载到 PLC 中。下载硬件的步骤必不可少，否则前面所做的硬件配置的工作都是无用的。

下面展开程序块并编译程序，激活“SIMATIC Manager-S7-200DP 通信”界面，单击“+”依次展开“S7-200DP 通信”工程直到“块”，如图 3-18 所示。

单击“OB1”，弹出“属性-组织块”对话框，可以对 OB1 进行重命名，在“创建语言”下拉列表框“LAD/STL/FBD”中可以选择要编辑的程序类型，如图 3-19 所示。

主站 S7-300 PLC 的输入起始地址为 IW10，输出起始地址为 QW10，各占 32 字节，从站 S7-200 PLC 与主站通信的起始地址偏移量从 VB200 开始，从站 S7-200 PLC 的 V 区通信区域为 VB200~VB263，占用 64B，前 32B 是接收区域，后 32B 是发送区域。

图 3-20 为主站 S7-300 PLC 上的通信程序段，图 3-21 为从站 S7-200 PLC 上的通信程序段，实现的功能是分别通过各自的起动控制按钮控制对方的 1 个指示灯点亮。

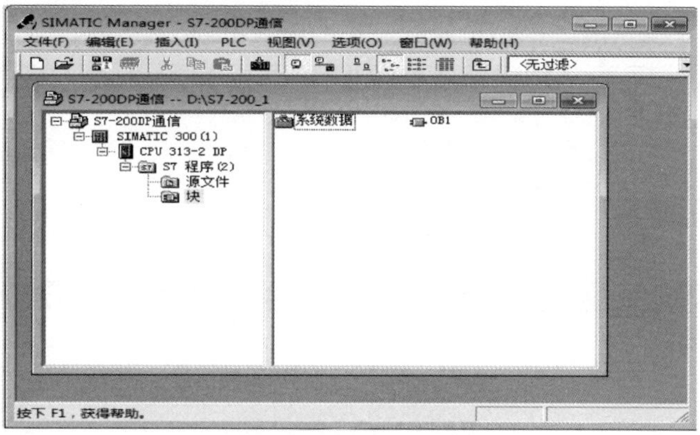

图 3-18　展开程序块

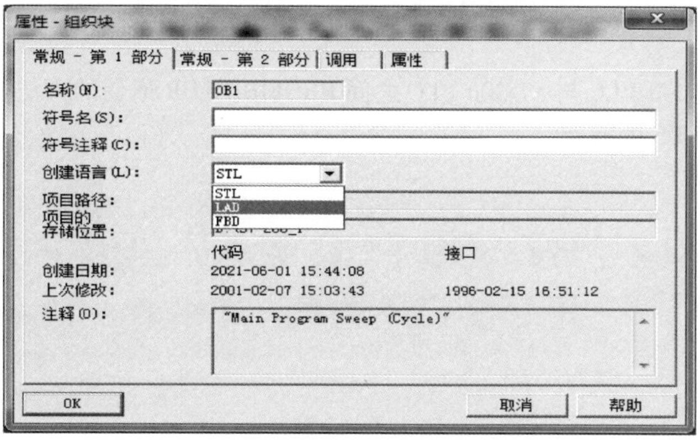

图 3-19　选择要编辑的程序类型

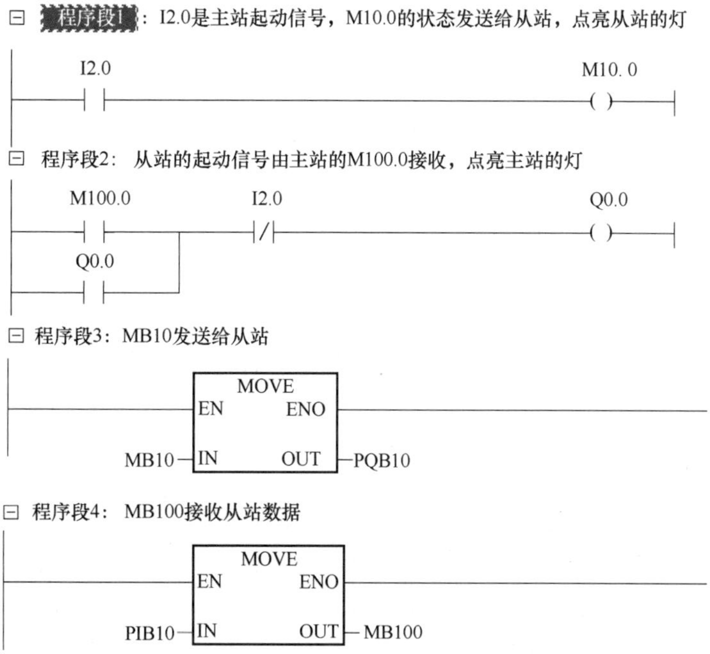

图 3-20　主站 S7-300 PLC 上的通信程序段

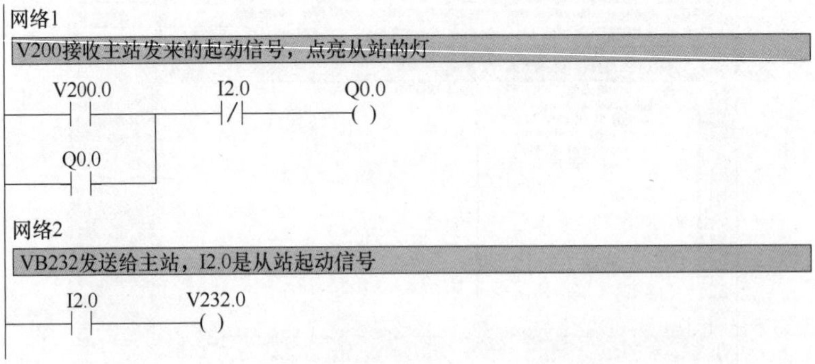

图 3-21　从站 S7-200 PLC 上的通信程序段

「练习反馈」

1）简述实现 S7-200 PLC 与 S7-300 PLC 之间 PROFIBUS-DP 通信的方法及步骤。

2）简述 PROFIBUS 的特点。

工作任务 3.2　S7-300 PLC 与 S7-300 PLC 的 PROFIBUS-DP 通信

「任务描述」

完成两台 S7-300 PLC 间的通信及控制，要求完成主站控制从站指示灯的点亮及熄灭，从站控制主站指示灯的点亮及熄灭。

「任务目标」

1）进一步熟悉通信基本知识，熟悉 PLC 间的通信。

2）掌握 S7-300 PLC 和 S7-300 PLC 间 PROFIBUS-DP 通信方法。

「任务准备」

任务准备内容见表 3-2。

表 3-2　任务准备

序号	硬件	软件
1	2 台 CPU 314C-2 DP	STEP7-Micro/WIN
2	1 台计算机	
3	PC/Adapter 编程电缆	
4	PROFIBUS 电缆	

「相关知识」

PROFIBUS-DP 标准以 OSI 协议参考模型为基础。OSI 协议参考模型为 7 层模型，第 1 层为物理层，定义物理传输特性；第 2 层为数据链路层，主要实现两个相邻节点之间的通信；第 3～6 层 PROFIBUS 没有使用；第 7 层为应用层。这种简化的协议结构实现了数据通信的快速性和有效性，物理层使用 RS-485 传输技术和光纤传输技术，详细规定了各种不同的 PROFIBUS-DP 设备的功能，为用户、系统以及不同设备提供了各种功能模块，尤其适合可编程序控制器与现场分散的 I/O 设备之间的通信。根据现场设备在控制系统中的作用不同可分为以下几类：

1）1 类主站（DPM1）设备。1 类主站（DPM1）完成总线通信控制及数据访问，是系统必需的，支持主站功能的各种通信处理器模块等设备都可以作为主站，典型的 DPM1 设备有 PLC、PC 等。

2）2 类主站（DPM2）设备。2 类主站（DPM2）主要完成数据读写、系统配置和故障诊断等非周期的数据访问，可以与 1 类主站进行通信，也可与从站进行数据通信。DPM2 主要在操作设备及系统组态时使用，触摸屏和操作面板等都是比较典型的 DPM2 设备。

3）从站设备。PROFIBUS 从站完成对数据及控制信号的输入及输出，从站在主站的控制下进行现场输入信号的采集及控制信号的输出，作为从站的设备可以是 PLC，也可以是各种 I/O 设备。

主站周期性地读取从站设备的输入数据，并且周期性地向从站发送输出信息，除周期性的现场数据传输外，PROFIBUS-DP 还提供了智能化现场设备所需的组态、诊断和报警等非周期通信。

「任务实施」

1. 新建项目

单击桌面上的 SIMATIC Manager 图标，进入主界面，单击“文件”，选择下拉菜单中“新建”，创建新项目“PROFIBUS-DP300”，并为新建项目选择存储位置，如图 3-22 所示。

单击“确定”进入项目主界面，单击“插入”→“站点”→“SIMATIC 300 站点”，插入两个 S7-300 PLC 站点，分别命名为“MASTER”和“SLAVE”，如图 3-23 所示，然后分别组态主站和从站。

S7-300 与 S7-300 PLC 间的 PROFIBUS-DP 通信

2. 从站组态

在图 3-23 左侧界面中单击“SLAVE”，再在右侧界面中双击“硬件”，进入硬件组态窗口，

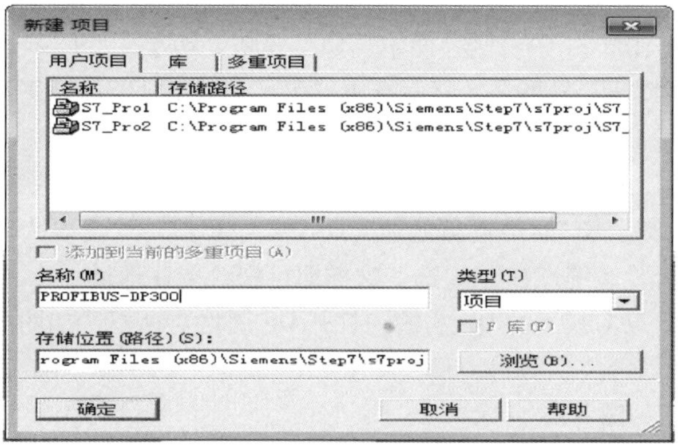

图 3-22　新建项目界面

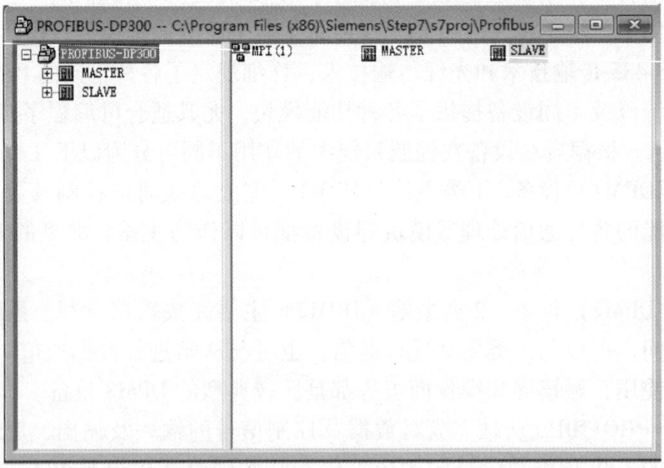

图 3-23　建立 S7-300 PLC 站点

单击窗口右侧界面中“SIMATIC 300”旁边的“+”号，打开“RACK-300”，双击“Rail”，插入空机架，如图 3-24 所示。

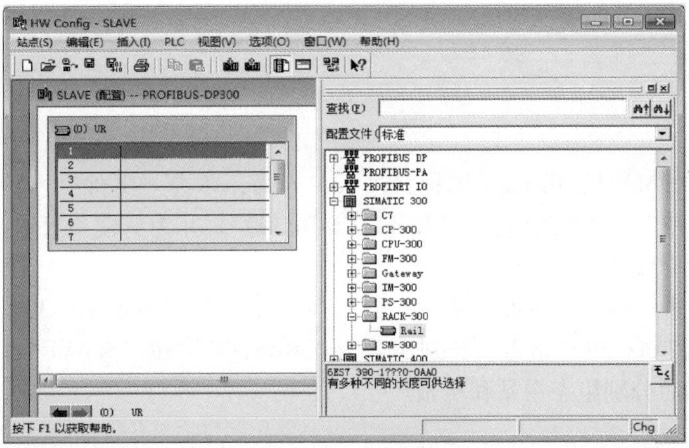

图 3-24　插入空机架

机架的 1 号插槽为电源模块，本例中 PLC 采用外部开关电源供电，所以 1 号插槽空置；2 号插槽为 CPU 模块，单击图 3-24 中右侧界面中“CPU-300”旁边的“+”号，再选中“CPU 313C-2 DP”并单击其旁边的“+”号展开，然后选中“6ES7 313-6CF03-0AB0”并单击其旁边的“+”号展开，双击 V2.6，将 CPU 模块插入 2 号插槽，如图 3-25 所示。

CPU 313C-2 DP PLC 集成了 16 个数字输入点、16 个数字输出点，系统默认为其配置了 2B 的输入地址（IB124、IB125）和 2B 的输出地址（QB124、QB125），若要为其输入输出分配其他地址，可在图 3-26 中取消“系统默认”勾选，这样即可修改 I/O 地址。

插入 CPU 模块后，双击其下的 DP 插槽，打开 DP 属性对话框，如图 3-27 所示。

单击图 3-27 中的“属性”，弹出“属性-PROFIBUS 接口 DP（R0/S2.1）”对话框，本例中将从站地址设置为“3”，如图 3-28 所示。

然后，单击图 3-28 中的“新建”按钮，新建 PROFIBUS 网络，在“网络设置”选项卡中可进行传输速率的设置，如图 3-29 所示。

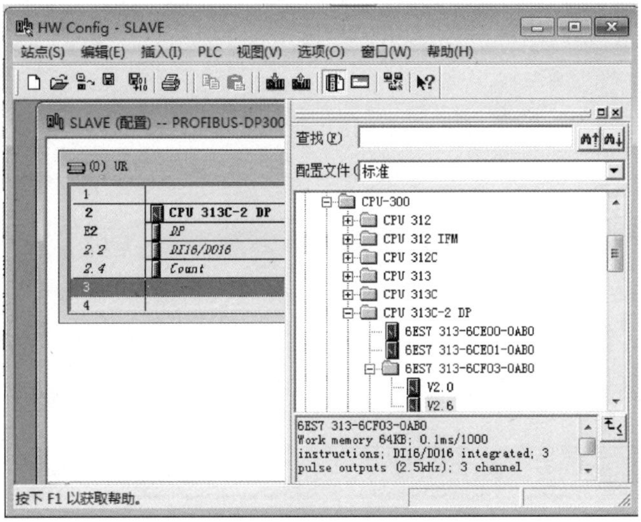

图 3-25　插入 CPU 模块

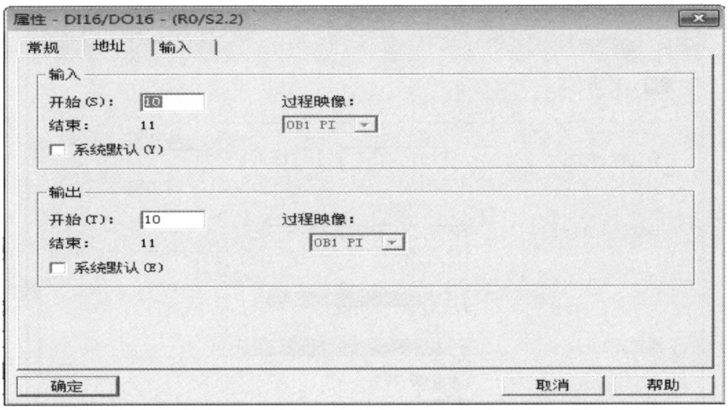

图 3-26　修改 I/O 地址

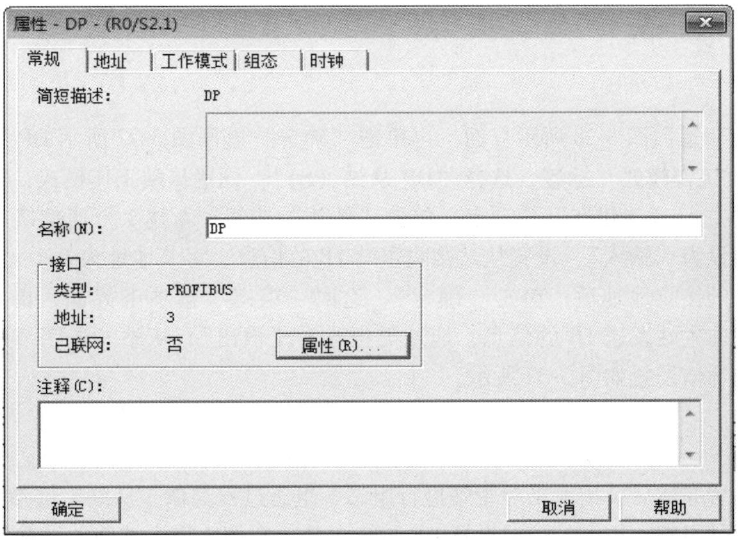

图 3-27　DP 属性对话框

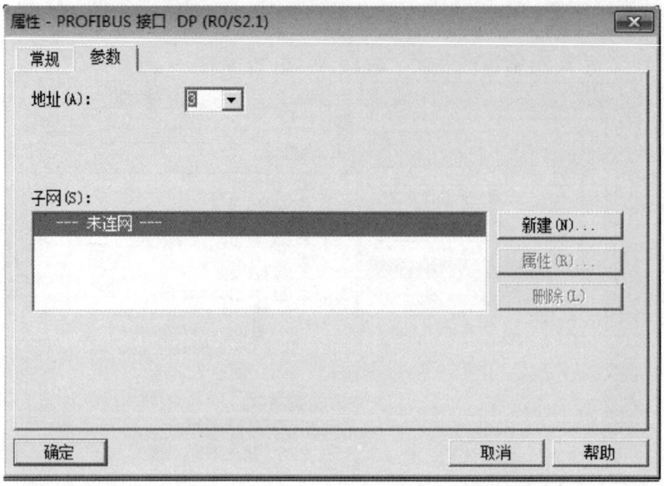

图 3-28　分配从站地址

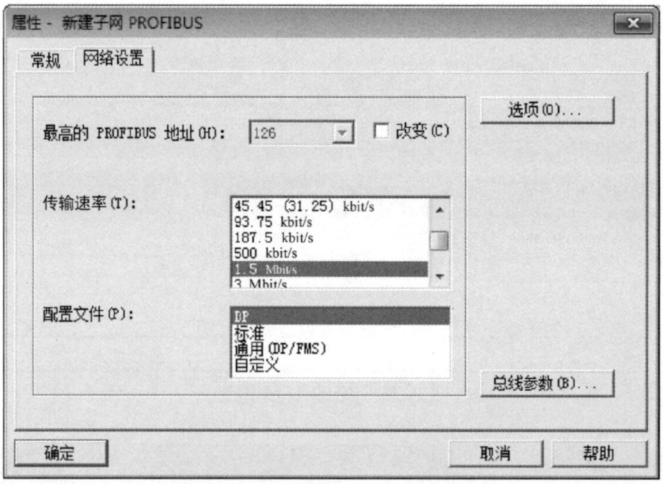

图 3-29　设置传输速率

单击“确定”返回图 3-28 所示界面，再单击“确定”返回图 3-27 所示 DP 属性对话框，单击图 3-27 中的“工作模式”标签，选择“DP 从站（S）”，设置从站工作模式，如图 3-30 所示。

在图 3-30 中，打开“组态”选项卡，单击“新建”按钮，新建 1 行通信接口区，如图 3-31 所示，地址类型设为“输入”，设置从站接收主站 1B 的信息，字节地址为 IB5。

设置完从站的接收地址后，单击“确定”，返回“组态”选项卡界面，再次单击“新建”按钮，设置从站向主站发送 1B 的信息，地址类型改为“输出”，从站发送字节地址为 QB5。从站组态完毕后的通信设置如图 3-32 所示。

3. 主站组态

从站组态设置完成后，接下来对主站进行组态，组态过程类似于从站，可参考从站的组态步骤完成基本的硬件组态，重点是需要设置 DP 接口参数，本例中将主站地址设置为“2”，传输速率及其他设置应当与从站一样，否则主站和从站不能实现正常通信。在主站“属性-DP”对话框

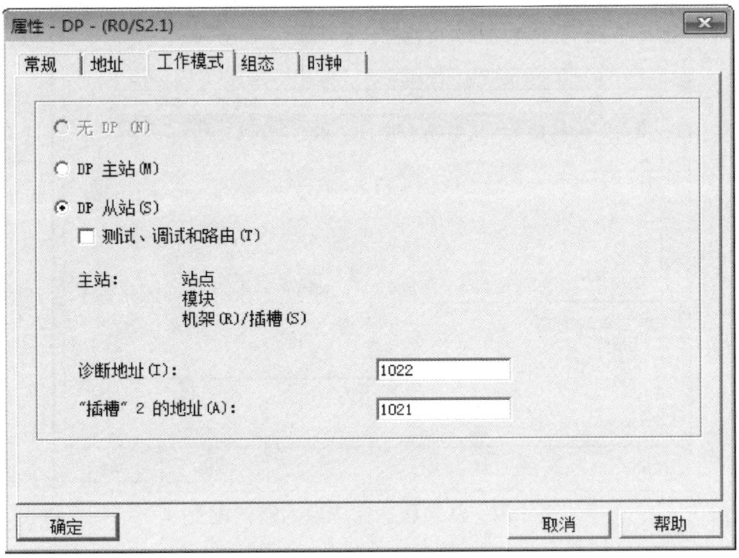

图 3-30　设置从站工作模式

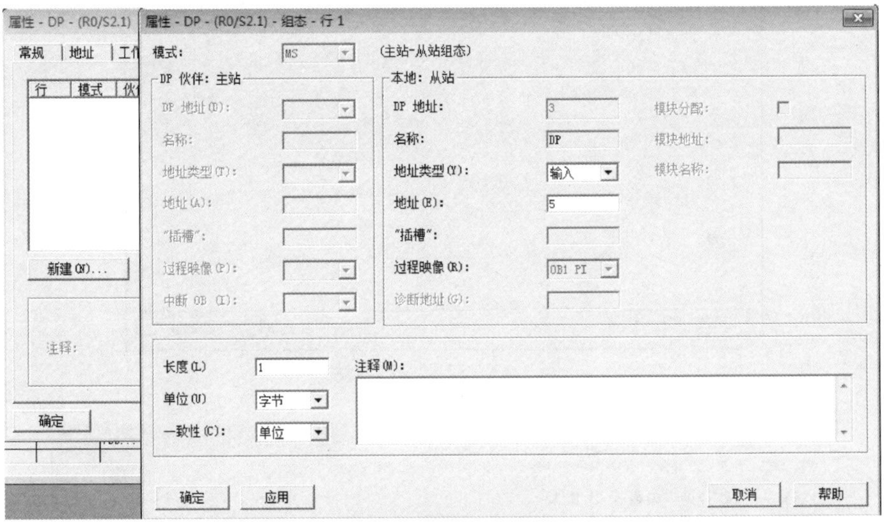

图 3-31　设置从站接收地址

“工作模式”选项卡中，选择“DP 主站（M）”进行设置，如图 3-33 所示。

在硬件组态窗口中，单击菜单栏中的“视图”→“目录”，硬件目录便出现在硬件组态界面的右侧，单击“PROFIBUS-DP”旁边的“+”号展开目录，再单击“Configured Stations”旁边的“+”号，展开后双击“CPU 31x”，这时“CPU 31x”就拖到了主站系统 DP 接口 PROFIBUS（1）总线上，如图 3-34 所示。

单击图 3-34 中从站的图标，弹出“DP 从站属性”对话框，单击“连接”按钮进行确认，这样从站就挂在了主站上，主站和从站的连接如图 3-35 所示。

连接完成后，单击“组态”选项卡，设置主站的通信存储区域，将主站的输出区域与从站的输入区域对应、主站的输入区域与从站的输出区域对应，主从站通信接口的设置如图 3-36 所示，图 3-37 为主从站组态完成后的通信区域。

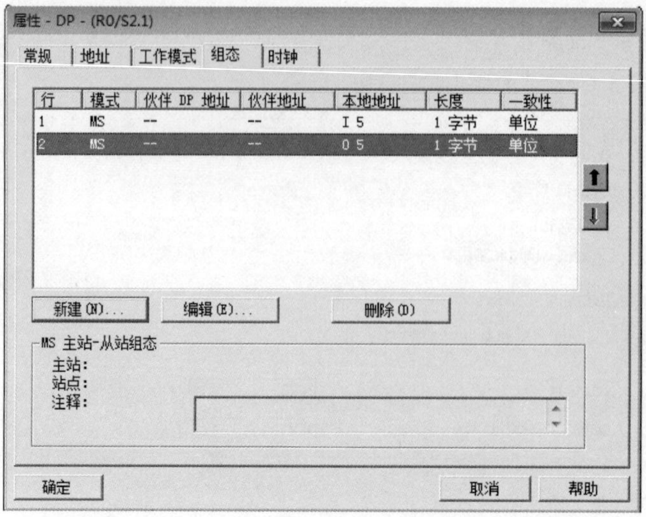

图 3-32　从站组态完毕后的通信设置

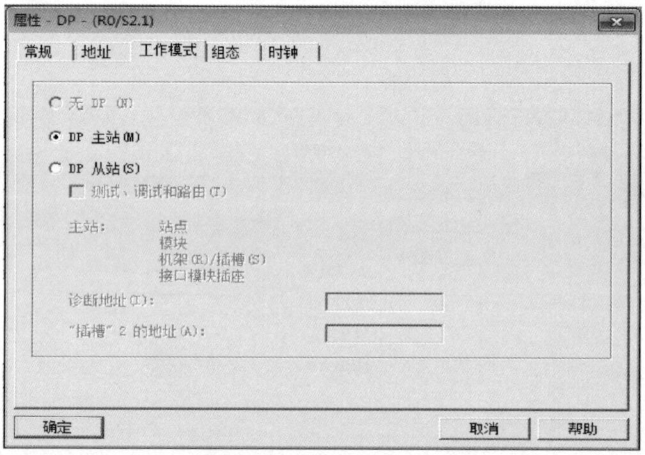

图 3-33　设置 DP 主站

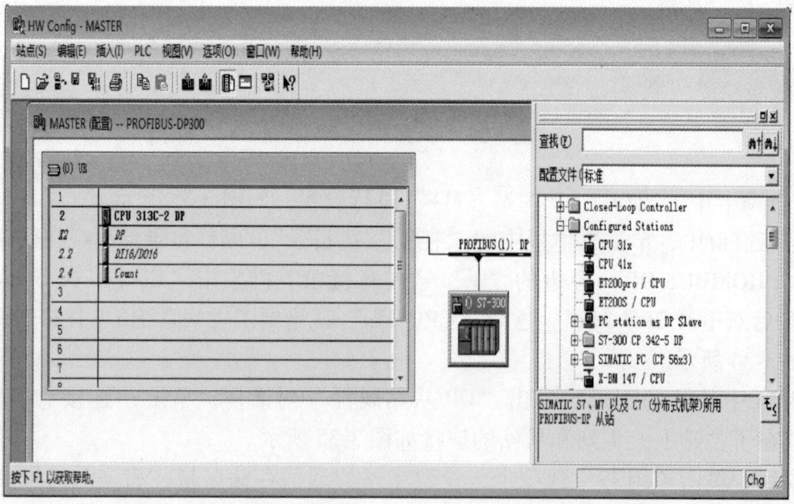

图 3-34　将硬件“CPU 31x”拖到主站系统 DP 接口总线上

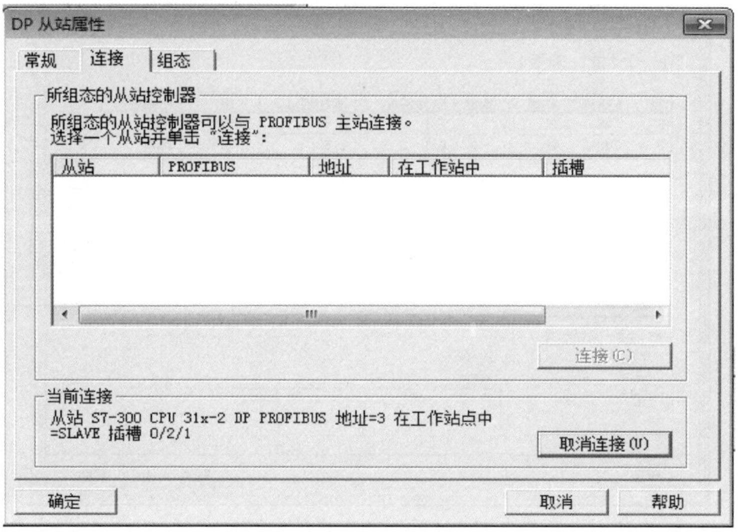

图 3-35　主站和从站的连接

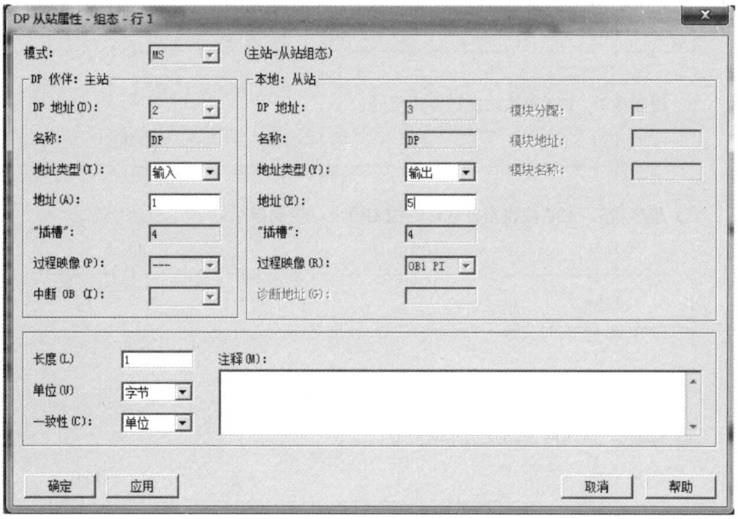

图 3-36　主从站通信接口的设置

单击工具栏中的按钮，保存和编译硬件组态，硬件组态完毕。

4. 编写程序

表 3-3 为主站与从站的数据交换区域。主站程序如图 3-38 所示。从站程序如图 3-39 所示。

表 3-3　主站与从站的数据交换区域

主站 S7-300 PLC	区域对应	从站 S7-300 PLC
IB1	←	QB5
QB1	→	IB5

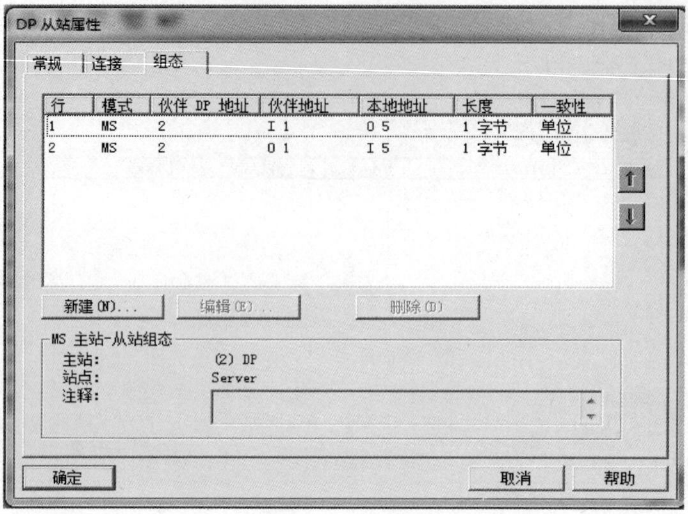

图 3-37　主从站组态完成后的通信区域

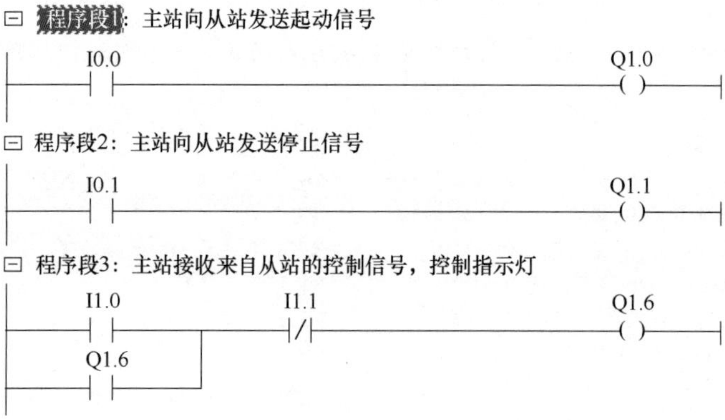

图 3-38　主站程序

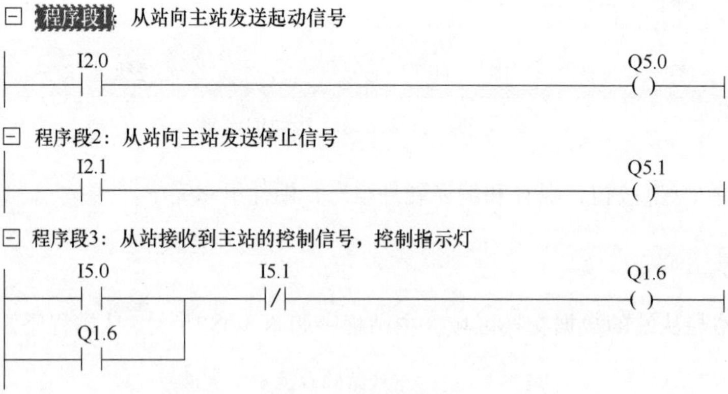

图 3-39　从站程序

「练习反馈」

1）简述实现 S7-300 PLC 与 S7-300 PLC 间 PROFIBUS-DP 通信的方法及步骤。

2）简述 PROFIBUS-DP 设备的分类及作用。

项目 4 工业以太网通信系统组建

工业以太网是互联网系列技术延伸到工业应用环境的产物。工业以太网涉及企业网络的各个层次，无论是应用于工业环境中的企业信息网络，还是基于普通以太网技术的控制网络，以及新兴的实时以太网，均属于工业以太网的范畴。因此，工业以太网既属于信息网络技术，也属于控制网络技术，它是一系列技术的总称。

工业以太网是应用于工业自动化领域的以太网技术，是在以太网技术和 TCP/IP 技术的基础上发展起来的一种工业网络。

工作任务 4.1 两台 S7-1200 PLC 的以太网通信

「任务描述」

通过 PLC 通信配置，设计 PLC 程序，实现两台 S7-1200 PLC 之间的以太网通信。两台 S7-1200 PLC 通过网口用网线连接。

1）S7-1200 PLC CPU 客户端（client）将通信数据区 DB1 块中 10 个字节的数据发送到 S7-1200 PLC CPU 服务器端（Server）的接收数据区 DB1 块中。

2）S7-1200 PLC CPU 客户端将 S7-1200 PLC CPU 服务器端发送数据区 DB2 块中的 10 个字节的数据读取到 S7-1200 PLC CPU 客户端的接收数据区 DB2 块中。

「任务目标」

1）进一步熟悉通信基本知识，熟悉 PLC 间的通信。

2）掌握两台 S7-1200 PLC 之间的以太网通信方法，掌握 S7 通信方式。

「任务准备」

任务准备内容见表 4-1。

表 4-1 任务准备

序号	硬件	软件
1	CPU 1214C DC/DC/DC，V2.0	TIA Portal V15
2	CPU 1214C DC/DC/DC，V4.1	

「相关知识」

1. 工业以太网概述

工业以太网产品的设计制造必须充分考虑并满足工业网络应用的需要。工业生产现场对工业以太网产品的要求包括：

1）工业生产现场高温、潮湿、空气污浊以及存在腐蚀性气体的环境，要求工业级产品具有气候环境适应性，以及耐腐蚀、防尘和防水。

2）工业生产现场存在粉尘、易燃易爆和有毒性气体，要求采取防爆措施以保证安全生产。

3）工业生产现场的振动、电磁干扰大，工业控制网络必须具有机械环境适应性（如耐振动、耐冲击）、电磁环境适应性或电磁兼容性（Electro Magnetic Compatibility，EMC）等。

4）工业网络器件的供电通常采用柜内低压直流电源标准，大多数工业环境中控制柜内所需电源为低压直流 24V。

5）采用标准导轨安装，安装方便，适合工业环境安装要求。工业网络器件要能方便地安装在工业现场控制柜内，并容易更换。

2. 工业以太网传输速率

1）10Base-T 以太网的传输介质是铜轴电缆，传输速率为 10Mbit/s。

2）快速以太网的传输速率为 100Mbit/s，采用光缆或双绞线作为传输介质，兼容 10Base-T 以太网。

3）千兆以太网是扩展的以太网协议，传输速率为 1Gbit/s，采用光缆或双绞线作为传输介质，基于当前的以太网标准，兼容 10Mbit/s 以太网和 100Mbit/s 以太网的交换机和路由器设备。

4）十千兆位以太网是一种速度更快的以太网技术，支持智能以太网服务。

3. 工业以太网应用于工业自动化中的关键问题

（1）通信实时性问题

工业以太网采用带冲突检测的载波监听多路访问（CSMA/CD）的介质访问控制方式，其本质上是非实时的。

（2）对环境的适应性与可靠性问题

工业级产品的设计要特别注重材质、元器件的选择，使产品在强度、温度、湿度、振动、干扰和辐射等环境参数方面满足工业现场的要求。

（3）总线供电问题

在控制网络中，现场控制设备的位置分散性使得它们需要总线提供工作电源。现有的许多控制网络技术都可以利用网线对现场设备供电。

（4）本质安全问题

工业以太网如果要用在一些易燃易爆的危险工业场所，就必须考虑本安防爆问题。这是在总线供电解决之后要进一步解决的问题。

4. GET 和 PUT 指令

在 S7 通信中，可以使用 GET 和 PUT 指令通过 PROFINET 和 PROFIBUS 建立其他 PLC 与 S7-

1200 PLC CPU 的通信。V3.0 CPU 程序中的 GET/PUT 操作在 V4.0 CPU 中会自动启用。不过，V4.0 CPU 程序中的 GET/PUT 操作不会自动启用。要启用 GET/PUT 访问，必须转到 CPU“设备组态”，打开“巡视”窗口，选择“属性”选项卡下的“保护”属性。GET 和 PUT 指令的用法见表 4-2。GET 和 PUT 指令参数的数据类型见表 4-3。

表 4-2　GET 和 PUT 指令的用法

指令	说明
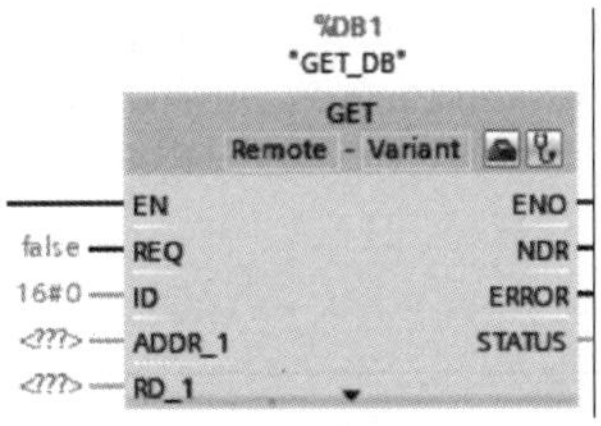	使用 GET 指令从远程 S7 CPU 中读取数据。远程 CPU 可处于 RUN 或 STOP 模式下。STEP7 会在插入指令时自动创建该 DB
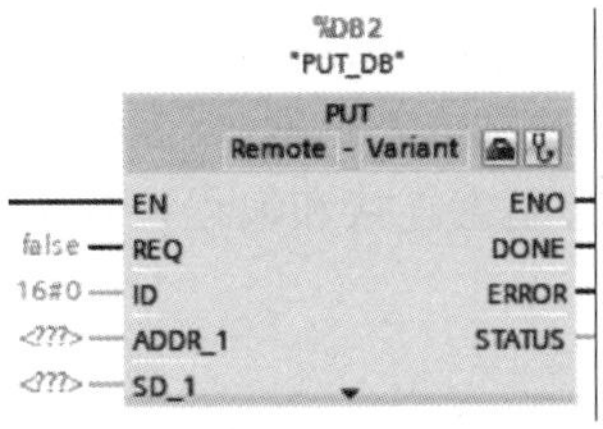	使用 PUT 指令将数据写入远程 S7 CPU。远程 CPU 可处于 RUN 或 STOP 模式下。STEP7 会在插入指令时自动创建该 DB

表 4-3　GET 和 PUT 指令参数的数据类型

参数	类型	数据类型	说明
REQ	IN	Bool	通过由低到高的（上升沿）信号启动操作
ID	IN	CONN_PRG（Word）	S7 通信的连接 ID（十六进制）
NDR（GET）	OUT	Bool	NDR（新数据就绪）取值为 0：请求尚未启动或仍在运行 1：已成功完成任务
DONE（PUT）	OUT	Bool	DONE 取值为 0：请求尚未启动或仍在运行 1：已成功完成任务
ERROR STATUS	OUT	Bool Word	1）ERROR=0 时，STATUS 取值为 0000H：既没有警告也没有错误 <> 0000H：警告，STATUS 提供详细信息 2）ERROR= 1 时，出现错误。STATUS 提供有关错误性质的详细信息
ADDR_1	INOUT	远程	指向远程 CPU 中待读取（GET）或待发送（PUT）数据的存储区
ADDR_2	INOUT	远程	
ADDR_3	INOUT	远程	
ADDR_4	INOUT	远程	

（续）

参数	类型	数据类型	说明
RD_1（GET） SD_1（PUT）	INOUT	Variant	指向本地 CPU 中待读取（GET）或待发送（PUT）数据的存储区允许的数据类型有 Bool（只允许单个位）、Byte、Char、Word、Int、DWord、DInt 或 Real 如果该指针访问 DB，则必须指定绝对地址，如：P# DB10. DBX5. 0 Byte 10，在此情况下，10 表示 GET 或 PUT 的字节数
RD_2（GET） SD_2（PUT）	INOUT	Variant	
RD_3（GET） SD_3（PUT）	INOUT	Variant	
RD_4（GET） SD_4（PUT）	INOUT	Variant	

必须确保 ADDR_x（远程 CPU）与 RD_x 或 SD_x（本地 CPU）参数的长度（字节数）和数据类型相匹配。标识符“Byte”之后的数字是 ADDR_x、RD_x 或 SD_x 参数引用的字节数。

S7-1200 PLC 的 PROFINET 通信接口可以作为 S7 通信的服务器端或客户端（v2. 0 CPU 及以上版本）。S7-1200 PLC 仅支持 S7 单边通信，仅需要在客户端单边组态连接和编程，而服务器端只准备好通信的数据就行。

「任务实施」

S7-1200 PLC 之间的 S7 通信，可以分两种情况来操作，具体如下：

第一种情况：两个 S7-1200 PLC 在一个项目中的操作。

第二种情况：两个 S7-1200 PLC 在不同项目中的操作。

S7-1200 间的以太网通信（同一项目硬件组态）

1. 第一种情况（同一项目中的操作）

在同一个项目中，新建两个 S7-1200 PLC 站点，然后进行 S7 通信。

（1）创建项目

创建一个新项目，并通过“添加新设备”组态 S7-1200 PLC 站点“client v4. 1”，选择“CPU 1214C DC/DC/DC” V4. 1（client IP：192. 168. 0. 10）；接着组态另一个 S7-1200 PLC 站点“server v2. 0”，选择“CPU 1214C DC/DC/DC” V2. 0（server IP：192. 168. 0. 12），如图 4-1 所示。

（2）网络配置，组态 S7 连接

S7-1200 间的以太网通信（在同一项目中的编程）

在“设备和网络”窗口中，单击打开“网络视图”选项卡进行网络配置，单击左上角工具栏中的“连接”图标，在旁边的下拉列表框中选择“S7 连接”，然后选中“client v4. 1 CPU 1214C”，右击选择“添加新连接（N）”，如图 4-2 所示。在“创建新连接（N）”对话框中，选择连接对象“server v2. 0 [CPU 1214C]”，勾选“主动建立连接”后，单击“添加”按钮建立新连接，如图 4-3 所示。

（3）S7 连接及其属性说明

在“连接”选项卡中，可以看到已经建立的“S7_连接_1”，如图 4-4 所示。

单击图 4-4“连接”选项卡中的“S7_连接_1”，在显示的“S7_连接_1 [S7 连接]”对话框

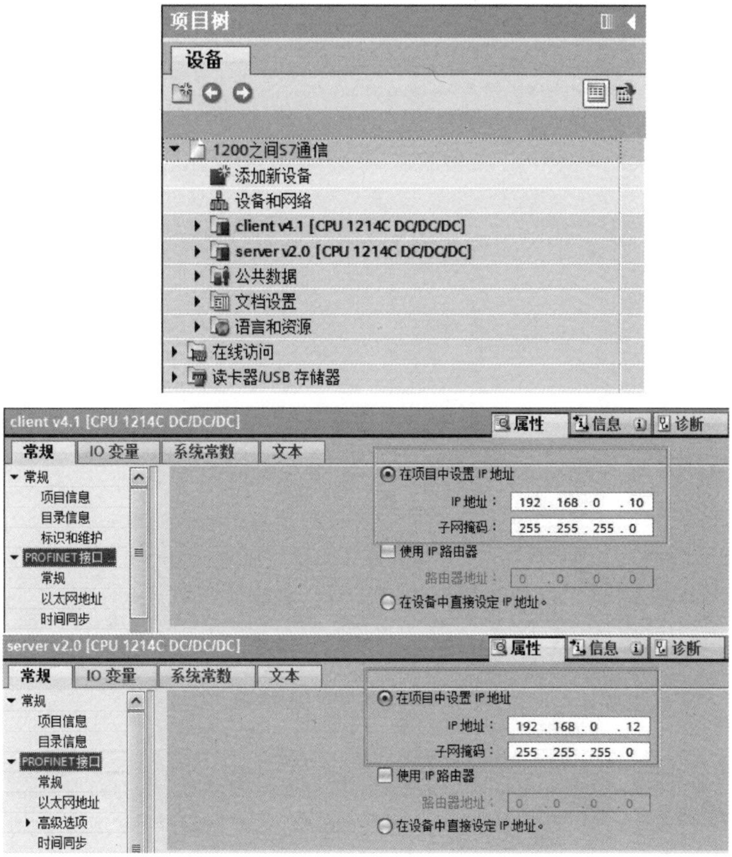

图 4-1　在新项目中新建两个 S7-1200 PLC 站点

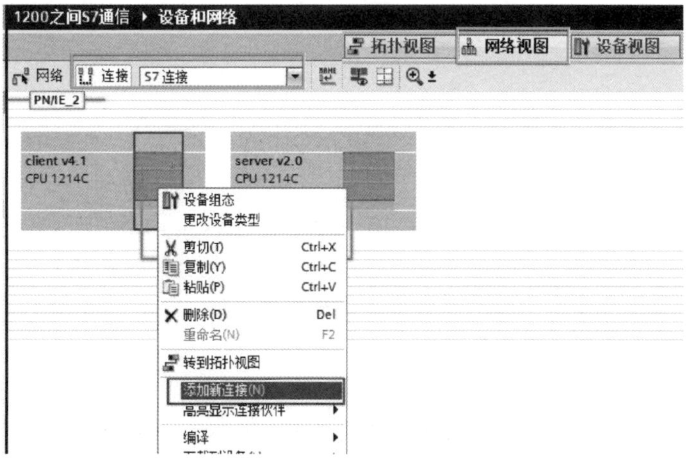

图 4-2　添加新连接

中单击“常规”选项卡可以查看各参数。在“常规”选项卡中，显示了 S7 连接双方的设备、接口、接口类型、子网及 IP 地址等，如图 4-5 所示。

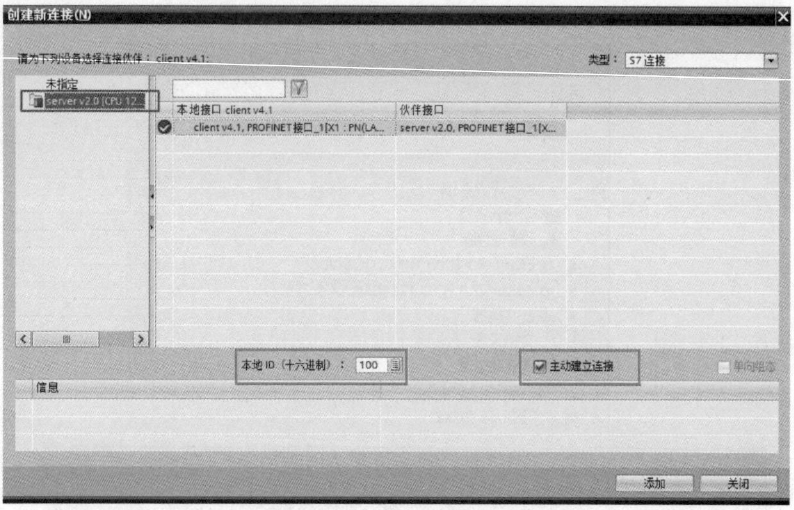

图 4-3　建立 S7 连接

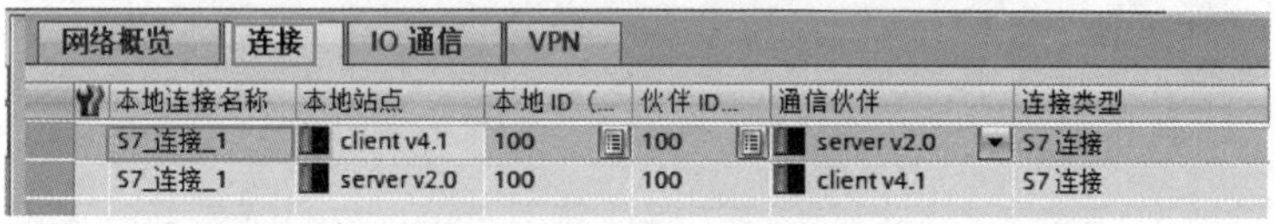

图 4-4　已经建立的 S7 连接

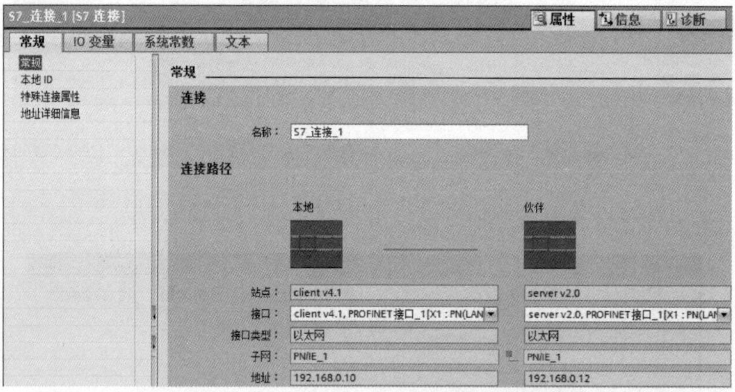

图 4-5　“S7_连接_1”的“常规”选项卡

在“本地 ID”中，显示了通信连接的 ID 号，这里 ID = W#16#100（编程使用），如图 4-6 所示。

在“特殊连接属性”中，可以选择是否“主动建立连接”，这里 client v4.1 选择“主动建立连接”，如图 4-7 所示。

在“地址详细信息”中，定义通信双方的 TSAP 地址，这里不需要修改，如图 4-8 所示。

配置完网络连接后，两个站点都编译存盘并下载。如果通信连接正常，将显示通信伙伴处于连接在线状态，如图 4-9 所示。

（4）软件编程

在 S7-1200 PLC 客户端、服务器端分别创建发送和接收数据块 DB1 和 DB2，定义为 10B 的数组，如图 4-10 所示。

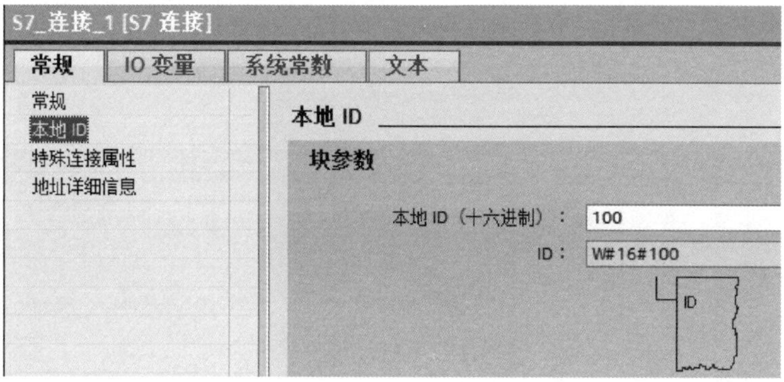

图 4-6　本地 ID

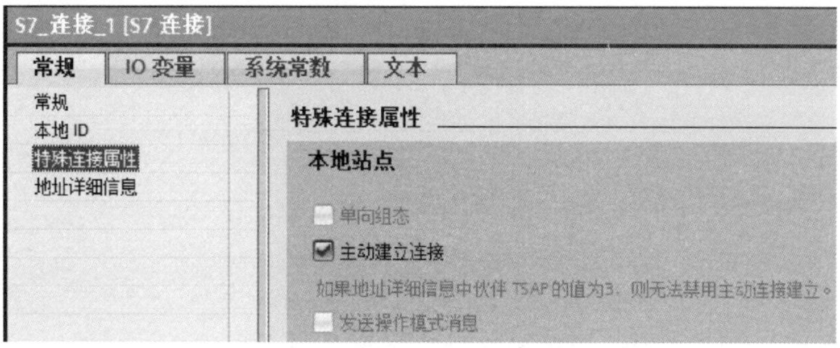

图 4-7　特殊连接属性

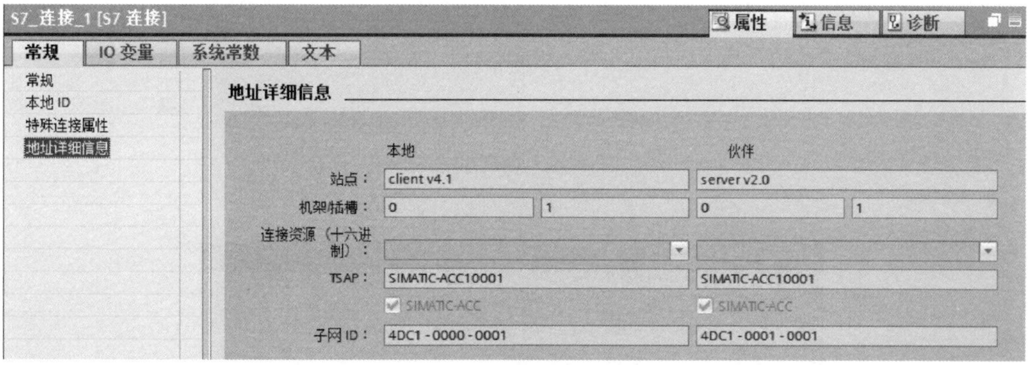

图 4-8　地址详细信息

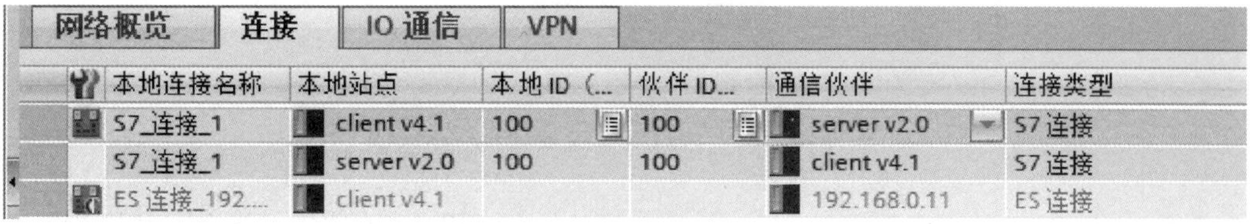

图 4-9　连接在线状态

注意：在数据块“属性”中，不要选择“优化的块访问”（把默认的勾选去掉），如图 4-11 所示。

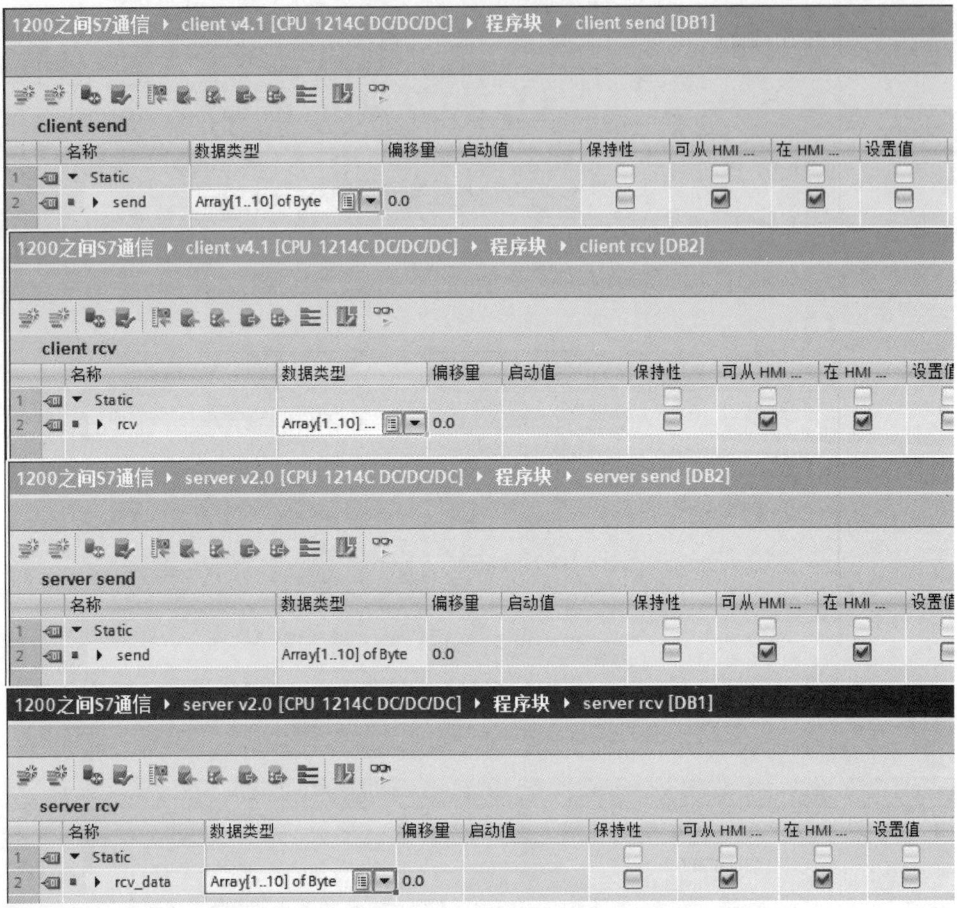

图 4-10 创建数据块

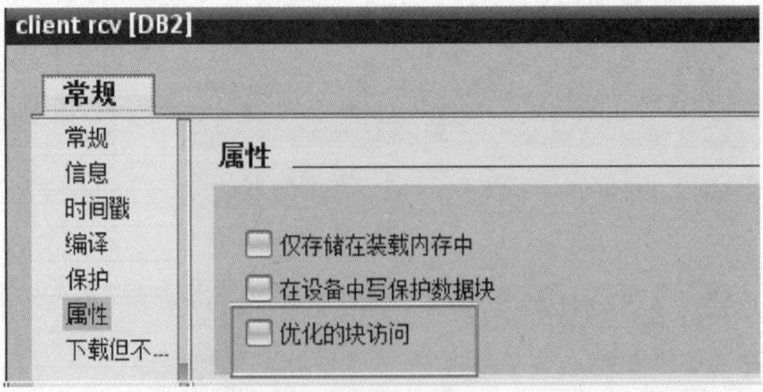

图 4-11 数据块属性选择非优化的块访问

在主动建立连接的客户端编程（client v4.1 CPU），在 OB1 中，选择“指令”→“通信”→“S7 通信”，调用 GET、PUT 指令，如图 4-12 所示。

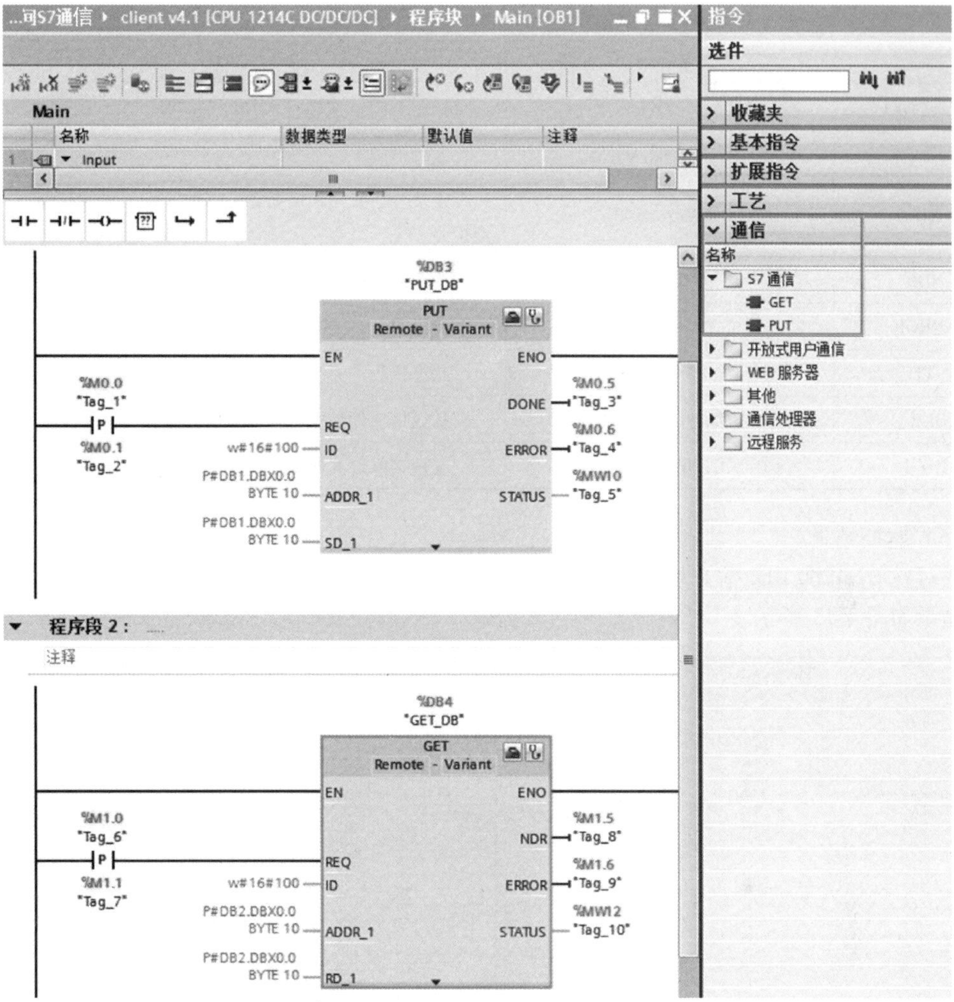

图 4-12　调用 GET、PUT 指令

PUT 和 GET 功能块参数说明见表 4-4 和表 4-5。

表 4-4　PUT 功能块参数说明

指令	参数	说明
CALL “PUT”	,%DB3	//调用 PUT，使用背景 DB 块：DB3
REQ	: =%M0. 0	//上升沿触发
ID	: =W#16#100	//连接号，要与连接配置中参数一致，创建连接时的本地连接号
DONE	: =%M0. 5	//为 1 时，发送完成
ERROR	: =%M0. 6	//为 1 时，有故障发生
STATUS	: =%MW10	//状态代码
ADDR_1	: =P#DB1. DBX0. 0 BYTE 10	//发送到通信伙伴数据区的地址
SD_1	: =P#DB1. DBX0. 0 BYTE 10	//本地发送数据区的地址

表 4-5　GET 功能块参数说明

指令	参数	说明
CALL “GET”	,%DB4	//调用 GET，使用背景 DB 块：DB4
REQ	:=%M1.0	//上升沿触发
ID	:=W#16#100	//连接号，要与连接配置中参数一致，创建连接时的本地连接号
NDR	:=%M1.5	//为 1 时，接收到新数据
ERROR	:=%M1.6	//为 1 时，有故障发生
STATUS	:=%MW12	//状态代码
ADDR_1	:=P#DB2.DBX0.0 BYTE 10	//从通信伙伴数据区读取数据的地址
RD_1	:=P#DB2.DBX0.0 BYTE 10	//本地接收数据的地址

（5）监控结果

通过在 S7-1200 PLC 客户端编程进行 S7 通信，实现两个 S7-1200 PLC CPU 之间的数据交换，监控结果如图 4-13 所示。

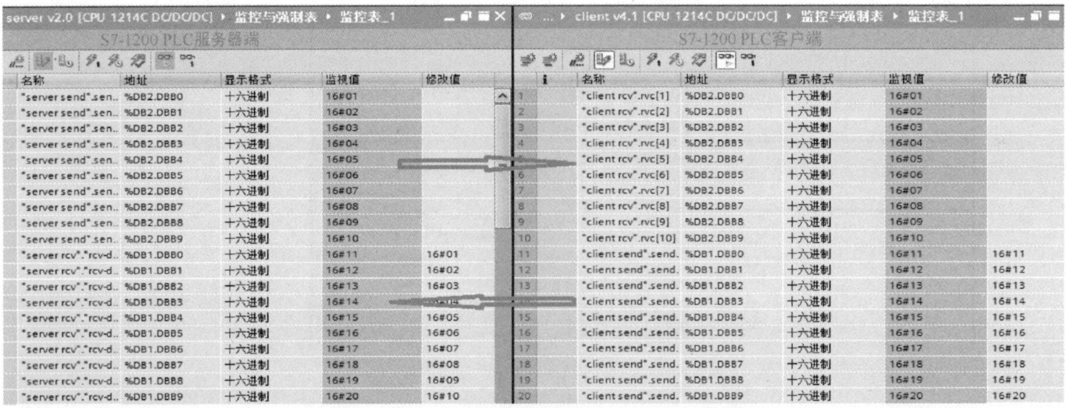

图 4-13　监控结果

2. 第二种情况（在不同项目中的操作）

S7-1200 间的以太网通信（不同项目硬件组态）

在不同项目中，使用 STEP7 V13 新建两个 S7-1200 PLC 站点，然后进行 S7 通信。

（1）使用 STEP7 V13 生成项目

使用 STEP7 V13 创建一个新项目，并通过“添加新设备”组态 S7-1200 PLC 站点“client v4.1”，选择“CPU 1214C DC/DC/DC” V4.1；接着在另一个项目组态 S7-1200 PLC 站点“server v2.0”，选择“CPU 1214C DC/DC/DC” V2.0。

（2）网络配置，组态 S7 连接

在“设备和网络”中，单击打开“网络视图”选项卡进行网络配置，单击左上角工具栏中的“连接”图标，在旁边的下拉列表框中选择“S7 连接”，然后选中“client v4.1 CPU 1214C”，右击选择“添加新连接（N）”，如图 4-14 所示。在“创建新连接（N）”对话框中，选择连接对象“未指定”，单击“添加”按钮建立新连接，如图 4-15 所示。

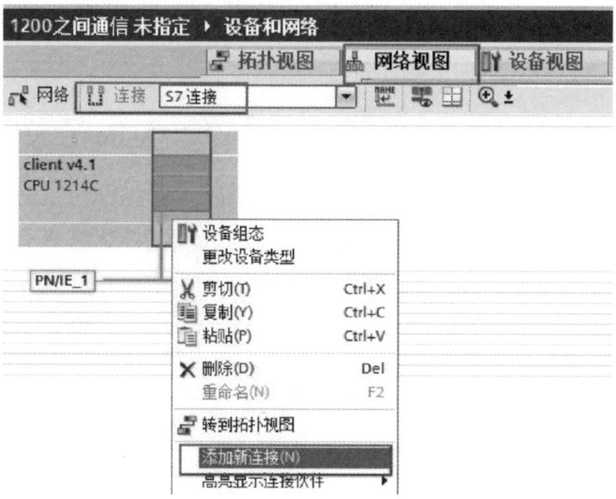

图 4-14　添加新连接

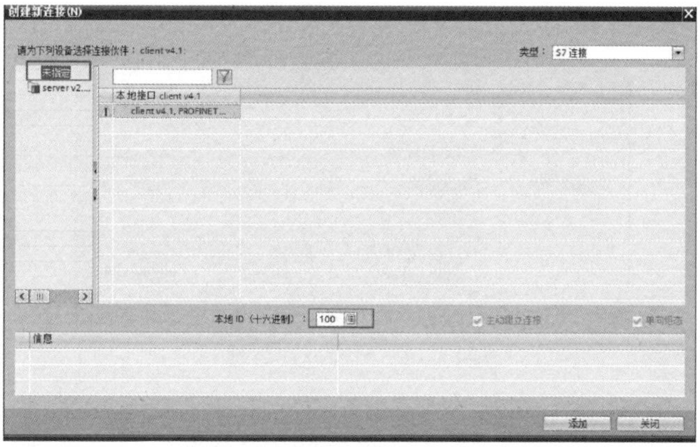

图 4-15　建立 S7 连接（选择连接对象“未指定”）

（3）S7 连接及其属性说明

在“连接”选项卡中，可以看到已经建立的“S7_连接_1”，如图 4-16 所示。

图 4-16　已经建立的 S7 连接

单击图 4-16 中的“连接”选项卡中“S7_连接_1”，在显示的“S7_连接_1［S7 连接］”对话框中，单击打开“常规”选项卡可以查看各参数，如图 4-17 所示。在“常规”选项卡中，显示了 S7 连接双方的设备，在“伙伴”连接路径中，“站点”栏选择“未知”；“地址”栏填写“伙伴”的 IP 地址“192. 168. 0. 12”。

在“特殊连接属性”中，将 client v4. 1 设置为“主动建立连接”，如图 4-18 所示。

在“地址详细信息”中，定义“伙伴”的 TSAP 地址（S7-1200 PLC 预留给 S7 连接两个 TSAP 地址：03. 01 和 03. 00），这里设置“伙伴”的 TSAP 地址为 03. 00，如图 4-19 所示。

配置完网络连接，编译存盘并下载。如果通信连接正常，将显示通信伙伴处于连接在线状态如图 4-20 所示。

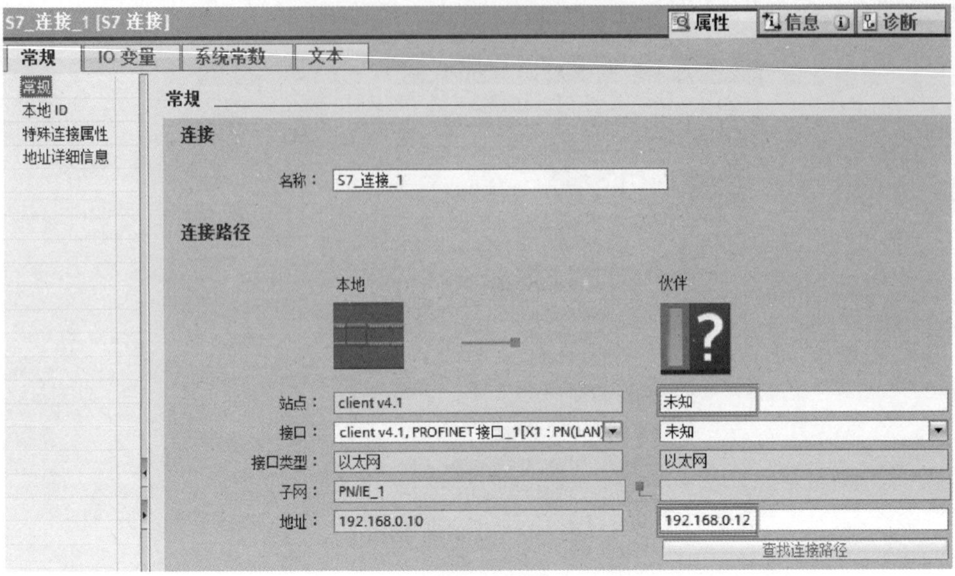

图 4-17 常规

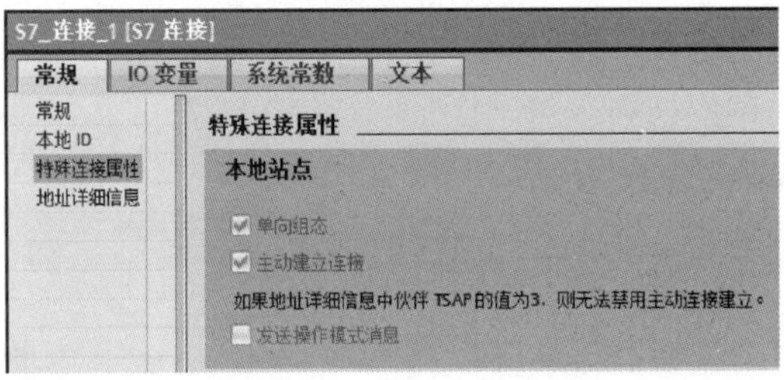

图 4-18 特殊连接属性

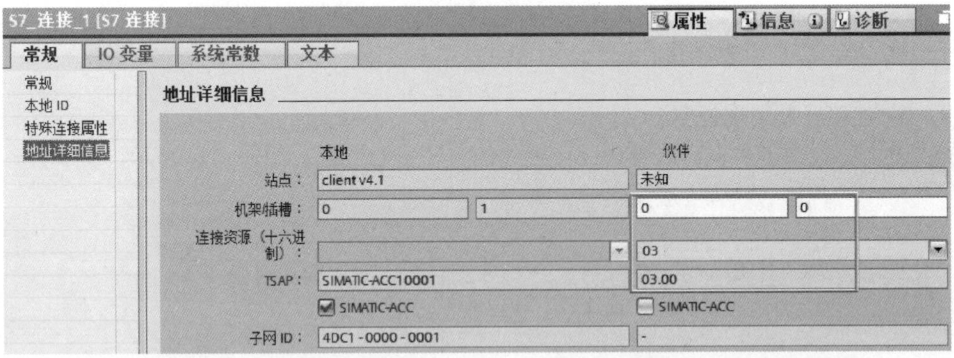

图 4-19 “伙伴”的 TSAP 地址设置

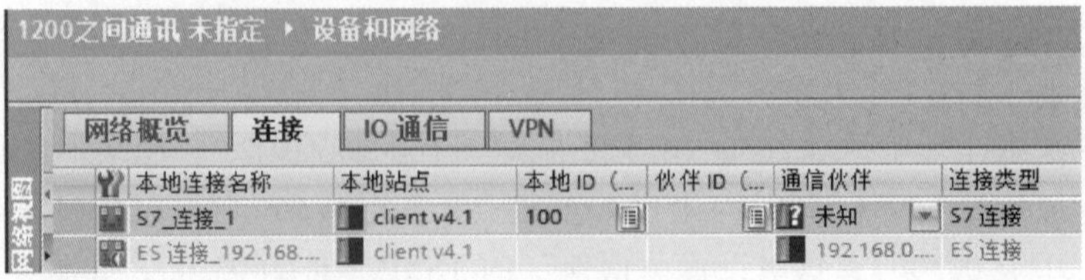

图 4-20 连接在线状态

（4）软件编程

在主动建立连接的客户端调用 GET、PUT 通信指令，具体操作同第一种情况。

「练习反馈」

1. 两个 S7-1200 PLC 通过 TCP 进行数据传输，系统具体控制要求如下：

1）将 PLC1 的通信数据块 DB5 中的 100B 的数据发送到 PLC2 的接收数据块 DB6 中。

2）将 PLC2 的通信数据块 DB5 中的 100B 的数据发送到 PLC1 的接收数据块 DB6 中。

2. 简述 GET、PUT 指令的功能。

工作任务 4.2　S7-1200 PLC 与 S7-300 PLC 的以太网通信

「任务描述」

通过 S7 通信来实现 S7-1200 PLC CPU 与 S7-300 PLC CPU 之间的以太网通信。

1）当 S7-1200 PLC 作为客户端、S7-300 PLC 作为服务器端时，需在客户端单边组态连接和编程，而作为服务器端的 S7-300 PLC 只需准备好通信的数据即可。所完成的通信任务如下：

① S7-1200 PLC CPU 读取 S7-300 PLC CPU 中数据块 DB1 的数据到 S7-1200 PLC 的数据块 DB3 中。

② S7-1200 PLC CPU 将本地数据块 DB4 中的数据写到 S7-300 PLC CPU 中的数据块 DB2 中。

2）当 S7-300 PLC 作为客户端、S7-1200 PLC 作为服务器端时，需在客户端单边组态连接和编程，而作为服务器端的 S7-1200 PLC 只需准备好通信的数据（V4.0 以上版本 CPU 需要激活连接机制）。所完成的通信任务如下：

① S7-300 PLC CPU 读取 S7-1200 PLC CPU 中数据块 DB1 的数据到 S7-300 PLC 的数据块 DB3 中。

② S7-300 PLC CPU 将本地数据块 DB4 中的数据写到 S7-1200 PLC CPU 中的数据块 DB2 中。

「任务目标」

1）进一步熟悉 PLC 间的通信。

2）掌握 S7-1200 PLC 与 S7-300 PLC 之间的以太网通信方法，掌握 S7 通信方式。

「任务准备」

任务准备内容见表 4-6。

表 4-6　任务准备

序号	硬件	软件
1	CPU 1214C DC/DC/DC，V2.0	TIA Portal V15
2	CPU 315C DC/DC/DC	

「相关知识」

S7-1200 PLC CPU 本体上集成了一个 PROFINET 接口（简称 PN 口），支持以太网和基于

TCP/IP 和 UDP 的通信标准。PROFINET 物理接口支持 10/100Mbit/s 的 RJ-45 口，支持电缆交叉自适应，因此一个标准的或交叉的以太网线都可以用于这个接口。使用 PROFINET 接口可以实现 S7-1200 PLC CPU 与编程设备的通信、与 HMI 触摸屏的通信，以及与其他 CPU 之间的通信。

S7-1200 PLC CPU 的 PROFINET 接口主要支持以下通信协议及服务：① PROFINET IO（V2.0 以上版本），② S7 通信（V2.0 以上版本支持客户端），③ TCP，④ ISO on TCP，⑤ UDP（V2.0 以上版本），⑥ Modbus TCP，⑦ HMI 通信，⑧ Web 通信（V2.0 以上版本）。

「任务实施」

1. S7-1200 PLC 作为客户端

在 S7-1200 PLC CPU 一侧配置并编程，步骤如下。

（1）使用 TIA Portal V15 软件新建一个项目并完成硬件配置

选择项目树“设备和网络”→“网络视图”，创建两个设备的连接。选中 PLC_2 上 S7-1200 PLC CPU 的 PROFINET 接口的绿色小方框，然后拖拽出一条线至另外一个 PLC_1 上 S7-300 PLC CPU 的 PROFINET 接口上，松开鼠标，这样就建立了连接。

S7-1200 与 S7-300 间的以太网通信网络组态（S7-1200 作为客户端）

S7-1200 与 S7-300 间的以太网通信编程（S7-1200 作为客户端）

（2）网络组态

打开“网络视图”选择卡配置网络，首先单击工具栏左上角的“连接”图标，选择“S7 连接”，选中 S7-1200 PLC CPU，然后右击选择“添加新连接（N）”命令添加新的连接，如图 4-21 所示。

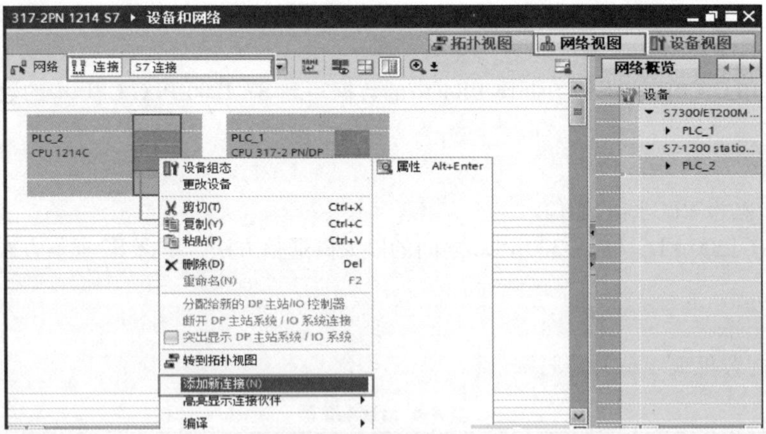

图 4-21　添加新的连接

然后，在“创建新连接”界面中，选择“未指定”，单击“添加”按钮建立 S7 连接，如图 4-22 所示。

“S7_连接_1”为建立的连接，选中连接，在“属性”→“常规”列表框中选择“常规”，定义连接对方 S7-300 PLC PN 口的 IP 地址，如图 4-23 所示；定义通信双方的 TSAP 地址，如图 4-24 所示；定义连接 ID 号，如图 4-25 所示。

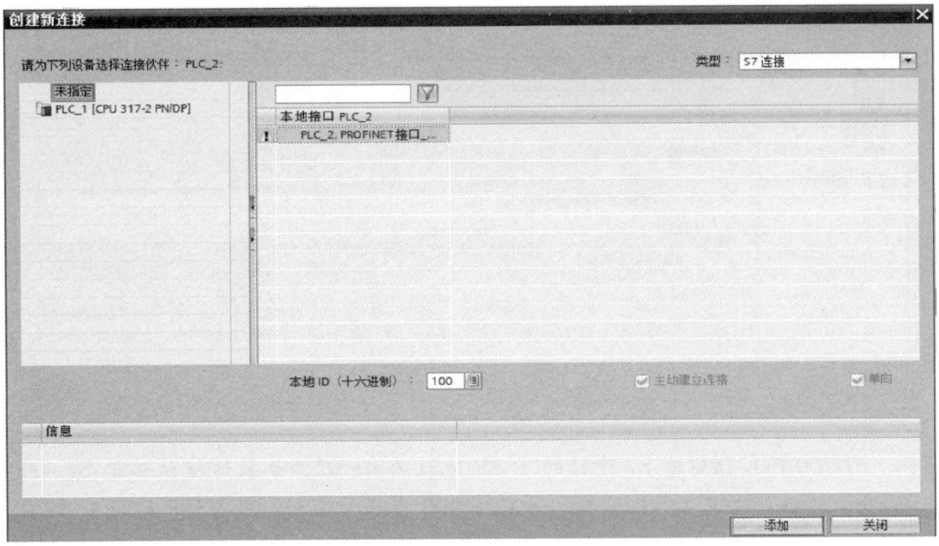

图 4-22　建立 S7 连接

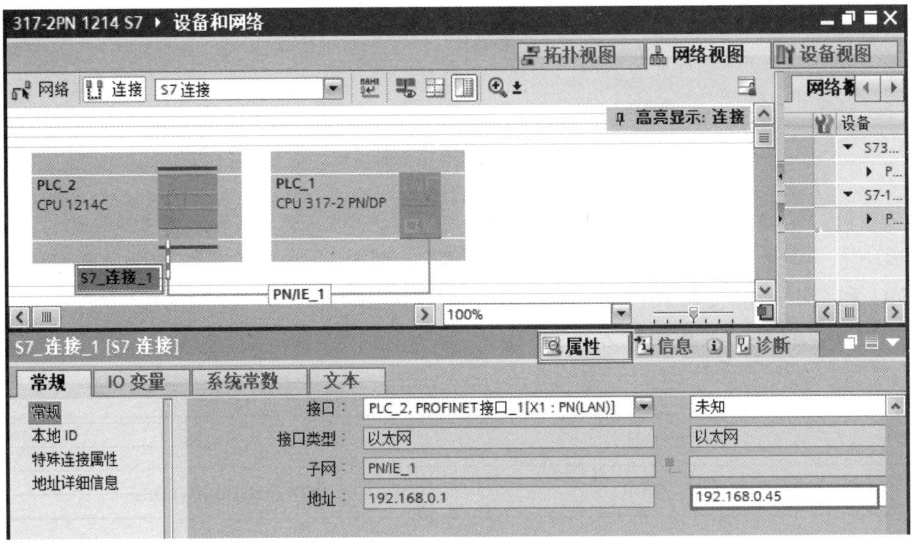

图 4-23　定义连接对方 S7-300 PLC PN 口的 IP 地址

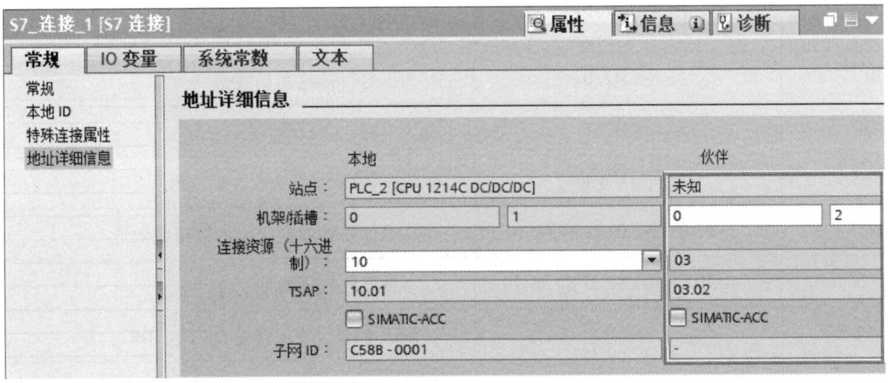

图 4-24　定义通信双方的 TSAP 地址

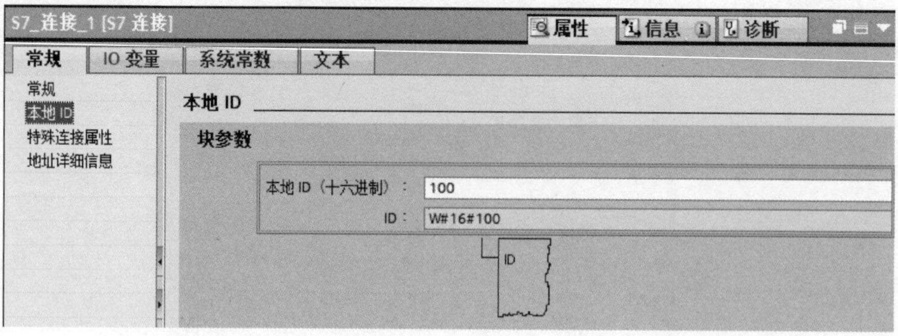

图 4-25　定义连接 ID 号

> 注意：S7-300 PLC 预留给 S7 连接的 TSAP 地址为 03.02，如果通信伙伴是 S7-400 PLC，则要根据 CPU 槽位来决定 TSAP 地址，如 CPU 400 在 3 号插槽，则 TSAP 地址为 03.03。

配置完网络连接，通信连接状态如图 4-26 所示，编译保存并下载。

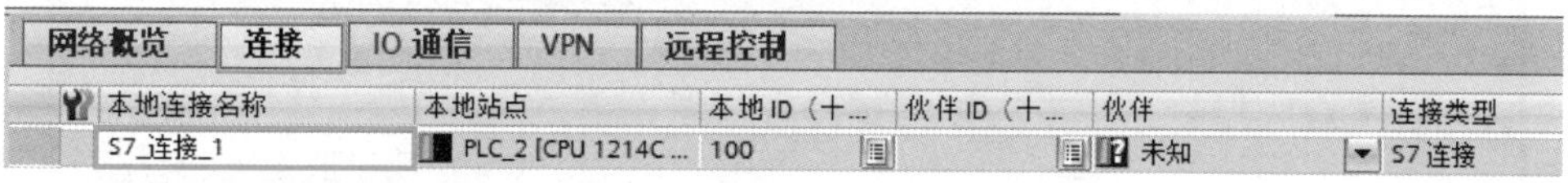

图 4-26　通信连接状态

（3）软件编程

在 OB1 中，单击"指令"→"通信"→"S7 通信"，调用 Get、Put 通信指令，创建接收和发送数据块 DB3 和 DB4，定义为 10 个字节的数组，程序调用功能如图 4-27 所示。

GET、PUT 功能块参数说明见表 4-7。

表 4-7　GET、PUT 功能块参数说明

指令	参数	说明
CALL "GET"	,%DB1	//调用 GET，使用背景 DB 块：DB1
REQ	:=%M0.7	//系统时钟 2s 脉冲
ID	:=W#16#0100	//连接号，要与连接配置中一致，创建连接时的连接号，如图 4-27 所示
NDR	:=%M2.0	//为 1 时，接收到新数据
ERROR	:=%M2.1	//为 1 时，有故障发生
STATUS	:=%MW4	//状态代码
ADDR_1	:=P#DB1.DBX0.0 BYTE 10	//从通信伙伴数据区读取数据的地址
RD_1	:=P#DB3. DBX0.0 BYTE 10	//本地接收数据地址
CALL "PUT"	, %DB2	//调用 PUT，使用背景 DB 块：DB2
REQ	:=%M0.7	//系统时钟 2s 脉冲

（续）

指令	参数	说明
ID	: = W#16#0100	//连接号，要与连接配置中一致，创建连接时的连接号，如图 4-27 所示
DONE	: = %M3. 0	//为 1 时，发送完成
ERROR	: = %M3. 1	//为 1 时，有故障发生
STATUS	: = %MW6	//状态代码
ADDR_1	: = P#DB2. DBX0. 0 BYTE 10	//发送到通信伙伴数据区的地址
SD_1	: = P#DB4. DBX0. 0 BYTE 10	//本地发送数据区

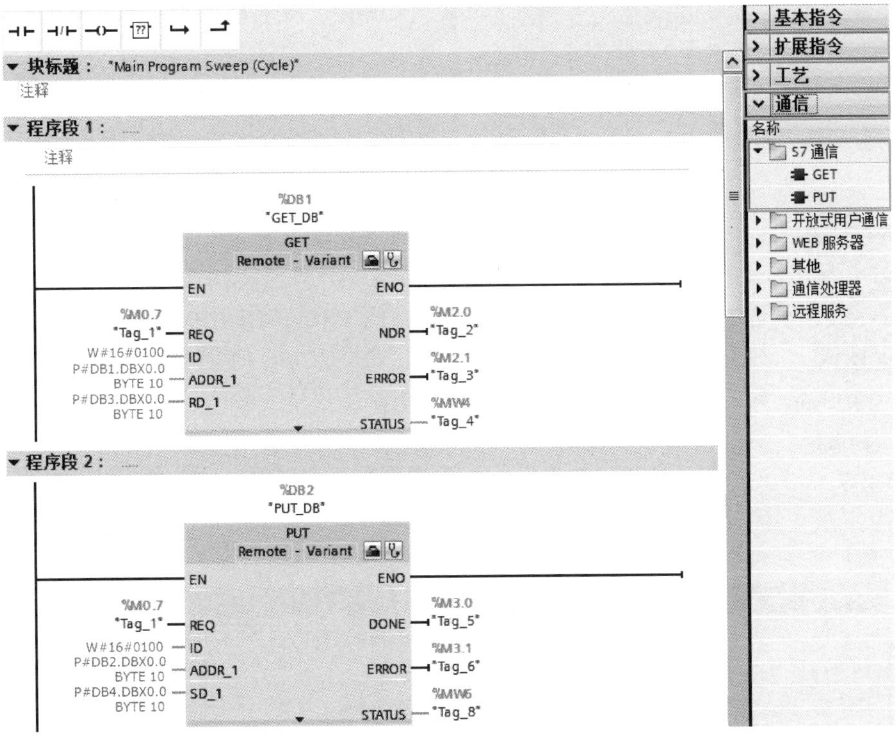

图 4-27　程序调用功能

（4）监控结果

通过在 S7-1200 PLC 侧编程进行 S7 通信，实现两个 CPU 之间的数据交换，监控结果如图 4-28 所示。

2. S7-300 PLC 作为客户端

> 注意：如果在 S7-1200 PLC 一侧使用 DB 作为通信数据区，必须将 DB 定义成非优化块，否则会造成通信失败。

在 S7-300 PLC CPU 一侧配置并编程，步骤如下。

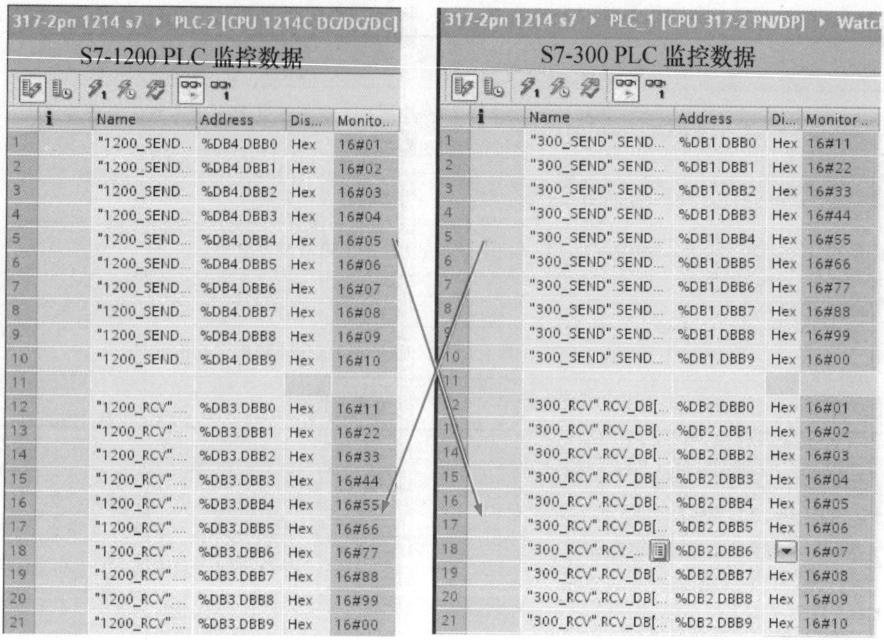

317-2pn 1214 s7 ▸ PLC-2 [CPU 1214C DC/DC/DC]

S7-1200 PLC 监控数据

	i	Name	Address	Dis...	Monito...
1		"1200_SEND...	%DB4.DBB0	Hex	16#01
2		"1200_SEND...	%DB4.DBB1	Hex	16#02
3		"1200_SEND...	%DB4.DBB2	Hex	16#03
4		"1200_SEND...	%DB4.DBB3	Hex	16#04
5		"1200_SEND...	%DB4.DBB4	Hex	16#05
6		"1200_SEND...	%DB4.DBB5	Hex	16#06
7		"1200_SEND...	%DB4.DBB6	Hex	16#07
8		"1200_SEND...	%DB4.DBB7	Hex	16#08
9		"1200_SEND...	%DB4.DBB8	Hex	16#09
10		"1200_SEND...	%DB4.DBB9	Hex	16#10
11					
12		"1200_RCV"...	%DB3.DBB0	Hex	16#11
13		"1200_RCV"...	%DB3.DBB1	Hex	16#22
14		"1200_RCV"...	%DB3.DBB2	Hex	16#33
15		"1200_RCV"...	%DB3.DBB3	Hex	16#44
16		"1200_RCV"...	%DB3.DBB4	Hex	16#55
17		"1200_RCV"...	%DB3.DBB5	Hex	16#66
18		"1200_RCV"...	%DB3.DBB6	Hex	16#77
19		"1200_RCV"...	%DB3.DBB7	Hex	16#88
20		"1200_RCV"...	%DB3.DBB8	Hex	16#99
21		"1200_RCV"...	%DB3.DBB9	Hex	16#00

317-2pn 1214 s7 ▸ PLC_1 [CPU 317-2 PN/DP] ▸ Watc

S7-300 PLC 监控数据

	i	Name	Address	Di...	Monitor...
1		"300_SEND".SEND...	%DB1.DBB0	Hex	16#11
2		"300_SEND".SEND...	%DB1.DBB1	Hex	16#22
3		"300_SEND".SEND...	%DB1.DBB2	Hex	16#33
4		"300_SEND".SEND...	%DB1.DBB3	Hex	16#44
5		"300_SEND".SEND...	%DB1.DBB4	Hex	16#55
6		"300_SEND".SEND...	%DB1.DBB5	Hex	16#66
7		"300_SEND".SEND...	%DB1.DBB6	Hex	16#77
8		"300_SEND".SEND...	%DB1.DBB7	Hex	16#88
9		"300_SEND".SEND...	%DB1.DBB8	Hex	16#99
10		"300_SEND".SEND...	%DB1.DBB9	Hex	16#00
11					
12		"300_RCV".RCV_DB[...	%DB2.DBB0	Hex	16#01
13		"300_RCV".RCV_DB[...	%DB2.DBB1	Hex	16#02
14		"300_RCV".RCV_DB[...	%DB2.DBB2	Hex	16#03
15		"300_RCV".RCV_DB[...	%DB2.DBB3	Hex	16#04
16		"300_RCV".RCV_DB[...	%DB2.DBB4	Hex	16#05
17		"300_RCV".RCV_DB[...	%DB2.DBB5	Hex	16#06
18		"300_RCV".RCV_...	%DB2.DBB6		16#07
19		"300_RCV".RCV_DB[...	%DB2.DBB7	Hex	16#08
20		"300_RCV".RCV_DB[...	%DB2.DBB8	Hex	16#09
21		"300_RCV".RCV_DB[...	%DB2.DBB9	Hex	16#10

图 4-28 监控结果

S7-1200 与 S7-300 间的以太网通信网络组态（S7-300 作为客户端）

（1）使用 TIA Portal V15 软件新建一个项目并完成硬件配置

选择“项目树”→“设备和网络”→“网络视图”，创建两个设备的连接。选中 PLC_1 上 CPU 317-2 PN/DP 的 PROFINET 接口的绿色小方框，然后拖拽出一条线至另外一个 PLC_2 上 CPU 1214C 的 PROFINET 接口上，松开鼠标，这样就建立了连接。

（2）网络组态

打开“网络视图”界面配置网络，首先单击左上角工具栏中的“连接”图标，选择“S7 连接”，选中“CPU 317-2 PN/DP”，然后右击选择“添加新连接（N）”命令添加新的连接，如图 4-29 所示。

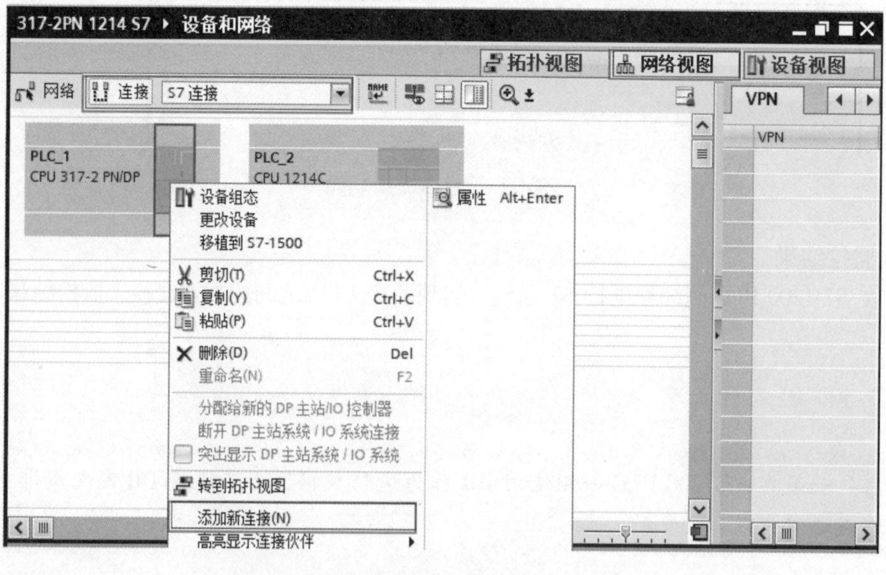

图 4-29 添加新的连接

在“创建新连接”界面中，选择“未指定”，单击“添加”按钮建立 S7 连接，如图 4-30 所示。

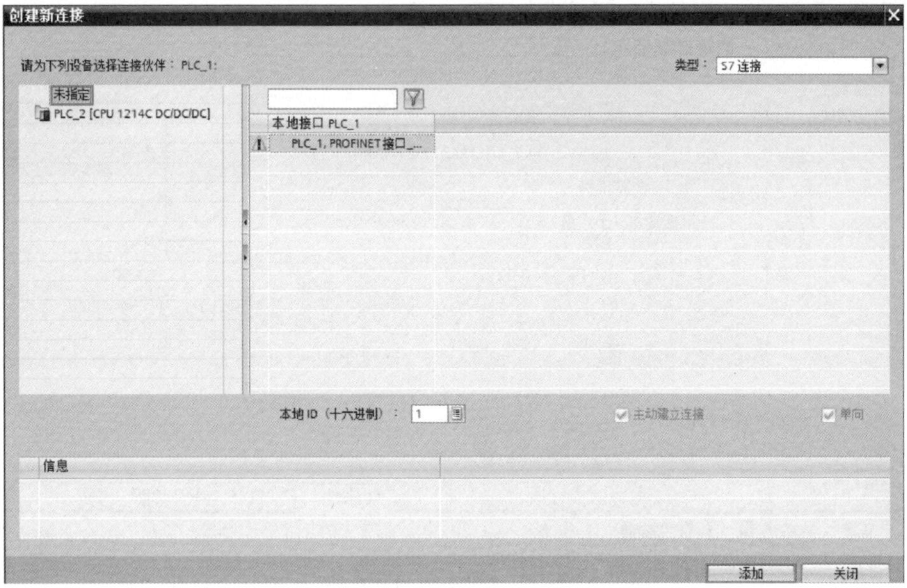

图 4-30　建立 S7 连接

“S7_连接_1”为建立的连接，选中该连接，在“属性”→“常规”列表框中选择“常规”，定义连接对方 S7-1200 PLC PN 口的 IP 地址，如图 4-31 所示；定义通信双方的 TSAP 地址，如图 4-32 所示；定义连接 ID 号，如图 4-33 所示。

图 4-31　定义连接对方 S7-1200 PLC PN 口的 IP 地址

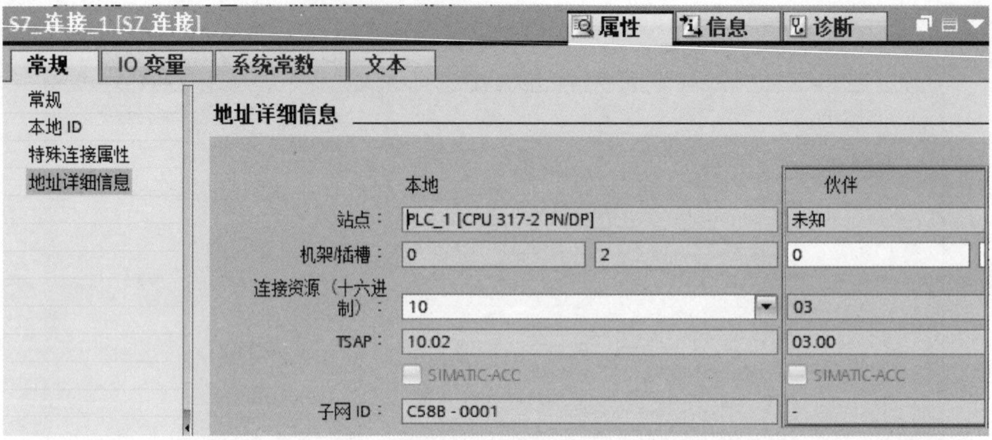

图 4-32　定义通信双方的 TSAP 地址

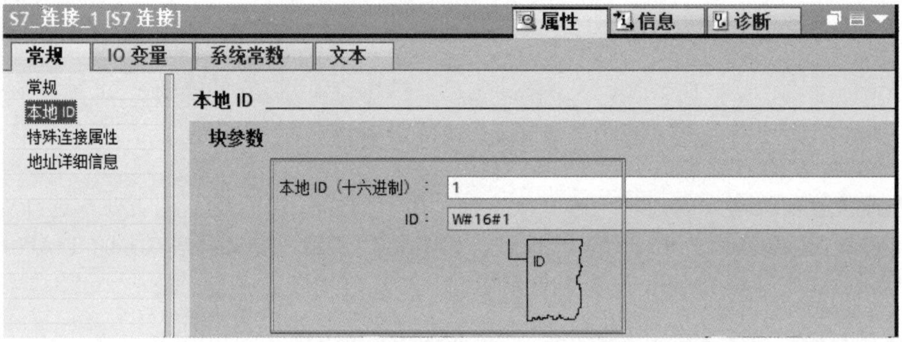

图 4-33　定义连接 ID 号

> 注意：S7-1200 PLC 预留给 S7 连接两个 TSAP 地址：03.01 和 03.00。

配置完网络连接，编译保存并下载。通信连接状态如图 4-34 所示。

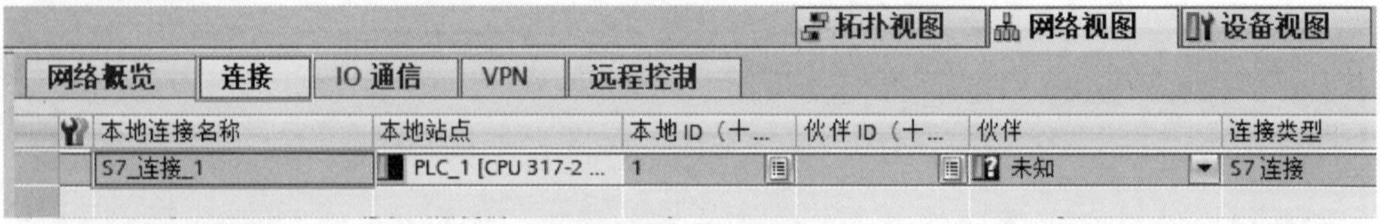

图 4-34　通信连接状态

（3）软件编程

在 OB1 中，选择“指令”→“通信”→“S7 通信”，调用 Get、Put 通信指令，创建接收和发送数据块 DB3 和 DB4，定义为 10 个字节的数组，程序调用功能如图 4-35 所示。

（4）监控结果

通过在 S7-300 PLC 侧编程进行 S7 通信，实现两个 CPU 之间的数据交换，监控结果如图 4-36 所示。

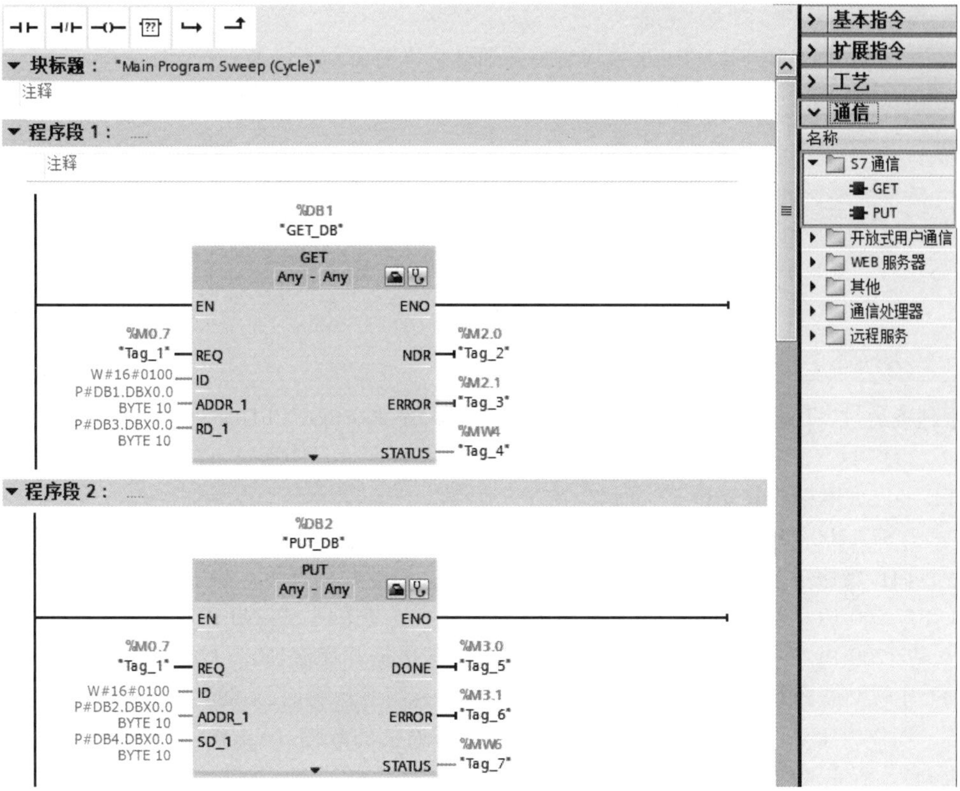

图 4-35　程序调用功能

	i	Name	Address	Di...	Monit...
1		"300_SEND".SEND...	%DB4.DBB0	Hex	16#11
2		"300_SEND".SEND...	%DB4.DBB1	Hex	16#22
3		"300_SEND".SEND...	%DB4.DBB2	Hex	16#33
4		"300_SEND".SEND...	%DB4.DBB3	Hex	16#44
5		"300_SEND".SEND...	%DB4.DBB4	Hex	16#55
6		"300_SEND".SEND...	%DB4.DBB5	Hex	16#66
7		"300_SEND".SEND...	%DB4.DBB6	Hex	16#77
8		"300_SEND".SEND...	%DB4.DBB7	Hex	16#88
9		"300_SEND".SEND...	%DB4.DBB8	Hex	16#99
10		"300_SEND".SEND...	%DB4.DBB9	Hex	16#00
11					
12		"300-RCV".RCV_DB[0]	%DB3.DBB0	Hex	16#01
13		"300-RCV".RCV_DB[1]	%DB3.DBB1	Hex	16#02
14		"300-RCV".RCV_DB[2]	%DB3.DBB2	Hex	16#03
15		"300-RCV".RCV_DB[3]	%DB3.DBB3	Hex	16#04
16		"300-RCV".RCV_DB[4]	%DB3.DBB4	Hex	16#05
17		"300-RCV".RCV_DB[5]	%DB3.DBB5	Hex	16#06
18		"300-RCV".RCV_DB[6]	%DB3.DBB6	Hex	16#07
19		"300-RCV".RCV_DB[7]	%DB3.DBB7	Hex	16#08
20		"300-RCV".RCV_DB[8]	%DB3.DBB8	Hex	16#09
21		"300-RCV".RCV_DB[9]	%DB3.DBB9	Hex	16#10

	i	Name	Address	Di...	Monito...
1		"1200-SEND".S...	%DB1.DBB0		16#01
2		"1200-SEND".SEND...	%DB1.DBB1	Hex	16#02
3		"1200-SEND".SEND...	%DB1.DBB2	Hex	16#03
4		"1200-SEND".SEND...	%DB1.DBB3	Hex	16#04
5		"1200-SEND".SEND...	%DB1.DBB4	Hex	16#05
6		"1200-SEND".SEND...	%DB1.DBB5	Hex	16#06
7		"1200-SEND".SEND...	%DB1.DBB6	Hex	16#07
8		"1200-SEND".SEND...	%DB1.DBB7	Hex	16#08
9		"1200-SEND".SEND...	%DB1.DBB8	Hex	16#09
10		"1200-SEND".SEND...	%DB1.DBB9	Hex	16#10
11					
12		"1200-RCV".RCV_D...	%DB2.DBB0	Hex	16#11
13		"1200-RCV".RCV_D...	%DB2.DBB1	Hex	16#22
14		"1200-RCV".RCV_D...	%DB2.DBB2	Hex	16#33
15		"1200-RCV".RCV_D...	%DB2.DBB3	Hex	16#44
16		"1200-RCV".RCV_D...	%DB2.DBB4	Hex	16#55
17		"1200-RCV".RCV_D...	%DB2.DBB5	Hex	16#66
18		"1200-RCV".RCV_D...	%DB2.DBB6	Hex	16#77
19		"1200-RCV".RCV_D...	%DB2.DBB7	Hex	16#88
20		"1200-RCV".RCV_D...	%DB2.DBB8	Hex	16#99
21		"1200-RCV".RCV_D...	%DB2.DBB9	Hex	16#00

图 4-36　监控结果

「练习反馈」

1）S7-1200 PLC 的 PROFINET 接口支持的通信标准有哪些?

2）S7-1200 PLC CPU 的 PROFINET 接口主要支持哪些通信协议及服务?

工作任务 4.3　S7-1200 PLC 与 S7-200 PLC 的以太网通信

「任务描述」

本任务通过 S7 通信来实现 S7-1200 PLC CPU 与 S7-200 PLC CPU 之间的以太网通信。

S7-1200 PLC CPU 与 S7-200 PLC CPU 之间的以太网通信只能通过 S7 通信来实现，因为 S7-200 PLC 的以太网模块只支持 S7 通信。

1）当 S7-1200 PLC 作为客户端、S7-200 PLC 作为服务器端时，需要在客户端单边组态连接和编程，而作为服务器端的 S7-200 PLC 只需准备好通信的数据即可。所完成的通信任务：

① S7-1200 PLC 将通信数据区 DB1 中的 212 个字节发送到 S7-200 PLC 的 VB 数据区。

② S7-1200 PLC 读取 S7-200 PLC 中的 VB 数据区数据并存储到 S7-1200 PLC 的数据区 DB2。

2）当 S7-200 PLC 作为客户端、S7-1200 PLC 作为服务器端时，需要在客户端单边组态连接和编程，而作为服务器端的 S7-1200 PLC 只需准备好通信的数据（V4.0 以上版本 CPU 需要激活连接机制）。所完成的通信任务：

① S7-200 PLC 将 VB 数据区中的 2 个字节发送到 S7-1200 PLC 的数据区 DB3。

② S7-200 PLC 读取 S7-1200 PLC 中的输入数据 DB2 到 S7-200 PLC 的输出区 VB。

「任务目标」

掌握 S7-1200 PLC 与 S7-200 PLC 之间的以太网通信方法，掌握 S7 通信方式。

「任务准备」

任务准备内容见表 4-8。

表 4-8　任务准备

序号	硬件	软件
1	CPU 1214C DC/DC/DC，V4.0	TIA Portal V15
2	S7-200 PLC CPU 226 + CP 243-1	STEP7-Micro/WIN
3	PC（带以太网卡）	
4	PC/PPI 电缆	
5	TCP 以太网电缆	

「相关知识」

S7-1200 PLC 与 S7-200 PLC 之间的以太网通信只能通过 S7 通信来完成，因为 S7-200 PLC 的以太网模块只支持 S7 通信。

由于 S7-1200 PLC 的 PROFINET 通信口只支持 S7 通信的服务器端，所以在编程方面，S7-1200 PLC CPU 无须做任何工作，只需要在 S7-200 PLC CPU 一侧将以太网设置成客户端，并用 ETHx_CTRL、ETHx_XFR 通信指令编程。

通过以太网扩展模块（CP 243-1）或互联网扩展模块（CP 243-1 IT），S7-200 PLC 可支持 TCP/IP 以太网通信。CP 243-1 IT 是用于连接 S7-200 PLC 系统到工业以太网（IE）的通信处理器，可以使用 STEP7-Micro/WIN，通过以太网对 S7-200 PLC 进行远程组态、编程和诊断。S7-200 PLC 可以通过以太网和其他 S7-200 PLC、S7-300 PLC 和 S7-400 PLC 进行通信，它还可以和 OPC 服务器进行通信。

要通过以太网与 S7-200 PLC 通信，S7-200 PLC 必须使用 CP 243-1（或 CP 243-1 IT）以太网扩展模块，PC 上也要安装以太网网卡。CP 243-1 模块如图 4-37 所示。

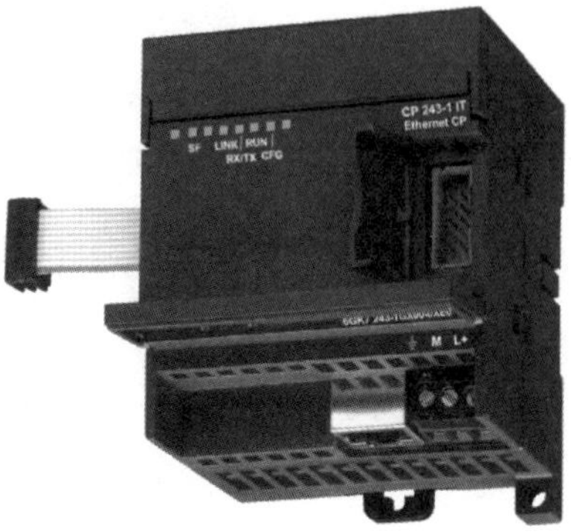

图 4-37　CP 243-1 模块

ETHx_CTRL 子程序用于使能和初始化以太网模块，应当在每次扫描开始时用 SM0.0 调用子程序，且每个模块仅限使用 1 次子程序。每次 CPU 更改为 RUN（运行）模式时，该指令命令 CP 243-1 模块检查 V 内存区是否存在新配置。如果配置不同或 CRC 保护被禁止，则用新配置重设模块。

「任务实施」

1. S7-1200 PLC 作为客户端

S7-1200 与 S7-200 间的以太网通信（S7-200 作为服务器端的组态）

（1）S7-200 PLC 服务器端组态

1）打开 STEP 7-Micro/WIN 软件，创建一个新项目，单击菜单栏“PLC（P）”，双击界面左侧列表框中的“CPU 226 REL 02.01”，弹出“PLC 类型”对话框，PLC 类型选择 S7-200 PLC CPU 的型号，如图 4-38 所示。

2）选择菜单栏中“工具（T）”→“以太网向导（N）”进入 CP 243-1 的向导配置，如图 4-39 所示。

3）选择 CP 243-1 模块的位置。CP 243-1 紧邻 CPU 安装，所以模块位置为 0，也可以通过单击“读取模块（R）”按钮读出模块位置，如图 4-40 所示。

4）设置 CP 243-1 模块的 IP 地址。设置 CP 243-1 模块的 IP 地址为 192.168.70.101，子网掩码为 255.255.255.0，如图 4-41 所示。

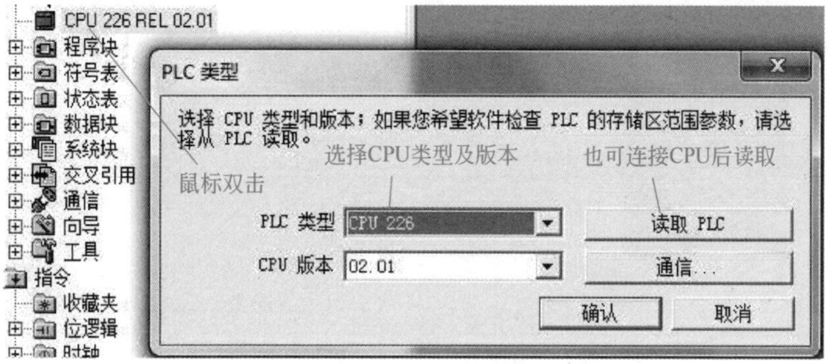

图 4-38　选择 S7-200 PLC CPU 的型号

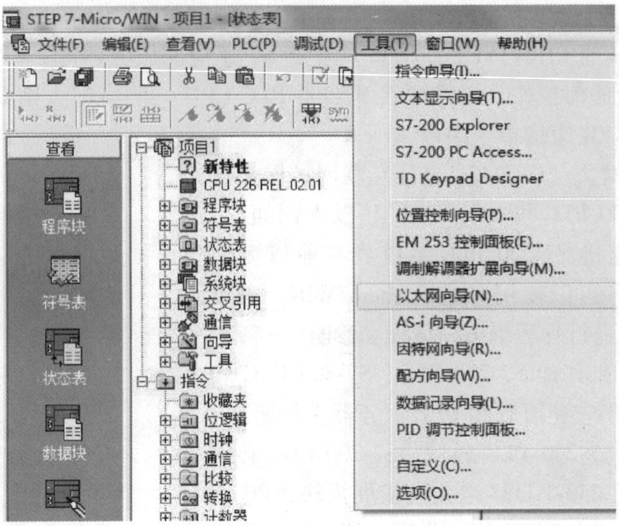

图 4-39　选择以太网向导

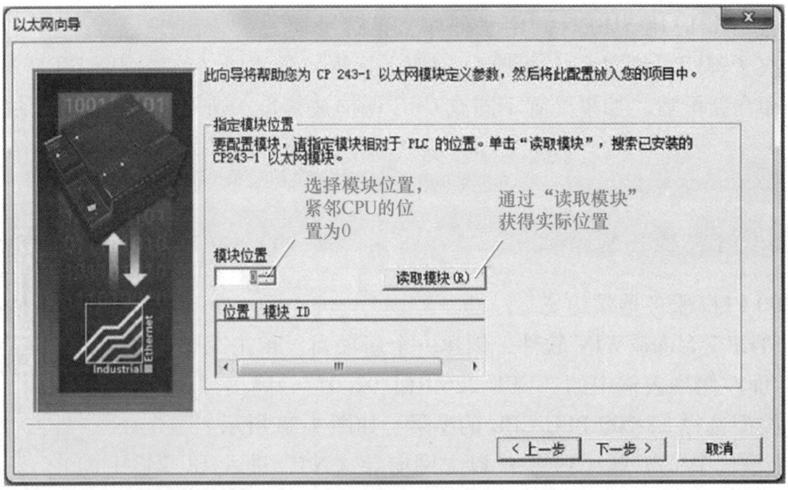

图 4-40　选择 CP 243-1 模块的位置

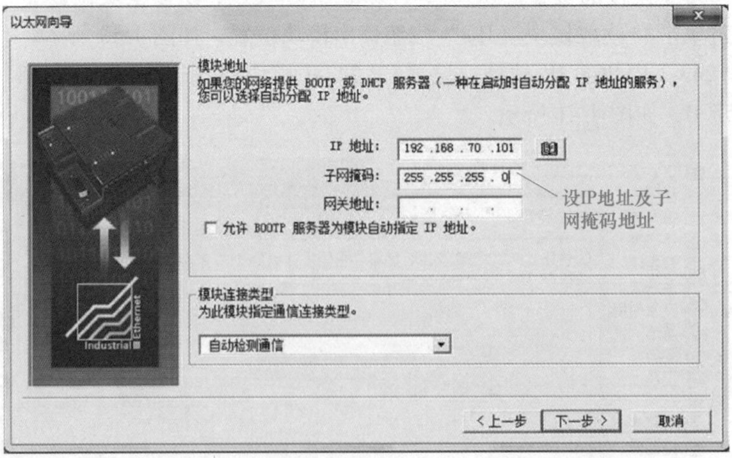

图 4-41　设置 CP 243-1 模块的 IP 地址

5）设置 CP 243-1 模块所占用的输出地址字节和网络连接数，如图 4-42 所示。

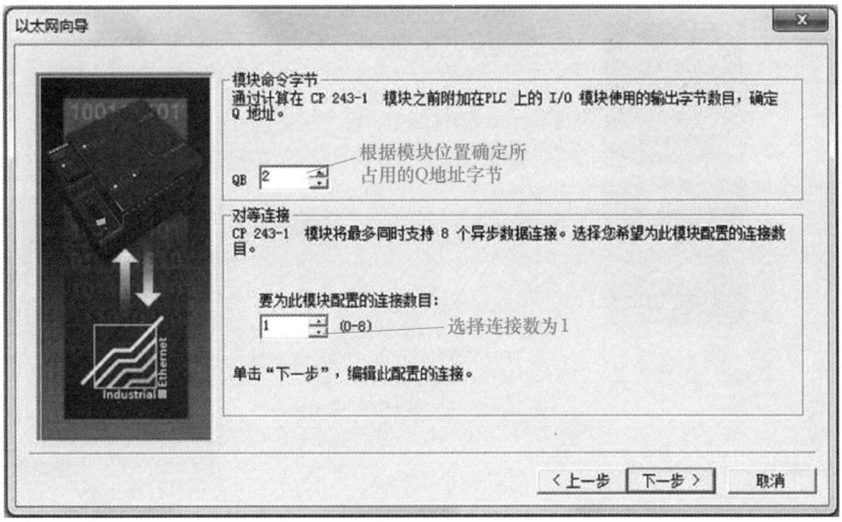

图 4-42　设置 CP 243-1 模块所占用的输出地址字节和网络连接数

6）将 CP 243-1 定义为服务器端，如图 4-43 所示。

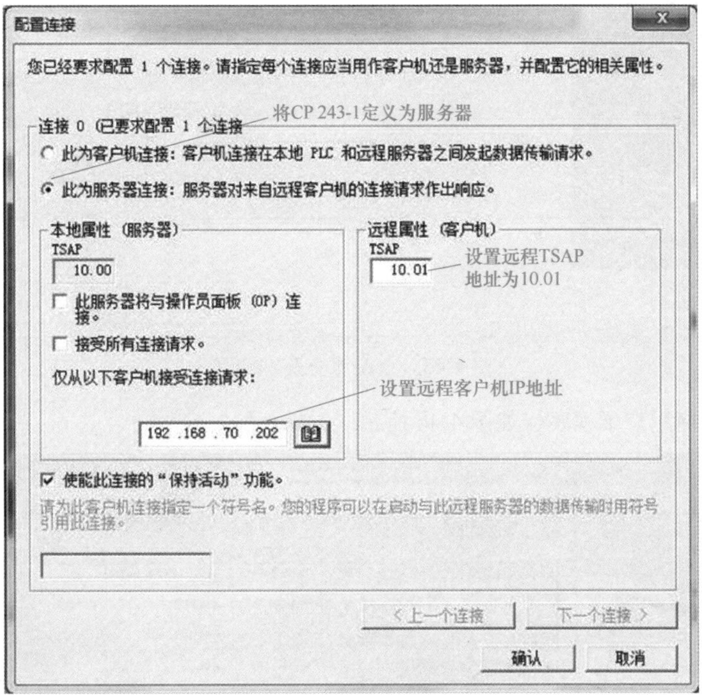

图 4-43　将 CP 243-1 定义为服务器端

注意：本例中 S7-200 PLC 中安装的 CP 243-1 模块紧邻 CPU，位置为 0，故 TSAP 地址为 10.00；若 CP 243-1 的位置为 1，则 TSAP 地址为 10.01。

7）选择 CRC 校验，如图 4-44 所示。

8）为配置分配存储区。根据以太网的配置，需要一个 V 存储区，用户可以指定一个未用过的 V 存储区的起始地址，也可以单击“建议地址（S）”按钮使用建议地址，如图 4-45 所示。

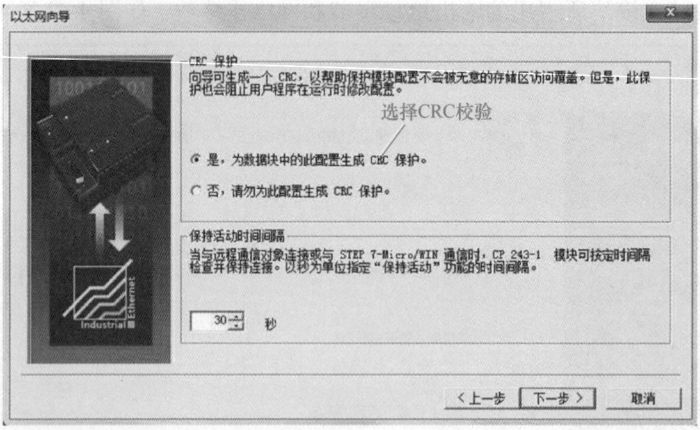

图 4-44　选择 CRC 校验

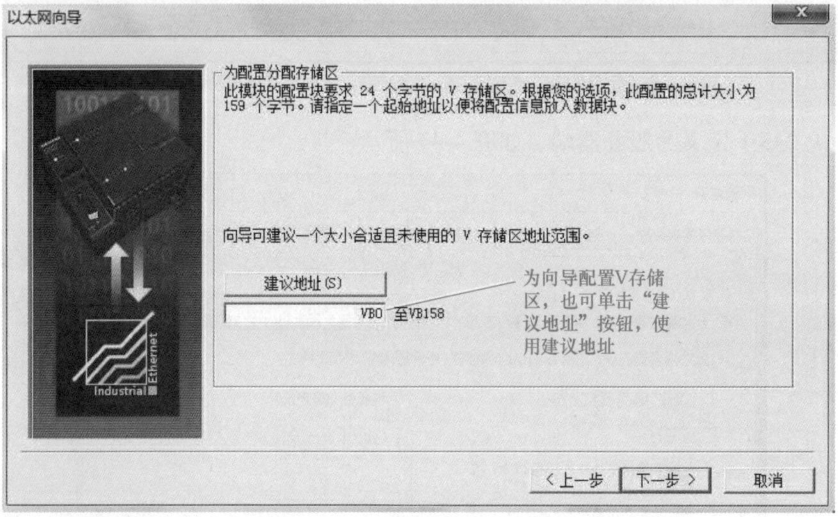

图 4-45　为配置分配存储区

9）生成以太网用户子程序，如图 4-46 所示。

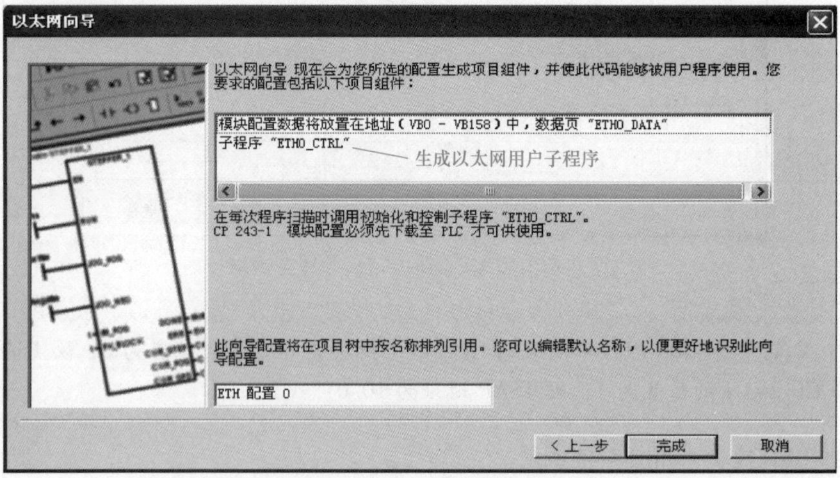

图 4-46　生成以太网用户子程序

10）调用向导生成的子程序，并将程序下载到 CPU 中，如图 4-47 所示。

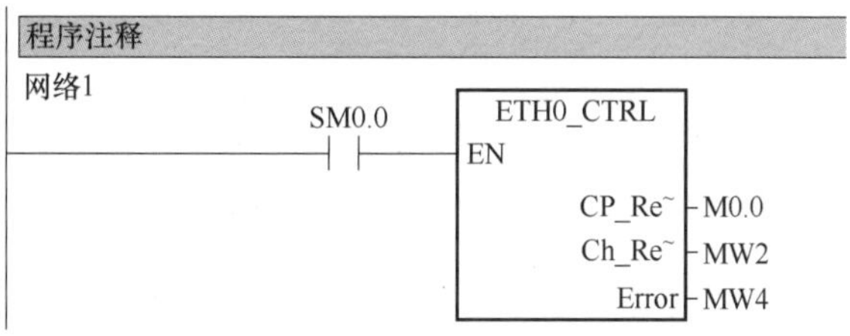

图 4-47　调用向导生成的子程序

（2）S7-1200 PLC 客户端的配置编程

1）使用 TIA Portal V15 软件新建一个项目，并完成硬件配置和网络组态。

① 选择“项目树”→“设备和网络”→“网络视图”，按如图 4-48 所示步骤 1~6 建立 S7 连接。

② 按如图 4-49 所示步骤 1~3 填写连接参数。

③ 在“地址详细信息”中设置通信伙伴的 TSAP 地址，如图 4-50 所示。

S7-1200 与 S7-200 间的以太网通信（S7-1200 客户端硬件配置）

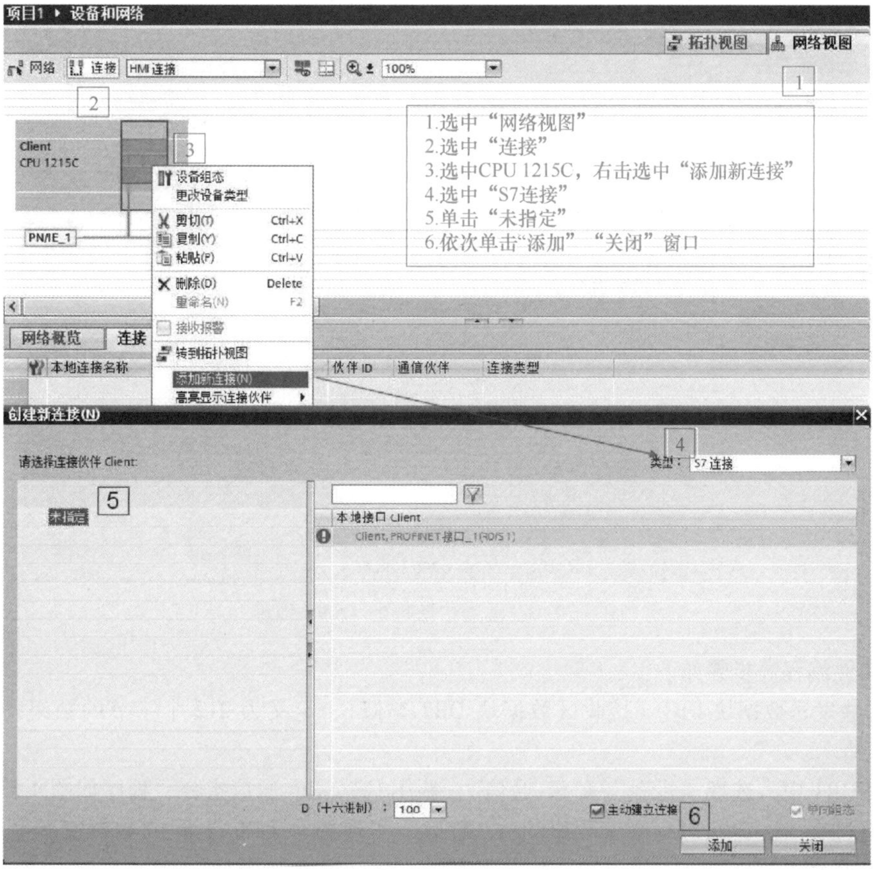

图 4-48　建立 S7 连接

注意：通信伙伴的 TSAP 地址设置必须与 CP 243-1 的组态一致，见图 4-43。

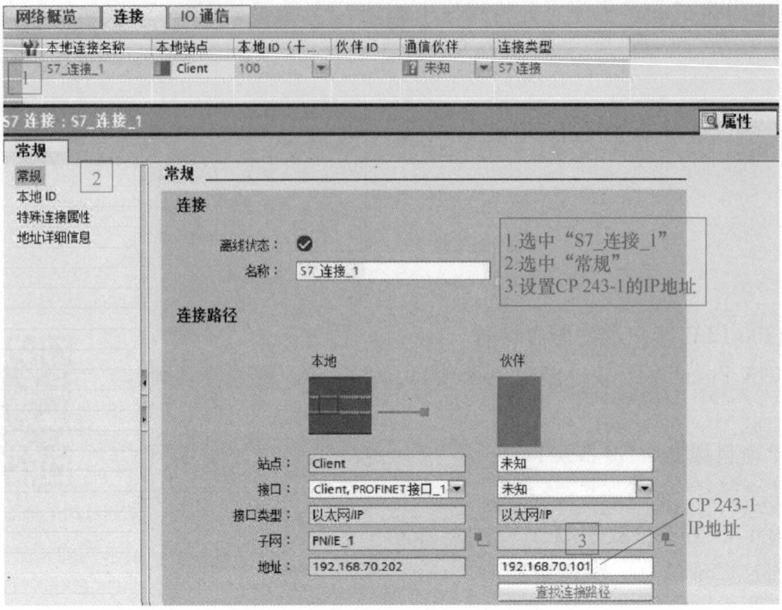

图 4-49 填写连接参数

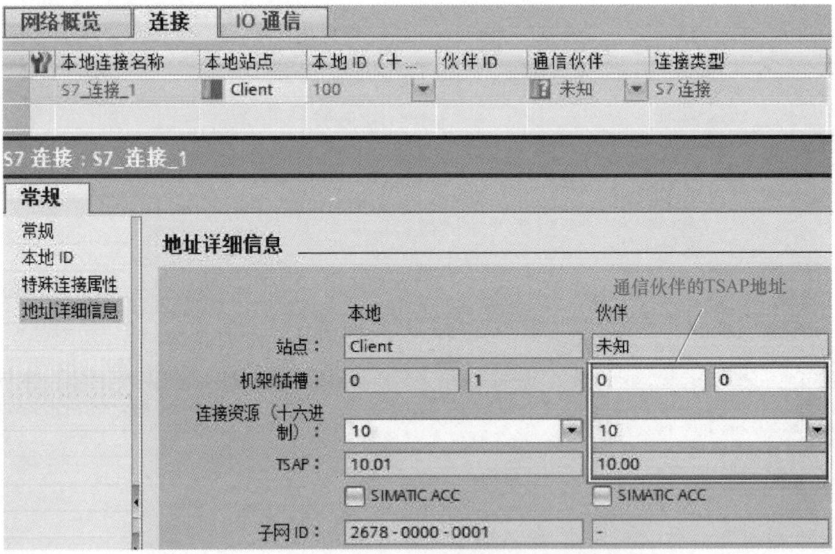

图 4-50 设置通信伙伴的 TSAP 地址

2）软件编程。步骤如下：

① 创建发送数据块 DB1（接收区数据块 DB2 类似），定义为 212 个字节的数组，如图 4-51 和图 4-52 所示。

② 在 OB1 中，选择“指令”→“S7 通信”，调用 Get、Put 通信指令，程序如图 4-53 所示。

3）通过在 S7-1200 PLC 侧编程进行 S7 通信，实现两个 CPU 之间的数据交换，监控结果如图 4-54 所示。

> 注意：S7-200 PLC 中 V 存储区对应于 DB1，即在 PUT 通信指令中使用的通信伙伴数据区 ADDR_1 = P#DB1. DBX1000. 0 BYTE 212 在 S7-200 PLC 中对应为 VB1000 ~ VB1211。

图 4-51　创建发送数据块 DB1

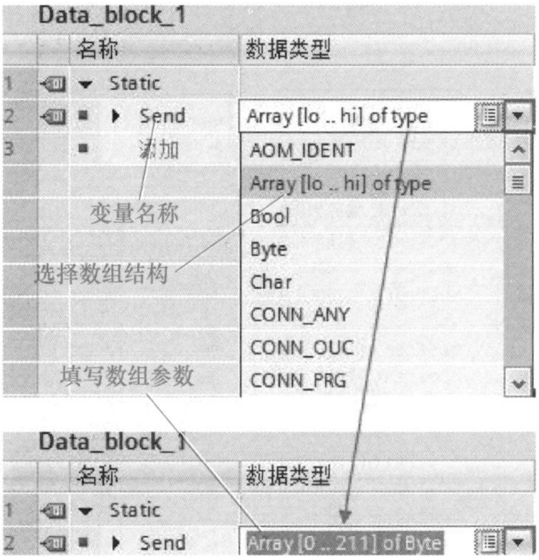

图 4-52　定义 DB1 为 212 个字节的数组

2. S7-200 PLC 作为客户端

S7-1200 与 S7-200 间的以太网通信（S7-200 客户端的组态）

（1）S7-200 PLC 客户端的组态

1）打开 STEP7-Micro/WIN 软件，创建一个新项目，单击菜单栏“PLC（P）”，双击界面左侧列表框中的“CPU 226 REL…”，弹出“PLC 类型”对话框，PLC 类型选择 S7-200 PLC CPU 的型号。

2）选择“工具（T）”→“以太网向导（N）”进入 CP 243-1 的向导配置，如图 4-55 所示。

3）选择 CP 243-1 模块的位置。CP 243-1 紧临 CPU 安装，所以模块位置为 0，也可以通过单击“读取模块”按钮读出模块位置，如图 4-56 所示。

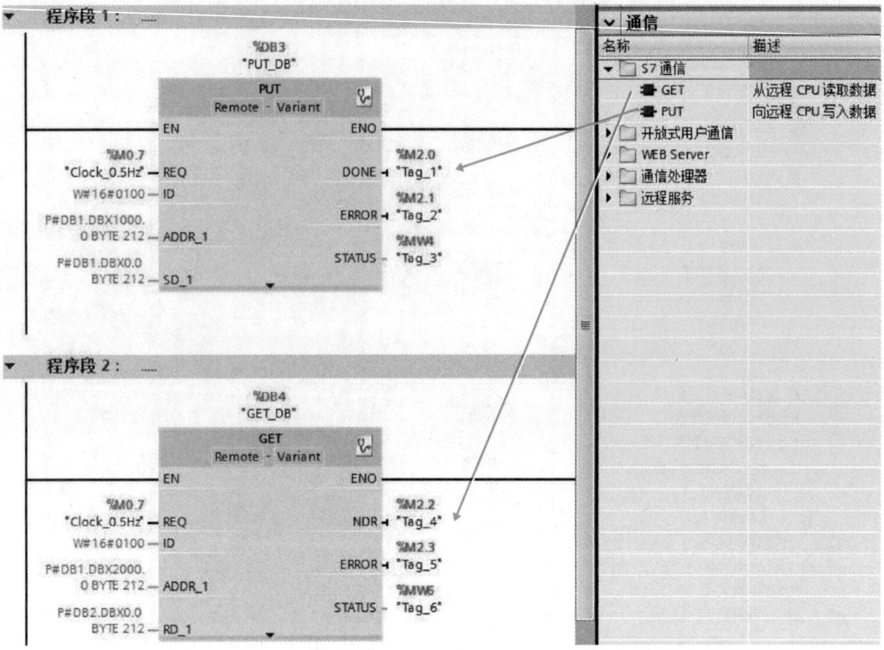

图 4-53 调用 GET、PUT 通信指令

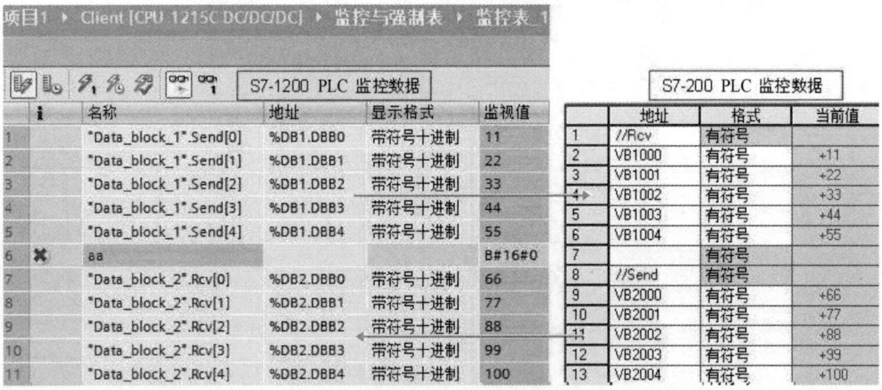

	i	名称	地址	显示格式	监视值
1		"Data_block_1".Send[0]	%DB1.DBB0	带符号十进制	11
2		"Data_block_1".Send[1]	%DB1.DBB1	带符号十进制	22
3		"Data_block_1".Send[2]	%DB1.DBB2	带符号十进制	33
4		"Data_block_1".Send[3]	%DB1.DBB3	带符号十进制	44
5		"Data_block_1".Send[4]	%DB1.DBB4	带符号十进制	55
6	✖	aa			B#16#0
7		"Data_block_2".Rcv[0]	%DB2.DBB0	带符号十进制	66
8		"Data_block_2".Rcv[1]	%DB2.DBB1	带符号十进制	77
9		"Data_block_2".Rcv[2]	%DB2.DBB2	带符号十进制	88
10		"Data_block_2".Rcv[3]	%DB2.DBB3	带符号十进制	99
11		"Data_block_2".Rcv[4]	%DB2.DBB4	带符号十进制	100

	地址	格式	当前值
1	//Rcv	有符号	
2	VB1000	有符号	+11
3	VB1001	有符号	+22
4	VB1002	有符号	+33
5	VB1003	有符号	+44
6	VB1004	有符号	+55
7		有符号	
8	//Send	有符号	
9	VB2000	有符号	+66
10	VB2001	有符号	+77
11	VB2002	有符号	+88
12	VB2003	有符号	+99
13	VB2004	有符号	+100

图 4-54 监控结果

4）设置 CP 243-1 模块的 IP 地址。设置 CP 243-1 模块的 IP 地址为 192. 168. 0. 2，子网掩码为 255. 255. 255. 0，如图 4-57 所示。

5）设置 CP 243-1 模块所占用的输出地址字节和网络连接数，如图 4-58 所示。

6）将 CP 243-1 定义为客户端，如图 4-59 所示。

7）定义读数据传输，如图 4-60 所示。

> 注意：如果使用的是 S7 单方通信，只需在 S7-200 PLC 侧编程。在 S7-1200 PLC CPU 中建立通信数据区 DB2 时，一定不能勾选“仅符号寻址”，否则会导致通信失败。

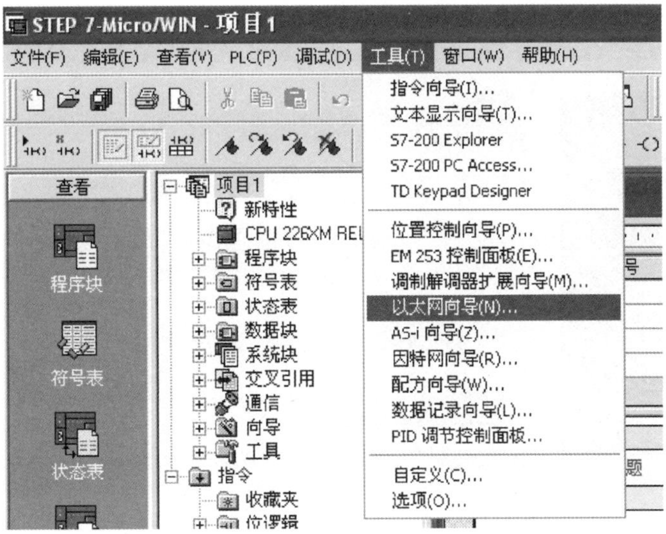

图 4-55　选择以太网向导

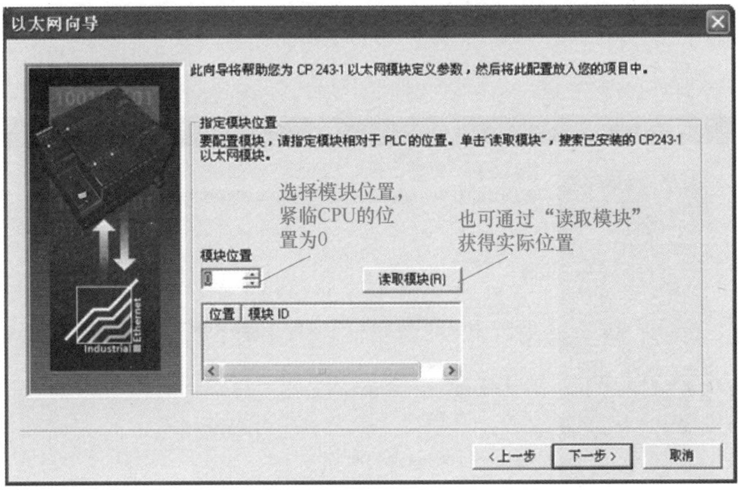

图 4-56　选择 CP 243-1 模块的位置

8）定义写数据传输，如图 4-61 所示。

注意：如果使用的是 S7 单方通信，只需在 S7-200 PLC 侧编程。在 S7-1200 PLC CPU 中建立通信数据区 DB3 时，一定要定义为绝对寻址，否则会导致通信失败。

9）选择 CRC 校验，如图 4-62 所示。

10）为以太网的配置分配 V 存储区。根据以太网的配置，需要一个 V 存储区，用户可以指定一个未用过的 V 存储区的起始地址，也可以使用建议地址，如图 4-63 所示。

11）生成以太网用户子程序，如图 4-64 所示。

（2）S7-200 PLC CPU 编程通信

1）调用向导中生成的子程序，实现数据传输。不能同时激活 S7-200 PLC 的同一个连接的多个数据传输，必须分时调用。图 4-65～图 4-67 所示的程序就是用前一个数据传输的完成位去激活下一个数据传输。

2）监控通信数据结果。配置 S7-1200 PLC 的硬件组态，创建通信数据区 DB2、DB3（必须

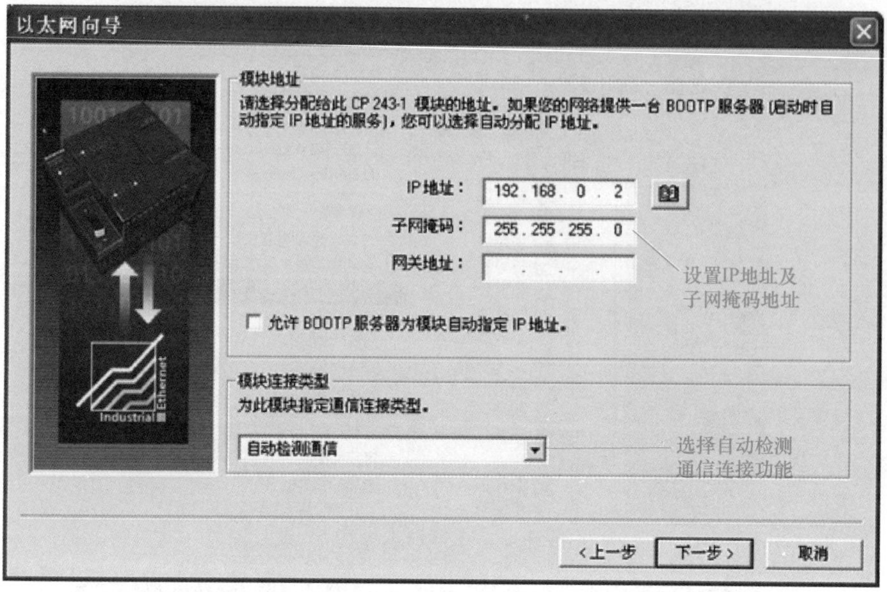

图 4-57　设置 CP 243-1 模块的 IP 地址

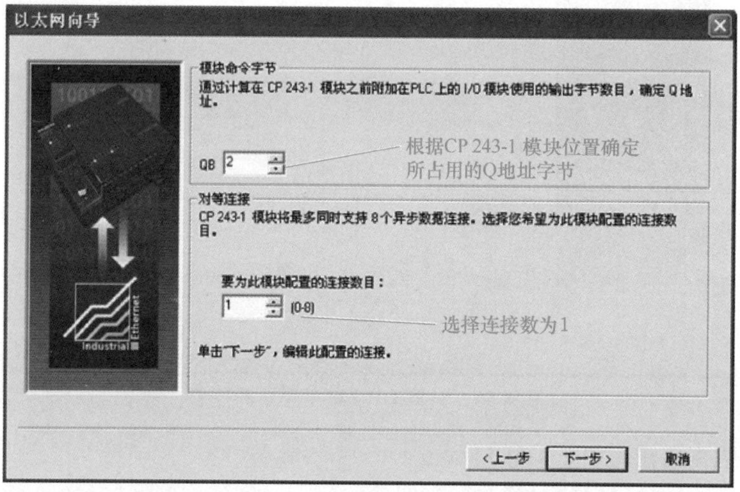

图 4-58　设置 CP 243-1 模块所占用的输出地址字节和网络连接数

选择绝对寻址）。然后下载 S7-200 PLC CPU 及 S7-1200 PLC CPU 的所有组态及程序，并监控通信结果，如图 4-68 所示。

在 S7-1200 PLC CPU 中，向 DB2 中写入数据“3”“4”，则在 S7-200 PLC 中的 VB100、VB101 中读取到的数据也为“3”“4”。

在 S7-200 PLC CPU 中，将“5”“6”写入 VB200、VB201，则在 S7-1200 PLC CPU 中的 DB3 中接收到的数据也为“5”“6”。

> 注意：使用单边的 S7 通信，S7-1200 PLC 不需要做任何组态编程，但在创建通信数据区 DB 时，一定要选择绝对寻址，这样才能保证通信成功。

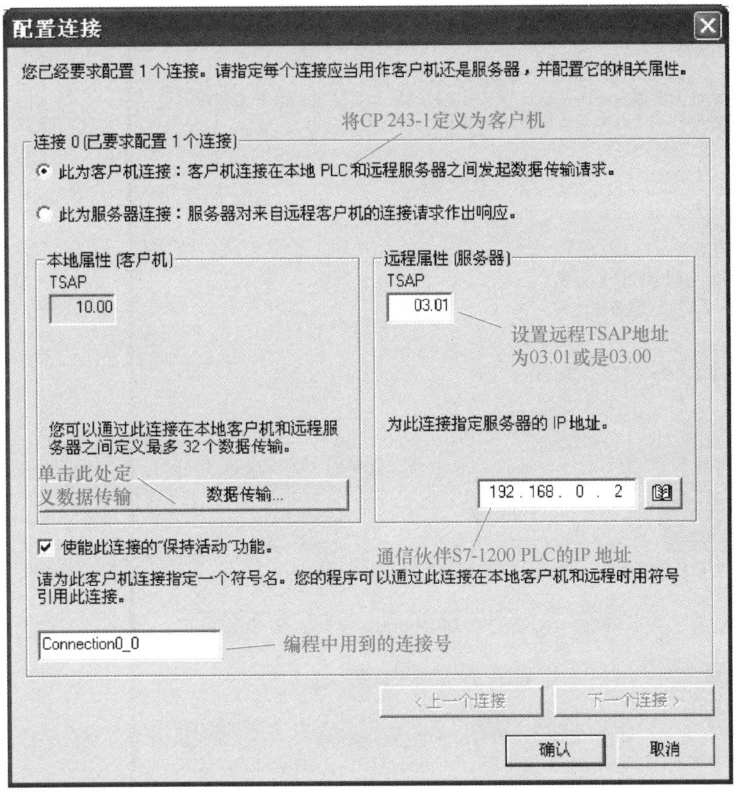

图 4-59　将 CP 243-1 定义为客户端

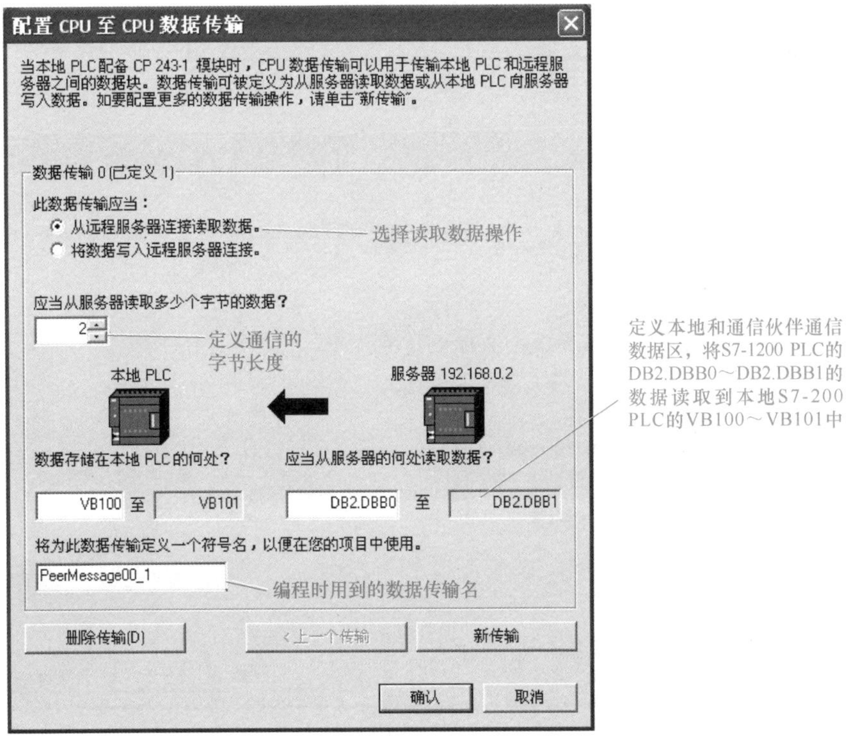

图 4-60　定义读数据传输

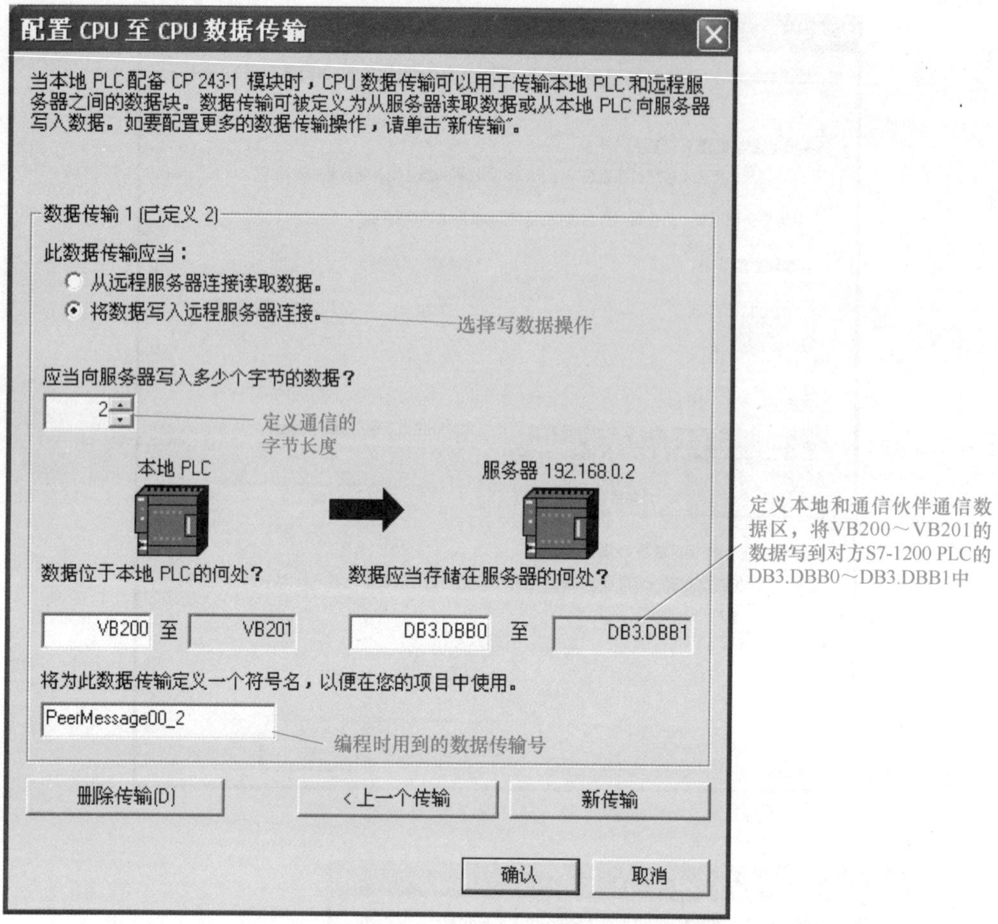

图 4-61　定义写数据传输

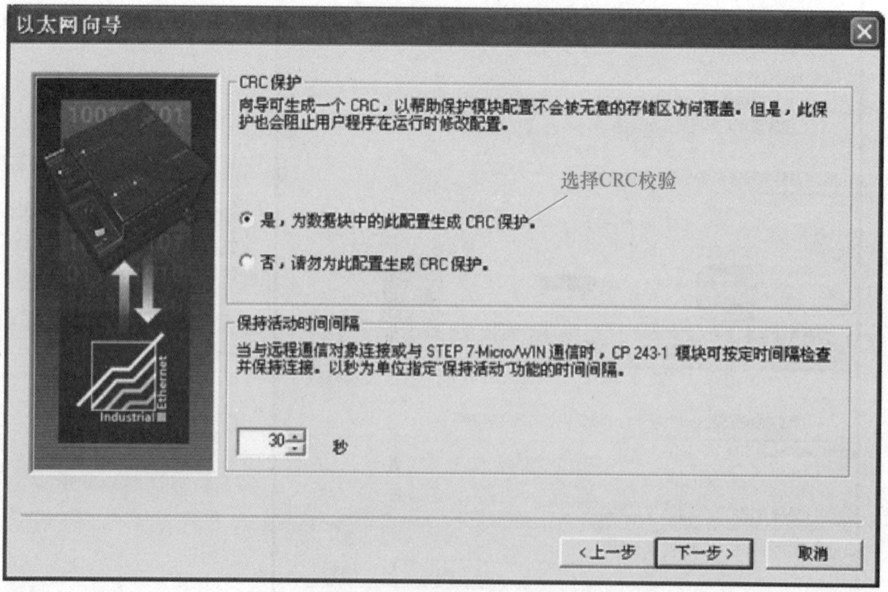

图 4-62　选择 CRC 校验

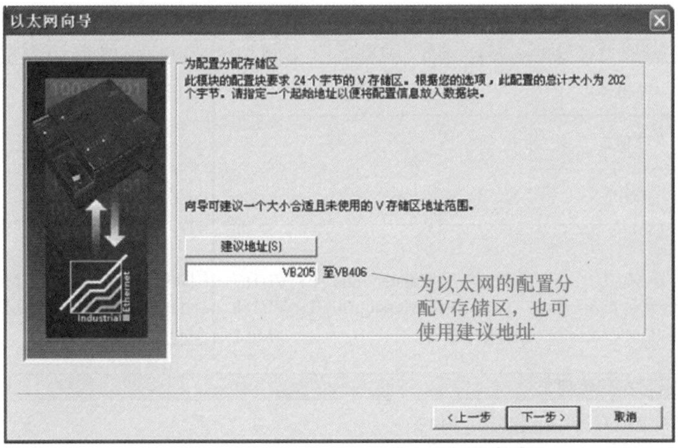

图 4-63　为以太网的配置分配 V 存储区

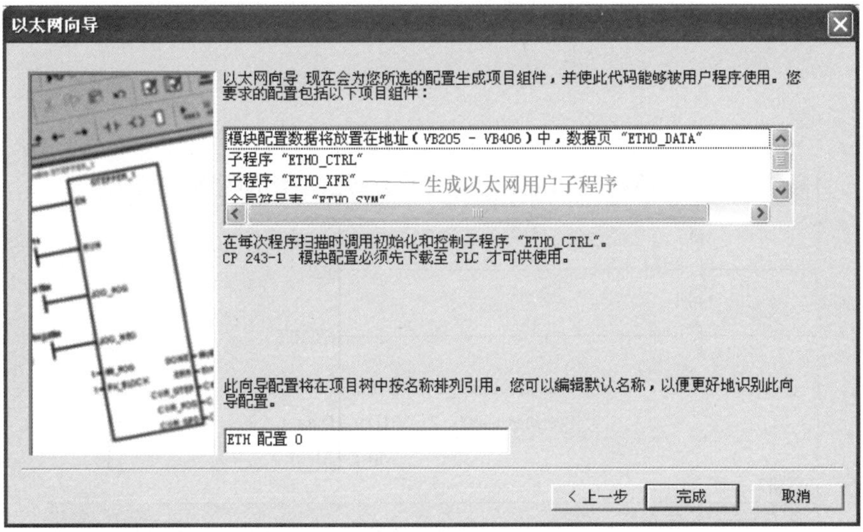

图 4-64　生成以太网用户子程序

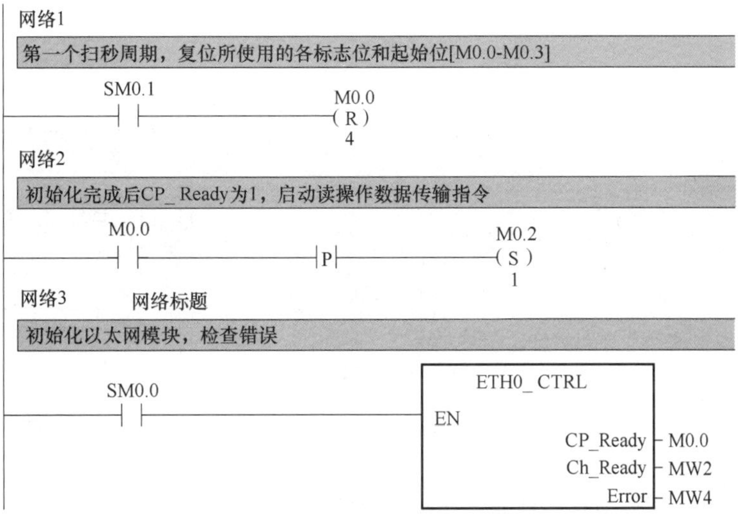

图 4-65　S7-200 PLC 程序段 1

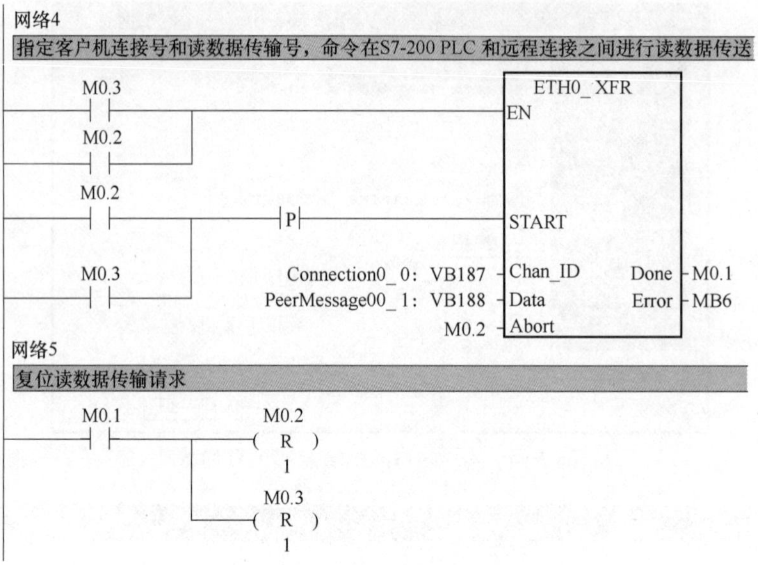

图 4-66　S7-200 PLC 程序段 2

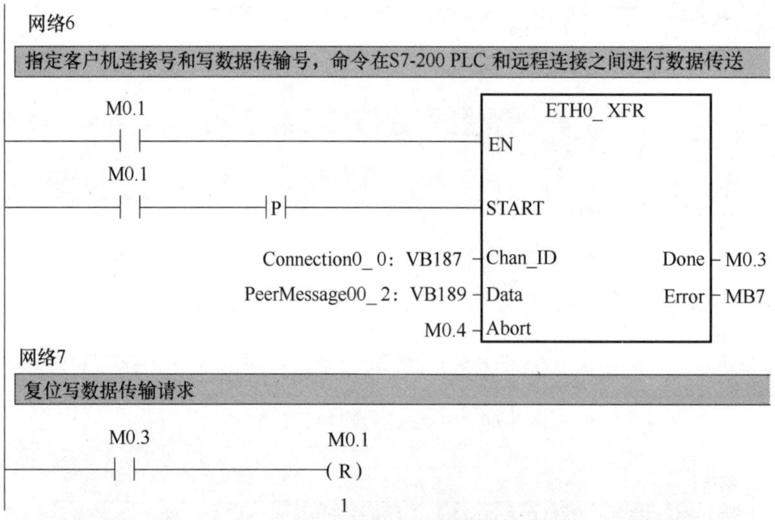

图 4-67　S7-200 PLC 程序段 3

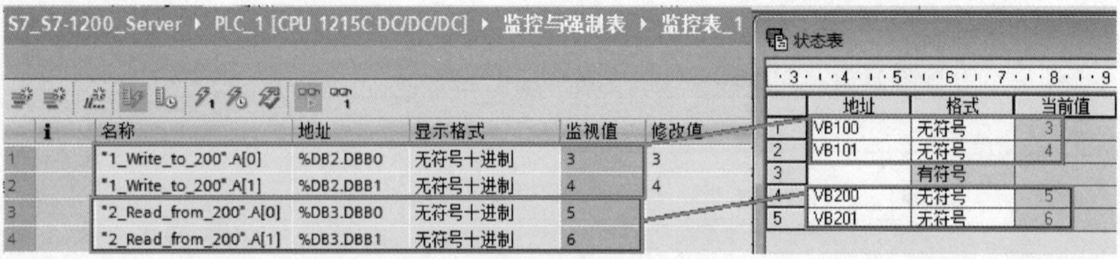

图 4-68　S7-200 PLC 状态表

「练习反馈」

1）S7-1200 PLC 与 S7-200 PLC 通信必须使用哪种方式？

2）如何使用 ETHx_CTRL、ETHx_XFR 指令？

项目 5

人机界面与 PLC 通信系统组建

工业自动化的快速发展促使计算机自动监控系统不断升级。当今自动监控系统已经具有网络通信、数据采集显示、数据检测分析、远程控制和故障报警等多种功能，其电气自控系统一般以 PLC 和网络系统为控制系统主干，通过安装在上位机的人机界面来监控整个系统的运行状况。因此，通过组建 PLC 与人机界面的通信系统，既可以形象、生动地仿真出真实自动生产线的运作过程，又可以利用触摸屏控制自动生产线的运行。

工作任务 5.1　人机界面的认知

「任务描述」

人机界面是一种把人和机器融为一体的智能化操作显示界面，它替代了以按钮和指示灯为主的传统控制的操作显示终端，能够实现参数设置、数据显示、设备状态监控、自动化控制过程的可视化监控和简化 PLC 控制程序等功能。人机界面作为一种特殊的计算机外设，是目前最简单、方便、自然的一种人机交互方式，是极富吸引力的全新多媒体交互设备。

本任务以指示灯为控制对象，组建 S7-200 PLC 和人机界面的通信系统，达到 PLC 与触摸屏之间数据交换的目的，实现人机界面控制 PLC 系统的运行，而 PLC 运行过程的数据信息又能实时在触摸屏上显示。本任务实现的内容如下：

1）人机界面的起动按钮、停止按钮控制 PLC 程序运行。

2）PLC 运行过程中的一些数据信息实时显示在人机界面上。

「任务目标」

1）熟悉 S7-200 PLC 的编程与调试。

2）熟悉 MCGS 组态软件的使用。

3）掌握人机界面 TPC7062KX 的接线和使用。

「任务准备」

任务准备内容见表 5-1。

表 5-1　任务准备

序号	硬件	软件
1	CPU 224XP AC/DC/RLY	STEP7-Micro/WIN
2	人机界面 TPC7062TX（KX）	MCGSE7.7
3	PC/PPI 电缆	
4	USB 打印电缆	

「相关知识」

1. 人机界面简介

人机界面 TPC7062KX 是由昆仑通态自动化软件科技有限公司研发的一款以嵌入式低功耗 CPU 为核心（内核 ARM9、主频 400M、内存 64M、存储空间 128M）的高性能嵌入式一体化触摸屏，如图 5-1 所示。该产品采用了分辨率为 800×480 的 7in（1in = 0.0254m）高清液晶显示屏 TFT、分辨率为 4096×4096 的 4 线电阻式触摸屏，同时还预装了 MCGS 嵌入版组态软件（运行版），具备强大的图像显示和数据处理功能。

2. 人机界面接口

图 5-2 为 TPC7062KX 人机界面的外观及外部接口。4 为电源接口，连接 24V 直流供电电源；5 为 9 针串口 COM，通过 PLC 专用下载线连接 PLC 的下载端口 Port（西门子）或者 COM（汇川或三菱），实现 PPI 通信协议下载程序；3 为 LAN 网口，通过网线连接 PLC 的下载端口 LAN，实现以太网通信协议下载程序；2 为 USB1 口，用来连接鼠标和 U 盘等；1 为 USB2 口，通过打印线缆连接计算机的 USB 口，实现组态工程项目的下载。

图 5-1　人机界面 TPC7062KX

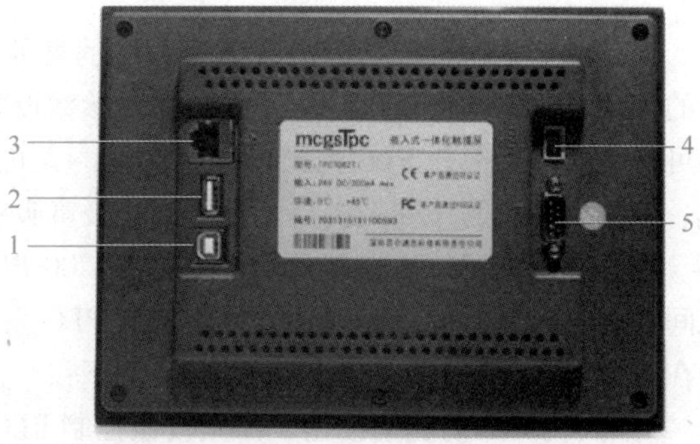

图 5-2　TPC7062KX 人机界面的外观及外部接口

1—USB2 口　2—USB1 口　3—LAN 网口　4—电源接口

5—9 针串口 COM

「任务实施」

1. PLC 程序设计

（1）I/O 分配

根据任务描述可知，该延时触屏控制系统有两个数字量输入信号，分别控制系统的起动和停止；有两个数字量输出信号，分别控制指示灯 HL1 和 HL2。触摸屏控制系统的 I/O 分配表见表 5-2。

表 5-2　触摸屏控制系统的 I/O 分配表

输入信号			输出信号		
序号	输入点	功能	序号	输出点	功能
1	I0. 0	SB1 起动按钮	1	Q0. 0	HL1 指示灯
2	I0. 1	SB2 停止按钮	2	Q0. 1	HL2 指示灯

（2）I/O 接线图

图 5-3 为触摸屏控制系统的 I/O 接线图，输入和输出公共端子 1M 和 1L 采用直流 24V 供电电源。

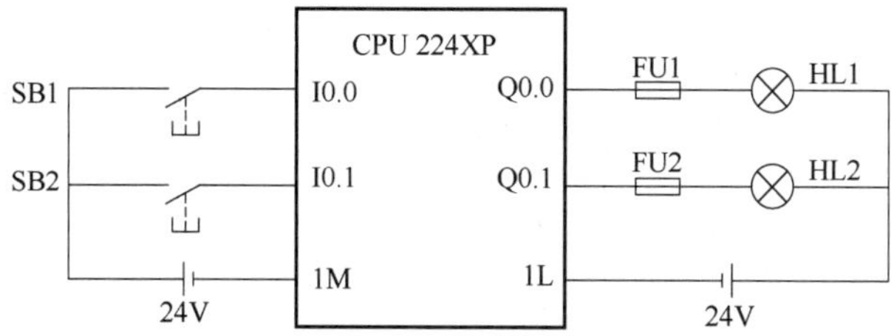

图 5-3　触摸屏控制系统的 I/O 接线图

（3）梯形图

触摸屏控制系统的程序主要包括 3 大部分，第 1 部分是网络 1，实现 HL1 指示灯常亮和熄灭所有指示灯；第 2 部分是网络 2，实现定时器计时；第 3 部分是网络 3，实现 HL2 指示灯亮，图 5-4为触摸屏控制系统的梯形图。

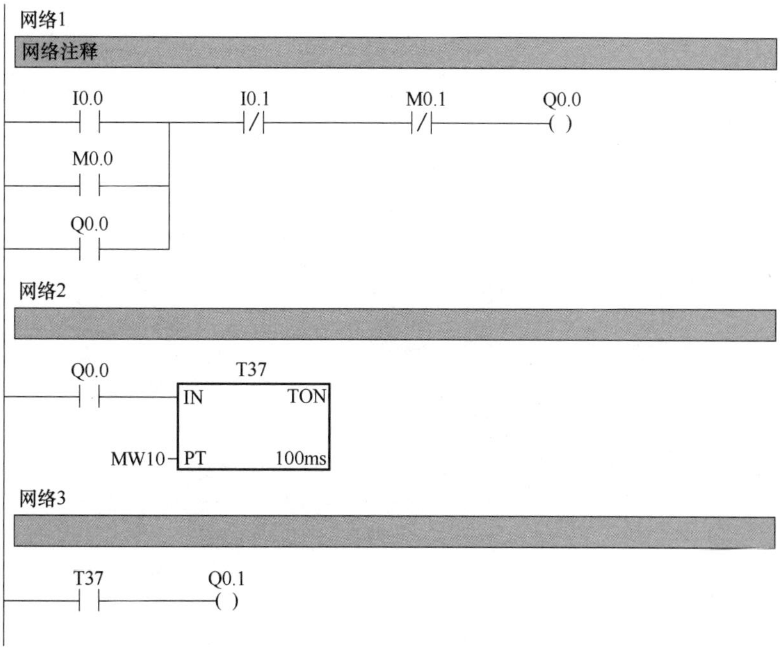

图 5-4　触摸屏控制系统的梯形图

图 5-4 中，当按下起动按钮（I0.0）或者在触摸屏上触摸起动按钮（M0.0）时，HL1 指示灯（Q0.0）亮；当在触摸屏上输入的定时时间被存放在 MW10 时，T37 定时器在 HL1 指示灯亮后开始定时；定时时间一到，T37 常开触点闭合，HL2 指示灯 Q0.1 亮；当按下停止按钮（I0.1）或者在触摸屏上触摸停止按钮（M0.1）时，HL1、HL2 指示灯熄灭，定时器复位。

2. 组态工程

（1）新建工程

创建工程和数据库

打开 MCGSE7.7 软件，新建一个工程，TPC 类型选择“TPC7062K”，背景色选择蓝色，如图 5-5 所示。

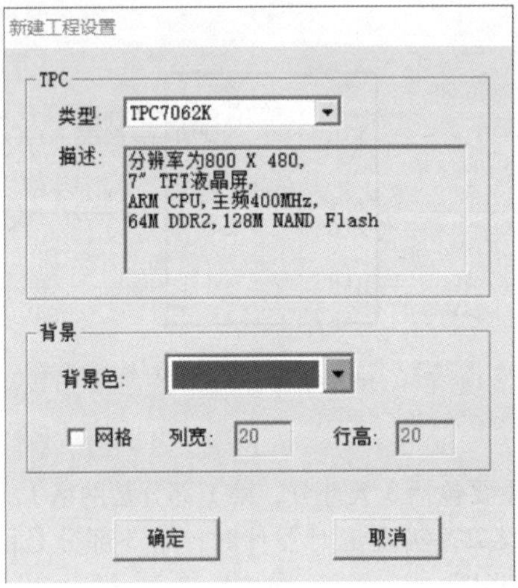

图 5-5 新建工程

（2）数据库设计

在“实时数据库”选项卡中，新增 4 个数据类型为开关型的变量，分别为起动按钮、停止按钮、HL1 指示灯和 HL2 指示灯；新增 1 个数值型变量，即输入时间，如图 5-6 所示。

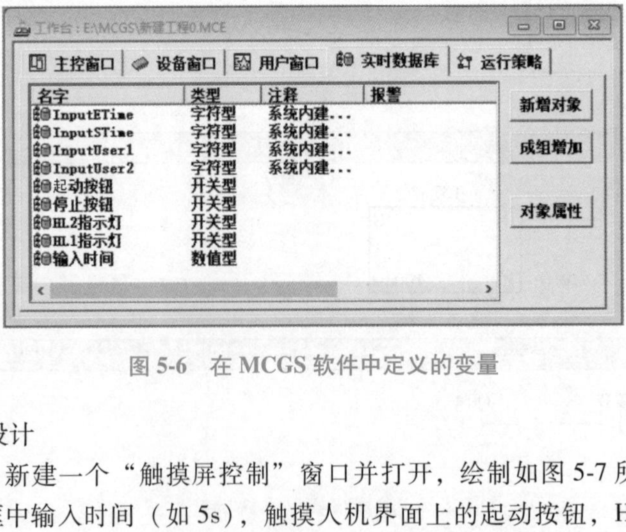

图 5-6 在 MCGS 软件中定义的变量

（3）人机画面设计

在用户窗口中，新建一个“触摸屏控制”窗口并打开，绘制如图 5-7 所示的触摸屏控制画面，其中，在输入框中输入时间（如 5s），触摸人机界面上的起动按钮，HL1 指示灯呈绿色亮起，5s 后，HL2 指示灯才会呈绿色亮起；触摸停止按钮，指示灯均呈红色熄灭。

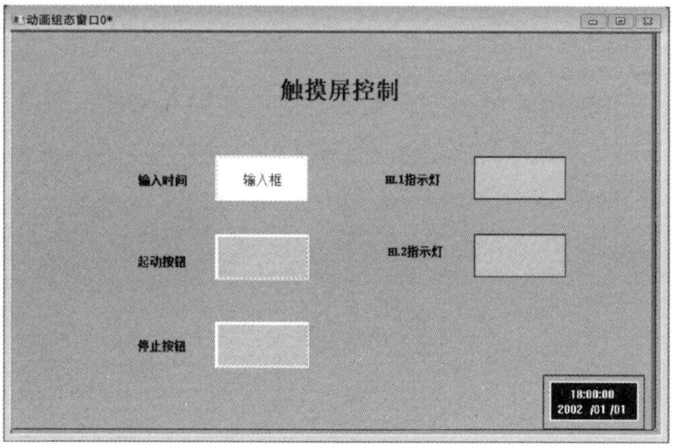

图 5-7　触摸屏控制画面

1）文字绘制方法。单击“工具箱”中的“标签 A”，当光标变为十字光标时，在绘图区拖拽出一个矩形框即可。双击标签，弹出“标签动画组态属性设置”对话框，在“属性设置”选项卡中选择“填充颜色”为“没有填充”，选择“边线颜色”为“没有边线”，选择“字符颜色”为黑色；在“扩展属性”选项卡中的“文本内容输入”中输入文字，其他设置为默认，图 5-8 为文字“触摸屏控制”的属性设置，图 5-9 为文字“触摸屏控制”的扩展属性。

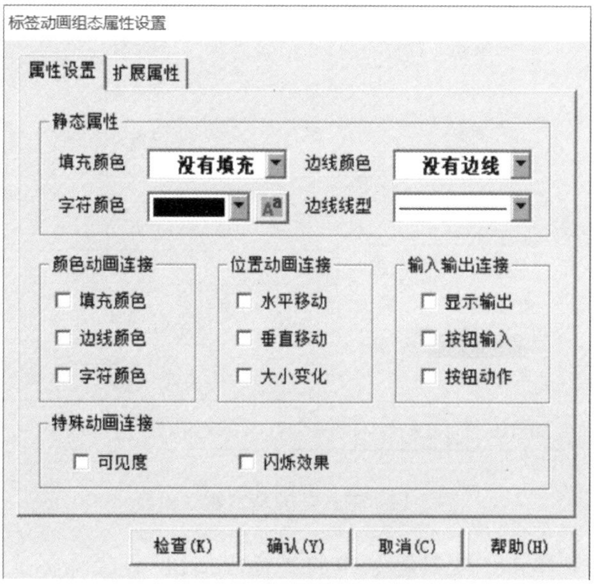

图 5-8　文字“触摸屏控制”的属性设置

2）输入框绘制方法。单击“工具箱”中的“输入框”，当光标变为十字光标时，在绘图区拖拽出一个矩形框即可。双击输入框，打开“输入框构件属性设置”对话框。选择“基本属性”选项卡，在“构件外观”中，选择“背景颜色”为银色，选择“字符颜色”为黑色，其他设置为默认，图 5-10 为输入框的基本属性设置。

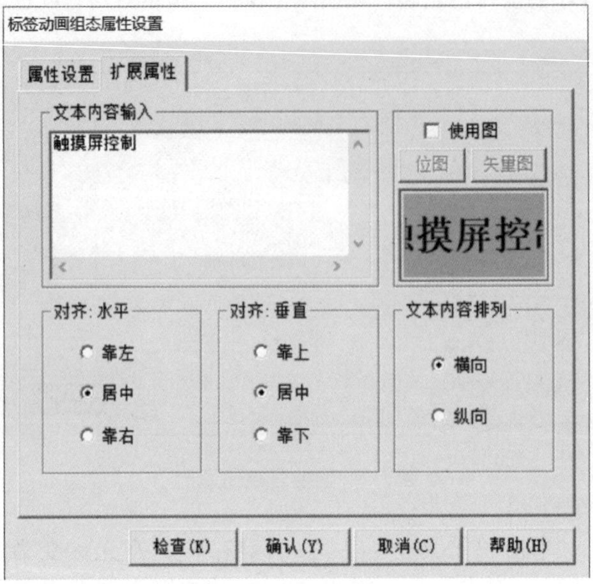

图 5-9 文字“触摸屏控制”的扩展属性

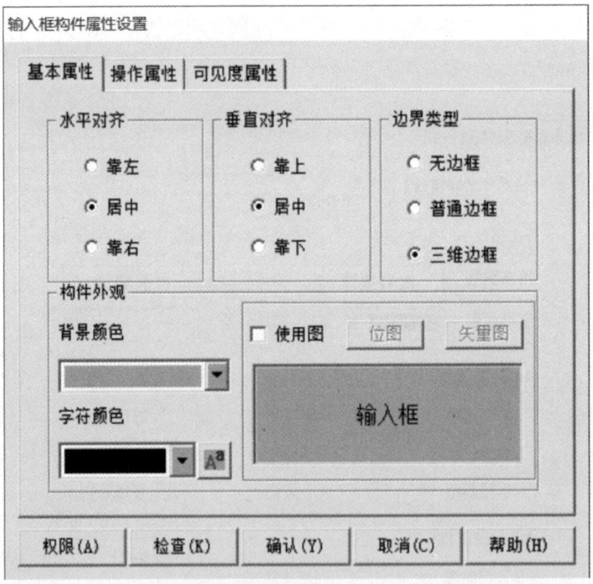

图 5-10 输入框的基本属性设置

3）按钮绘制方法。单击“工具箱”中的“标志按钮”，当光标变为十字光标时，在绘图区拖拽出一个矩形框即可。双击按钮，打开“标准按钮构件属性设置”对话框。选择“基本属性”选项卡，在“文本”中输入文字；文本颜色和边线色均选择黑色；背景色在选择时，要求“抬起”背景色为红色，“按下”背景色为绿色，因此，必须去掉“使用相同属性”的勾选，实现按钮在抬起和按下时显示不同的背景色，其他设置为默认，图 5-11 为按钮的基本属性设置。

4）指示灯绘制方法。单击“工具箱”中的“矩形”，当光标变为十字光标时，在绘图区拖拽出一个矩形框即可。双击矩形，弹出“动画组态属性设置”对话框，在“属性设置”选项卡中选择“填充颜色”为红色，选择“边线颜色”为黑色，选择“边线线型”为第 2 个（也可以任意选择），其他设置为默认，图 5-12 为 HL1 指示灯的属性设置。

5）时钟绘制方法。单击“工具箱”中的“插入元件”，进入“对象元件库管理”对话框，在左侧列表框中单击“时钟”在右侧界面中选择“时钟 4”，单击“确定”按钮插入时钟，图 5-13 为插入时钟对话框。

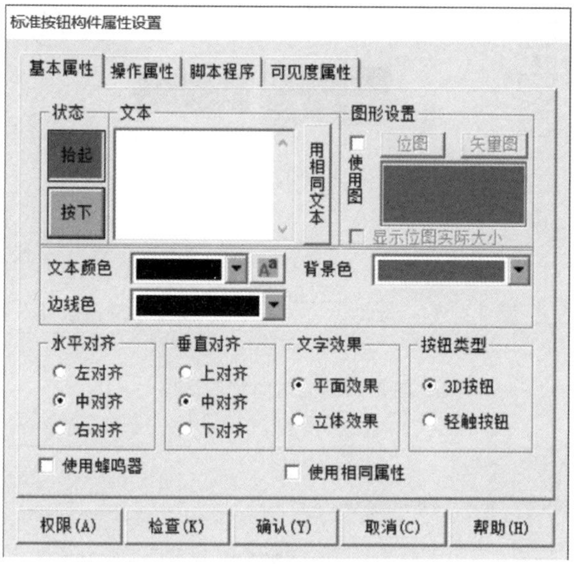

图 5-11　按钮的基本属性设置

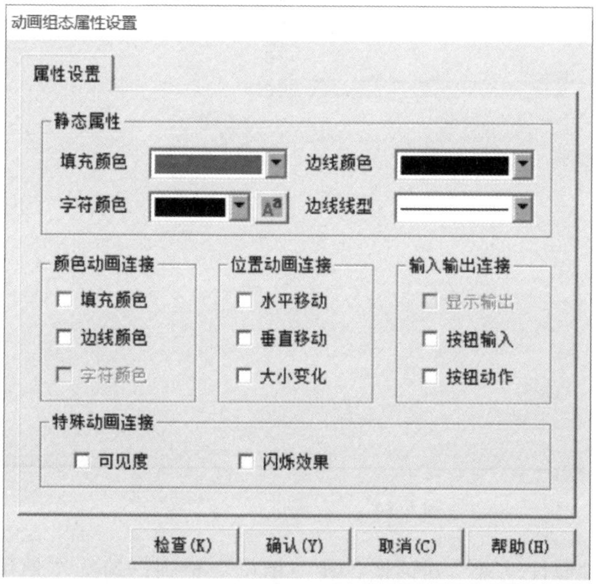

图 5-12　HL1 指示灯的属性设置

（4）动画连接设计

1）输入框动画连接。双击输入框图标，打开“输入框构件属性设置”对话框，选择“操作属性”选项卡，单击“对应数据对象的名称”下的“?”，在弹出的“变量选择”对话框中，选择变量为“输入时间”，单击“确认”按钮，如图 5-14 所示。

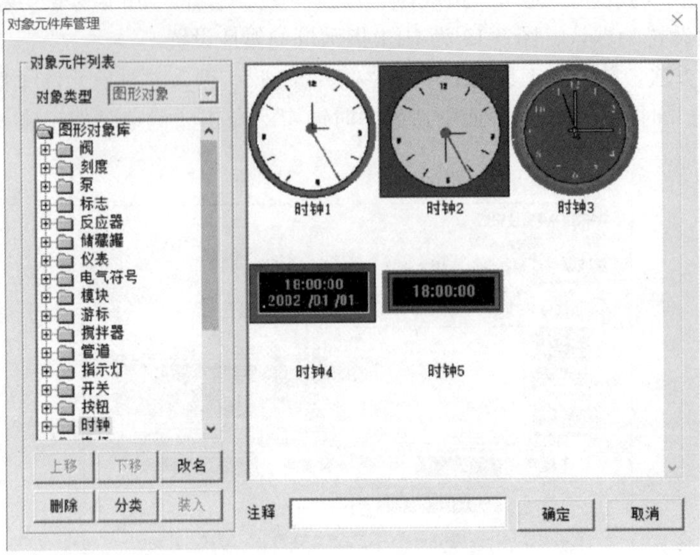

图 5-13　插入时钟对话框

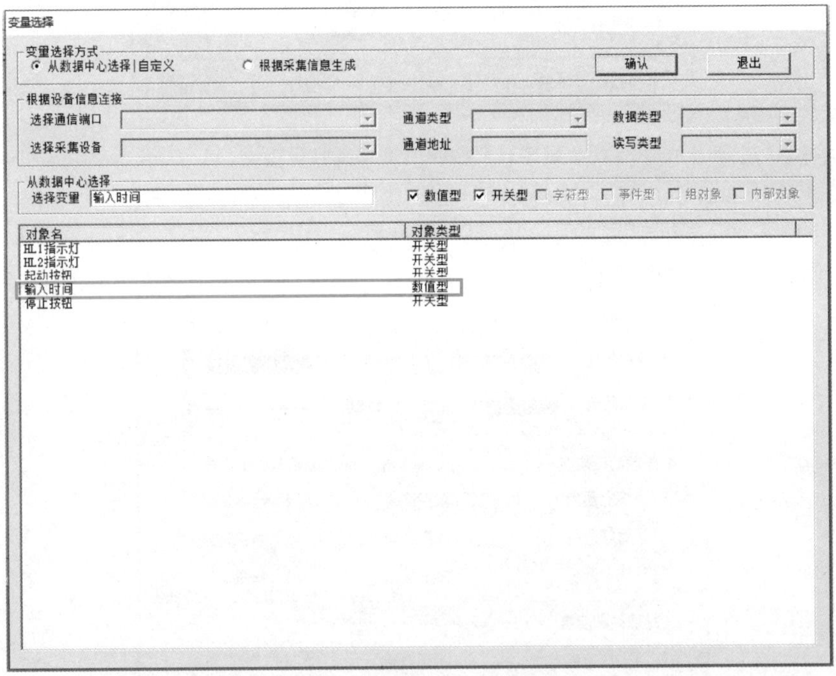

图 5-14　“变量选择”对话框

返回“输入框构件属性设置”对话框，在“单位”栏中，勾选“使用单位”选项，并在其下方的白色方框中输入“秒”。取消“自然小数位”前面的勾选，在“小数位数”中输入“0”，“最小值”中输入“0”，“最大值”中输入“32767”。其他设置为默认，图 5-15 为输入框操作属性的设置。

2）按钮动画连接。以“起动按钮”为例，双击“起动按钮”图标，打开“标准按钮构件属性设置”对话框，选择“操作属性”选项卡，在“抬起功能”中勾选“数据对象值操作”；单击“▼”下拉列表框，选择“按 1 松 0”选项；单击“?”，打开如图 5-14 所示的“变量选择”

对话框，选择变量为“起动按钮”；其他设置为默认。图 5-16 为“起动按钮”操作属性的设置。

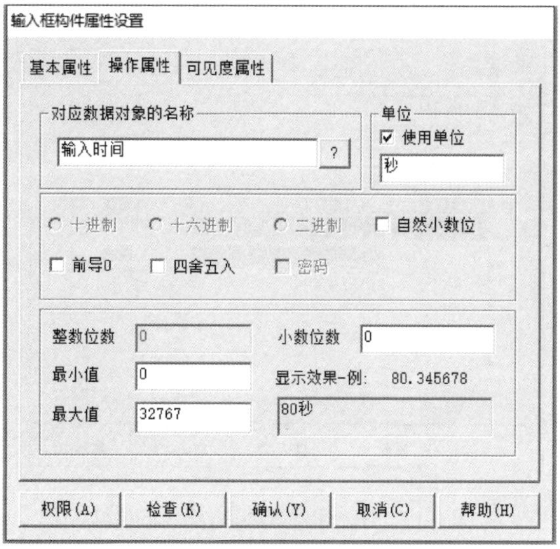

图 5-15　输入框操作属性的设置

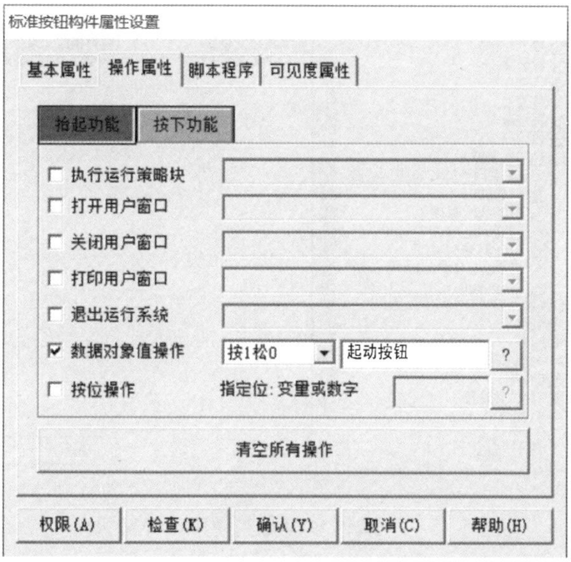

图 5-16　“起动按钮”操作属性的设置

3）指示灯动画连接。以“HL1 指示灯”为例，双击“HL1 指示灯”图标，打开如图 5-17 所示的“动画组态属性设置”对话框，在“属性设置”选项卡中，“颜色动画连接”选项勾选“填充颜色”；在“填充颜色”选项卡中，选择“表达式”后面的“?”，打开如图 5-14 所示的“变量选择”对话框，选择变量为“HL1 指示灯”；设置“填充颜色连接”的“分段点”0 的“对应颜色”为红色；“分段点”1 的“对应颜色”为绿色。其他设置为默认。

（5）设备连接设计

在“设备窗口”中双击“设备窗口”，打开“设备组态：设备窗口”对话框；在“设备工具箱”中选择“设备管理”，打开“设备管理”对话框，增加 PLC 设备为“西门子_S7200PPI”，增加通用设备为“通用串口父设备”，如图 5-18 所示。

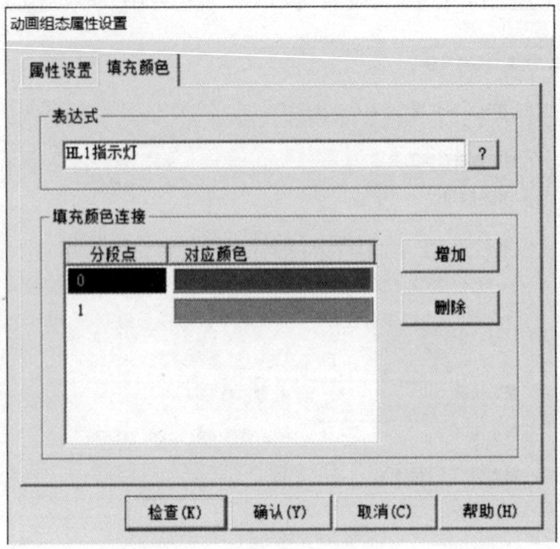

图 5-17　HL1 指示灯填充颜色的设置

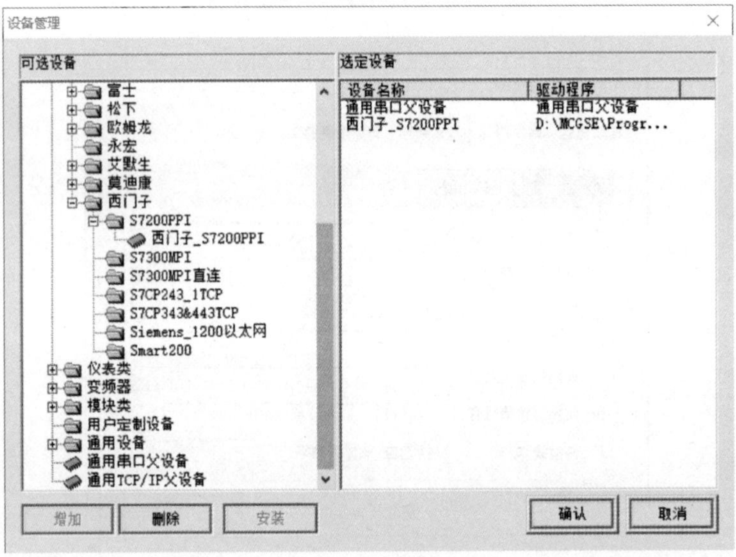

图 5-18　增加 PLC 设备和通用串口父设备

在图 5-18 的“选定设备”中，双击“通用串口父设备”，然后双击“西门子_S7200PPI”，在弹出的图 5-19 警示对话框中，选择“是（Y）”，实现西门子_S7200PPI 和通用串口父设备的设备组态，图 5-20 为设备组态窗口界面。

图 5-19　警示对话框

在图 5-20 中，双击通用串口父设备，打开“通用串口设备属性编辑”对话框，如图 5-21 所示，在“基本属性”选项卡中，选择“串口端口号（1~255）”为“0-COM1”，选择“通信传输速率”为“6-9600”（与 PLC 的通信传输速率保持一致）。

图 5-20　设备组态窗口界面

图 5-21　“通用串口设备属性编辑”对话框

在图 5-20 中，双击“西门子_S7200PPI”，打开“设备编辑窗口”对话框，如图 5-22 所示。默认右侧界面自动生成通道名称 I000.0~I000.7，可以单击“删除全部通道”按钮予以删除，然后增加需要的设备通道。

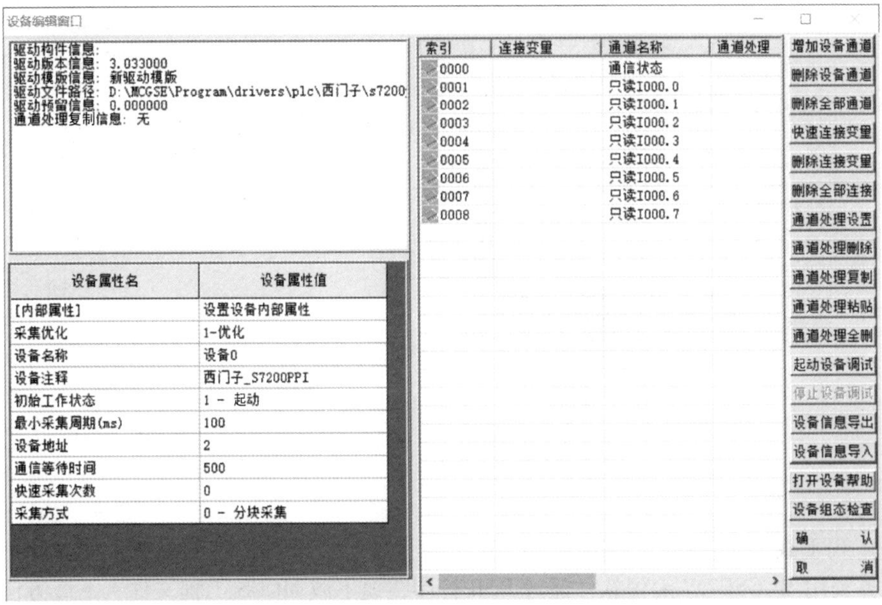

图 5-22　“设备编辑窗口”对话框

以“起动按钮”为例，说明触摸屏变量与 PLC 变量的连接。增加 PLC 变量时，单击“增加设备通道”按钮，打开“添加设备通道”对话框，在“基本属性设置”选项中，“通道类型”选择“M 寄存器”，“数据类型”选择“通道的第 00 位”，“通道地址”选择“0”，“通道个数”选择“1”，“读写方式”选择“读写”，图 5-23 为添加 PLC 变量 M0.0 设备通道的方法。

在图 5-24 中连接触摸屏变量时，选中“读写 M0.0”，双击“读写 M000.0”通道对应的“连

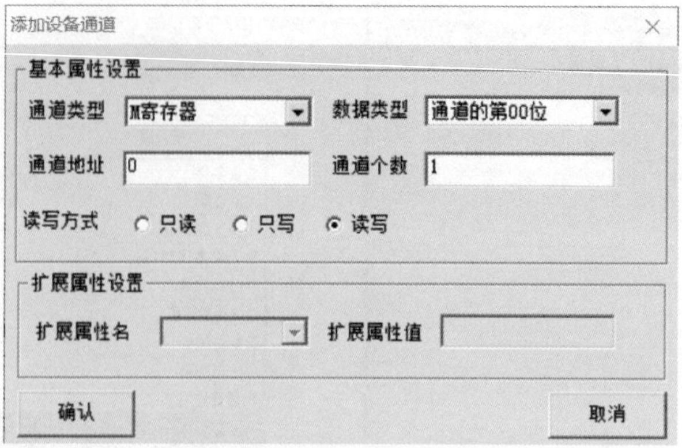

图 5-23 添加 PLC 变量 M0.0 设备通道的方法

接变量”，打开如图 5-14 所示的“变量选择”对话框，选择变量为“起动按钮”。图 5-24 为其他变量的设备连接。

图 5-24 其他变量的设备连接

3. 下载与调试

（1）工程下载

本任务利用 MCGSE7.7 编程软件通过 USB 打印线缆下载 MCGS 工程文件，下载方法如下。

1）图 5-25 所示为 USB 打印线缆，将其扁平接口一端插到计算机的 USB 口，方形接口一端插到 TPC7062KX 人机界面的 USB2 口。

图 5-25 USB 打印线缆

2）打开一个组态工程，单击工具栏中的“下载工程”，打开“下载配置”对话框，如图 5-26 所示。

3）在图 5-26 中，“连接方式”选择“USB 通信”，单击“连机运行”按钮，然后单击“通信测试”按钮。当在“返回信息”框内出现“通信测试正常”时，证明通信正常，如图 5-27 所示。

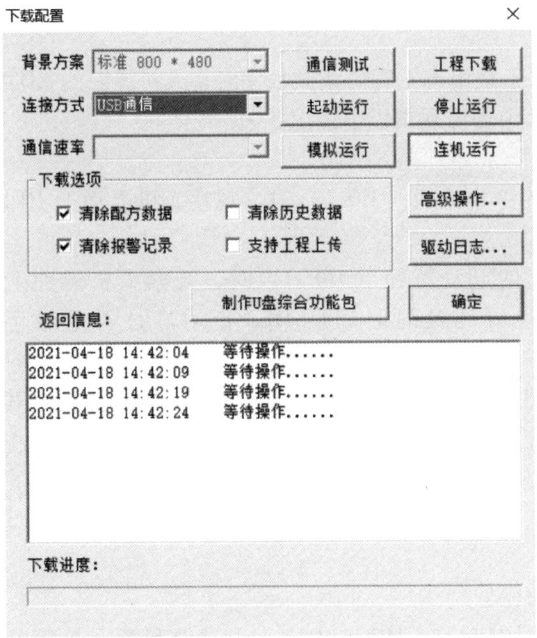

图 5-26　“下载配置”对话框

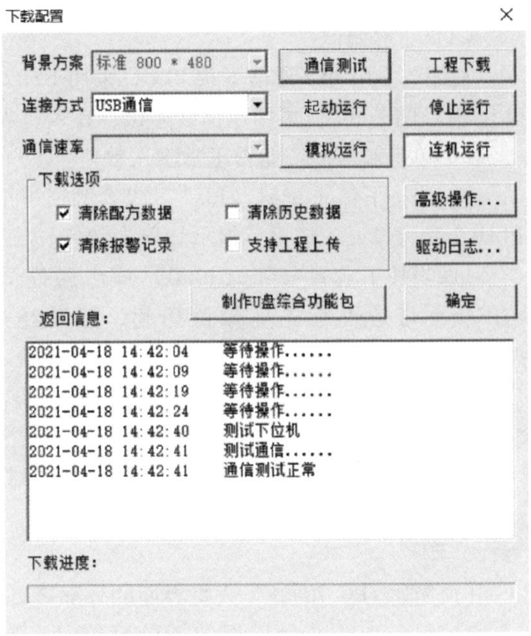

图 5-27　通信测试正常

4）通信测试正常后，在图 5-27 中单击“工程下载”按钮。当在“返回信息”框内出现“工程下载成功”时，证明组态工程已下载至人机界面，如图 5-28 所示。

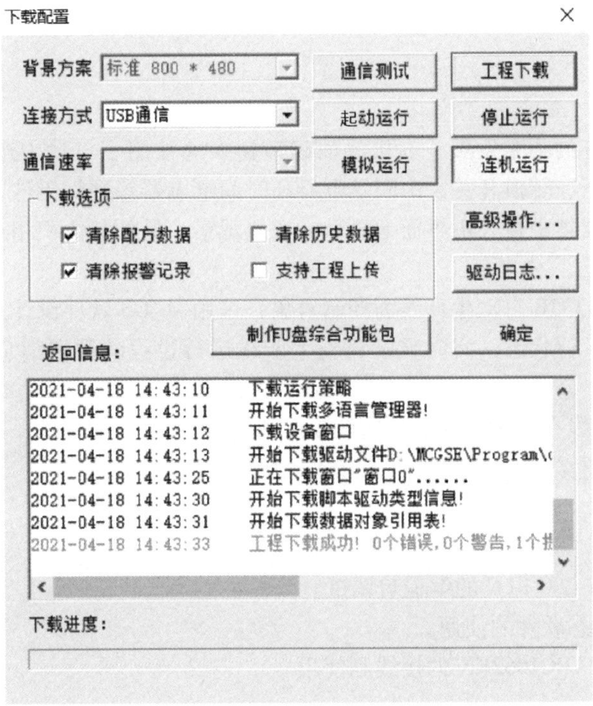

图 5-28　工程下载成功

5）工程下载成功后，单击人机界面上的“起动运行”，进入到组态运行环境。

（2）工程调试

本任务采用 PPI 通信下载 PLC，采用 USB2 口下载组态工程。调试程序时，人机界面的 COM 口和 PLC 的 Port0 口采用通信线连接，在人机界面中需要观察以下情况：

1）单击输入框，能否正常输入数值。

2）当按下停止按钮（I0.1）或者触摸屏上的停止按钮（M0.1）时，观察人机界面上 HL1 和 HL2 是否熄灭，熄灭后指示灯均为红色。

3）当按下起动按钮（I0.0）或者触摸屏上的起动按钮（M0.0）时，观察人机界面上 HL1 指示灯是否首先呈绿色亮起，然后经过设置的延时时间后 HL2 指示灯是否呈绿色亮起。

在调试程序时，如果出现触摸屏按钮不起作用，在保证通信线连接牢固的情况下，检查其“操作属性”中的“数据对象值操作”是否正确；如果出现指示灯得电和失电时，颜色显示相反，检查其“填充颜色”的“分段点”和“对应颜色”设置是否正确。

「练习反馈」

1）简述 TPC 7062KX 人机界面的外部接口的含义

2）组建 PLC 与触摸屏的通信系统时，简述如何绘制 MCGS 中文字、时钟和指示灯等元器件？

3）简述触摸屏通过 USB 打印线缆下载 MCGS 工程的步骤。

工作任务 5.2　MCGS 软件在自动生产线中的应用

「任务描述」

随着自动监控系统的不断发展，人机界面越来越多地被用于自动生产线的监控系统中。它不但节省了很多如按钮、转换开关、中间继电器和时间继电器等硬件元件，还可以通过组态软件将整个系统的现场数据集中在人机界面上显示，方便观察；另外其体积相对较小，安装方便，便于维护，成本也较低。

本任务以亚龙 YL-335B 自动生产线为控制对象，采用 MCGS 软件设计人机界面，通过人机界面监控自动生产线的运行状态，实时显示自动生产线运行过程的数据信息。本任务实现的内容如下：

1）整条自动生产线在人机界面上的通信数据划分。

2）自动生产线运行过程中的数据信息在人机界面上实时显示。

「任务目标」

1）熟悉西门子 S7-200 PLC 的编程与调试。

2）熟悉 MCGS 组态软件的使用。

3）掌握人机界面 TPC7062KX 的接线和使用。

「任务准备」

任务准备内容见表 5-3。

表 5-3　任务准备

序号	硬件	软件
1	输送单元 CPU 226 DC/DC/DC	STEP7-Micro/WIN
2	供料单元 CPU 224 AC/DC/RLY	MCGSE7.7
3	加工单元 CPU 224 AC/DC/RLY	
4	人机界面 TPC7062TX（KX）	
5	PC/PPI 电缆	
6	USB 打印电缆	

「相关知识」

1. MCGS 软件简介

MCGS 嵌入版组态软件是昆仑通态自动化软件科技有限公司专门开发的用于 MCGS TPC 的组态软件，主要完成现场数据的采集与监测、前端数据的处理与控制。MCGS 嵌入版组态软件与其他相关的硬件设备结合，可以快速、方便地开发各种用于现场采集、数据处理和控制的设备，可以灵活组态各种智能仪表、数据采集模块、无纸记录仪、无人值守的现场采集站和人机界面等专用设备。

MCGS 嵌入版组态软件用工作台窗口管理构成用户应用系统的五个组成部分，工作台上的五个标签为主控窗口、设备窗口、用户窗口、实时数据库和运行策略，对应于五个不同的选项卡，每个选项卡负责管理用户应用系统的一个部分，用鼠标单击不同的标签可选取不同的选项卡，可对系统的相应部分进行组态操作，图 5-29 为工作台窗口，图 5-30 为 MCGS 嵌入版组态软件的组成部分。

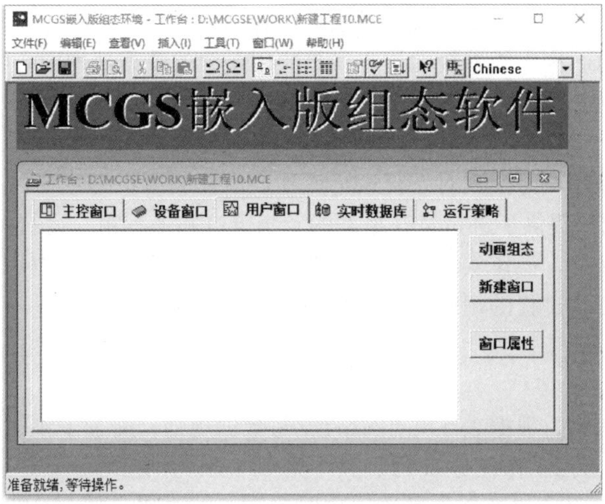

图 5-29　工作台窗口

（1）主控窗口

MCGS 嵌入版组态软件的主控窗口是组态工程的主窗口，是所有设备窗口和用户窗口的父窗

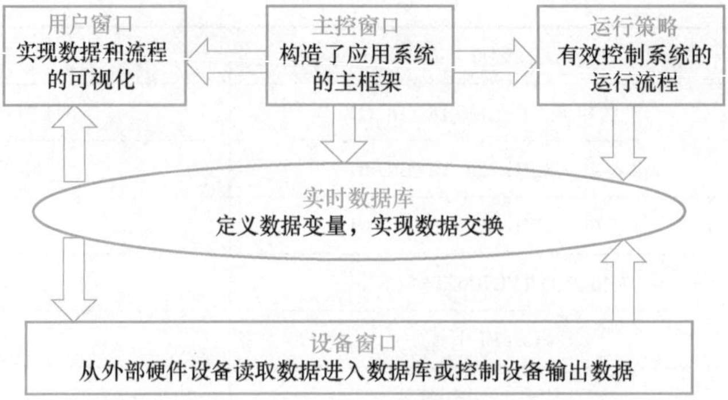

图 5-30　MCGS 嵌入版组态软件的组成部分

口，它相当于一个大的“容器”，可以放置一个设备窗口和多个用户窗口，负责这些窗口的管理和调度，并调度用户策略的运行。同时，主控窗口又是组态工程结构的主框架，可在主控窗口内设置系统运行流程及特征参数，方便用户操作。

（2）设备窗口

设备窗口是 MCGS 嵌入版系统与作为测控对象的外部设备建立联系的后台作业环境，负责驱动外部设备，控制外部设备的工作状态。系统通过设备与数据之间的通道，把外部设备的运行数据采集进来，送入实时数据库，供系统其他部分调用，并且把实时数据库中的数据输出到外部设备，实现对外部设备的操作与控制。

（3）用户窗口

用户窗口本身是一个“容器”，用来放置各种图形对象（图元、图符和动画构件），不同的图形对象对应不同的功能。通过对用户窗口内多个图形对象的组态，生成美观的图形界面，为实现动画显示效果做准备。

（4）实时数据库

在 MCGS 嵌入版系统中，用数据对象来描述系统中的实时数据，用对象变量代替传统意义上的值变量，将数据库技术管理的所有数据对象的集合称为实时数据库。

实时数据库是 MCGS 嵌入版系统的核心，是应用系统的数据处理中心。系统各个部分均以实时数据库为公用区交换数据，实现各个部分的协调动作。

（5）运行策略

所谓运行策略，是用户为实现对系统运行流程自由控制所组态生成的一系列功能块的总称。MCGS 嵌入版系统为用户提供了进行策略组态的专用窗口和工具箱。运行策略的建立，使系统能够按照设定的顺序和条件，操作实时数据库，控制用户窗口的打开、关闭以及设备构件的工作状态，从而实现对系统工作过程的精确控制及有序调度管理的目的。

2. 网络读/写 NETR/NETW

本任务在实施过程中，根据表 5-4 的网络读/写数据规划，配置了 4 项网络读/写操作（网络读/写配置的具体步骤参照工作任务 2.1），其中第 1~2 项为网络写操作，实现主站向各从站发送数据，即主站（输送单元）向各从站发送的数据都位于主站 PLC 的 VB1000~VB1002 处，所有从站都在其 PLC 的 VB1000~VB1002 处接收数据；第 3~4 项为网络读操作，实现主站读取各从站数据，即供料单元向主站发送的数据位于从站 PLC 的 VB1020~VB1022 处，主站在其 PLC 的 VB1020~VB1022 处接收数据，加工单元向主站发送的数据位于从站 PLC 的 VB1030~VB1032 处，主站在其 PLC 的 VB1030~VB1032 处接收数据。

表 5-4　网络读/写数据规划

输送单元（主站 1）	供料单元（从站 2）	加工单元（从站 3）
发送数据的长度	3 个字节	3 个字节
从主站何处发送	VB1000	VB1000
发往从站何处	VB1000	VB1000
接收数据的长度	3 字节	3 字节
数据来自从站何处	VB1020	VB1030
数据存到主站何处	VB1020	VB1030

「任务实施」

1. PLC 程序设计

（1）网络通信系统组建

本任务采用 YL-335B 自动生产线，通过 PPI 通信协议，实现输送单元、供料单元和加工单元的联机运行。其中输送单元为主站，其他站均为从站，图 5-31 为 YL-335B 自动生产线的 PPI 网络。

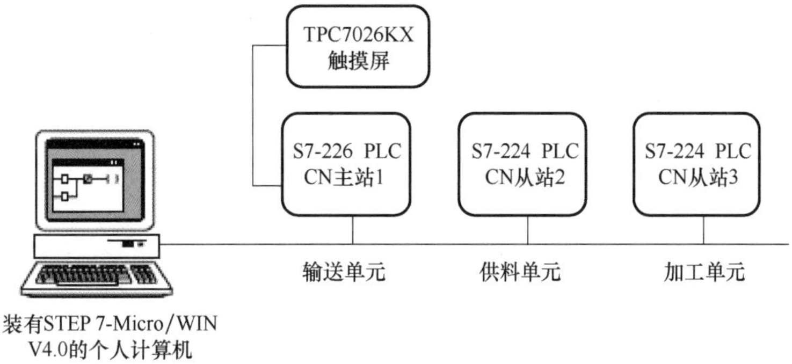

图 5-31　YL-335B 自动生产线的 PPI 网络

（2）通信数据划分

根据系统工作要求、信息交换量等预先规划好主站发送和接收数据的有关信息，具体见表 5-4。主站向供料单元和加工单元发送的数据均为 3 个字节，主站接收来自供料单元和加工单元的数据均为 3 个字节。

（3）主站程序设计

利用网络读/写 NETR/NETW 指令向导，根据表 5-4 的网络读/写数据规划，完成主站与各从站间信息交换的配置。在主站程序中，使用 SM0.0 在每个扫描周期内调用网络读/写操作子程序 NET_EXE，开始执行配置的网络读/写操作，主站梯形图如图 5-32 所示。人机界面上的显示区域直接监控传感器 I0.0~I1.1 的状态信息，手动控制区域直接控制 Q0.3~Q1.0 执行元件动作。

（4）各从站程序设计

图 5-33 为从站供料单元梯形图，在网络 1 中，利用 MOV_B 指令，将 IB0 中存储的传感器状态信息传送到存储器 VB1020 中，主站通过供料单元的人机界面实时显示 VB1020 中存储的传感器状态信息。在网络 2 中，从站接收到主站 V1000.0 信号，控制 Q0.0 动作；从站接收到主站 V1000.1 信号，控制 Q0.1 动作。

图 5-34 为从站加工单元梯形图，在网络 1 中，利用 MOV_B 指令，将 IB0 中存储的传感器状

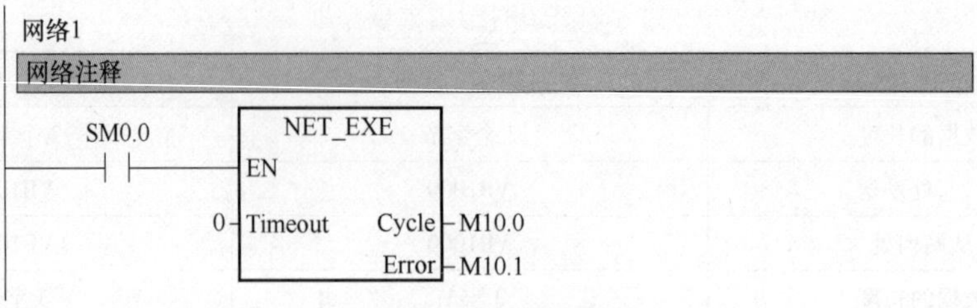

图 5-32　主站梯形图

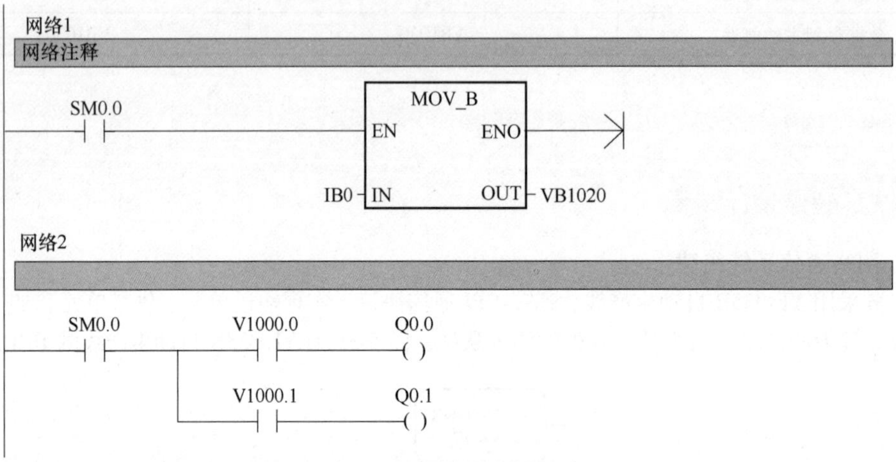

图 5-33　从站供料单元梯形图

态信息传送到存储器 VB1030 中，主站通过加工单元的人机界面实时显示 VB1030 中存储的传感器状态信息。在网络 2 中，从站接收到主站 V1001.0 信号，控制 Q0.0 动作；从站接收到主站 V1001.2 信号，控制 Q0.2 动作；从站接收到主站 V1001.3 信号，控制 Q0.3 动作。

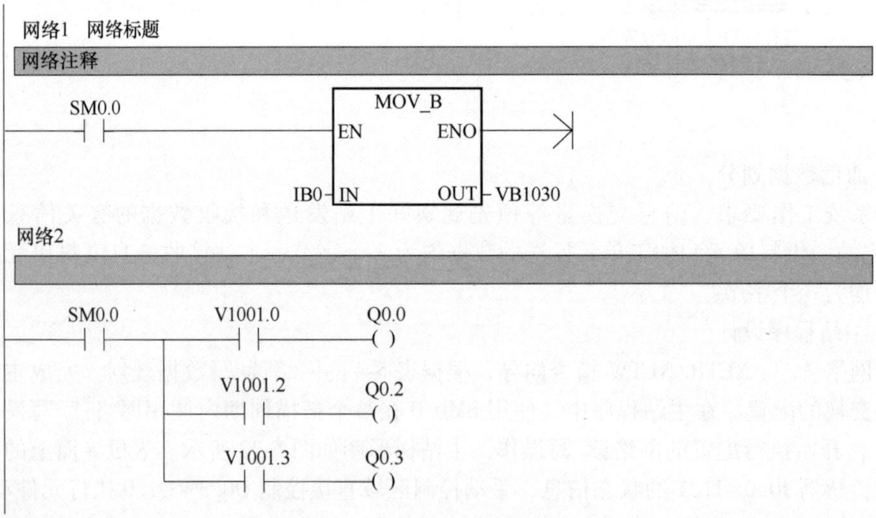

图 5-34　从站加工单元梯形图

2. 组态工程

(1) 新建工程

打开 MCGS 软件，新建一个工程，TPC 类型选择“TPC7062K”，背景色选择蓝色。

（2）人机画面设计

在用户窗口中，新建 4 个窗口，分别为欢迎界面、供料单元、加工单元和输送单元，如图 5-35 所示。

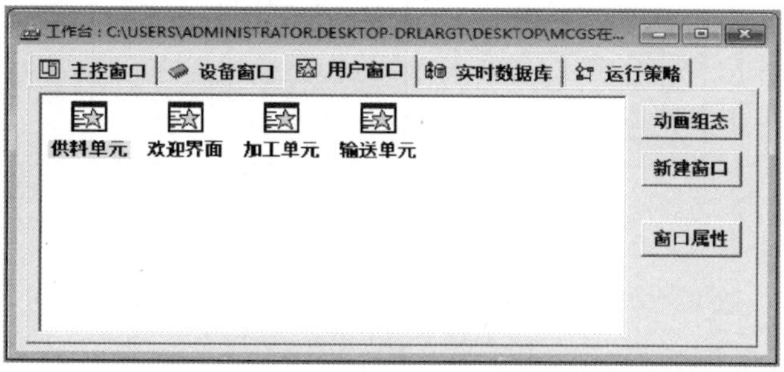

图 5-35　用户窗口

欢迎界面是启动界面，如图 5-36 所示，单击触摸按钮“进入供料单元”“进入加工单元”或者“进入输送单元”，可进入相应的供料单元界面（如图 5-37 所示）、加工单元界面（如图 5-38所示）或者输送单元界面（如图 5-39 所示），其中各单元显示控制区域实时监控各单元的传感器情况，而触摸手动控制区域的相应按钮，则控制执行元件实现相应动作。

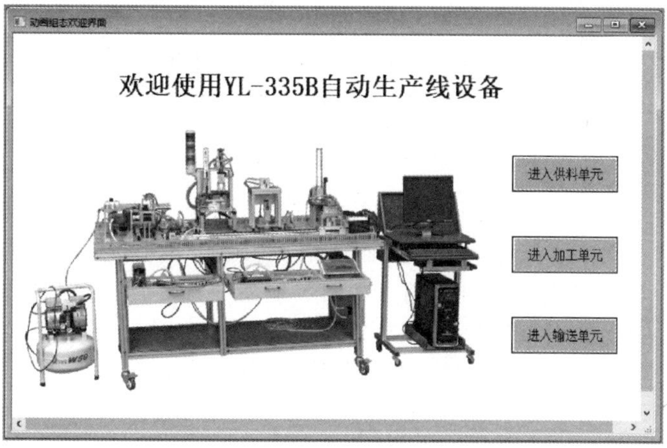

图 5-36　首页界面

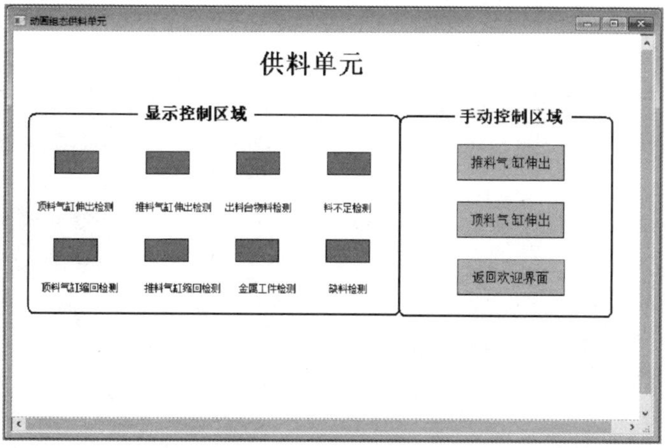

图 5-37　供料单元界面

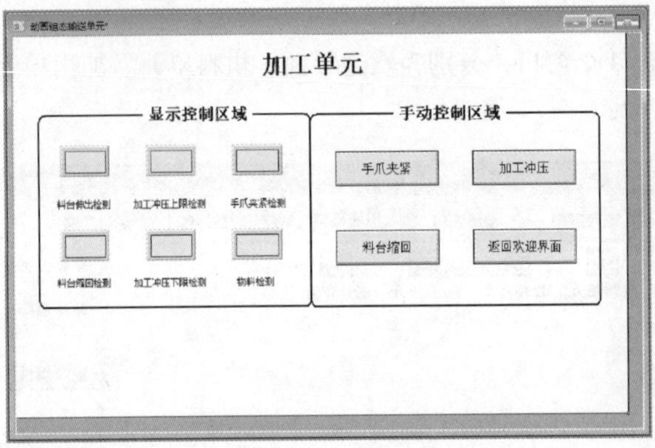

图 5-38　加工单元界面

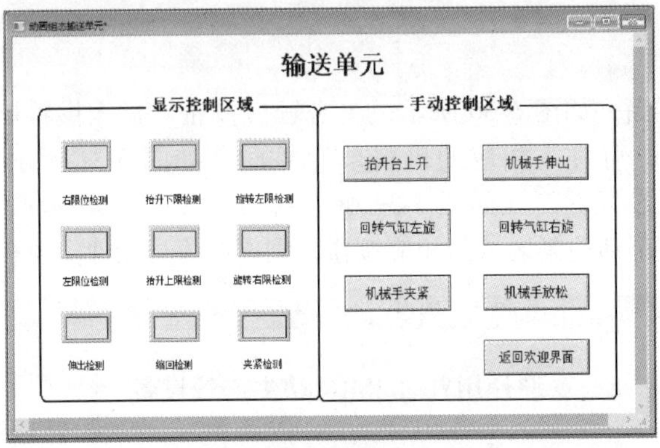

图 5-39　输送单元界面

插入图片和指示灯

1）欢迎界面图片的插入方法。单击“工具箱”中的“位图”，当光标变为十字光标时，在绘图区拖拽出一个矩形框即可。右击“位图”，选择“装载位图”选项，打开如图 5-40 所示对话框，选择图片存放的位置，并选择所使用的图片，单击“打开”并返回。

2）检测指示灯的绘制方法。单击“工具箱”中的“插入元件”，进入如图 5-41 所示的“对象元件库管理”对话框，选择“对象元件列表”→“图形对象库”→“指示灯”→“指示灯 1”，以此监控传感器检测是否到位。

（3）数据库与设备连接设计

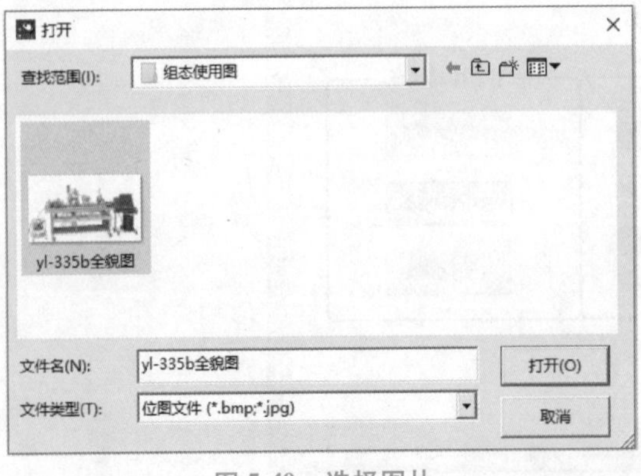

图 5-40　选择图片

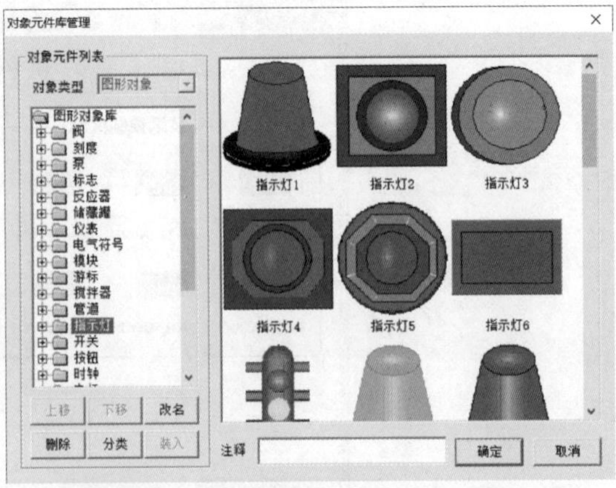

图 5-41　“对象元件库管理”对话框

表 5-5 为数据库与设备连接关系。根据表 5-5 中的名字和类型，在实时数据库中新增变量，图 5-42 为数据库中的部分变量；根据表 5-5 中的连接变量、通道名称和读写方式，在设备管理的“设备编辑窗口”中，新增通道并连接好所有通道，图 5-43 为设备连接的部分通道。

表 5-5　数据库与设备连接关系

序号	名字（连接变量）	类型	通道名称	读写方式	注释
1	进入供料单元	开关型			欢迎界面
2	进入加工单元	开关型			
3	进入输送单元	开关型			
4	返回欢迎界面	开关型			
5	顶料气缸伸出检测	开关型	V1020.0	只读	供料单元
6	顶料气缸缩回检测	开关型	V1020.1	只读	
7	推料气缸伸出检测	开关型	V1020.2	只读	
8	推料气缸缩回检测	开关型	V1020.3	只读	
9	出料台物料检测	开关型	V1020.4	只读	
10	料不足检测	开关型	V1020.5	只读	
11	缺料检测	开关型	V1020.6	只读	
12	金属工件检测	开关型	V1020.7	只读	
13	顶料气缸伸出	开关型	V1000.0	读写	
14	推料气缸伸出	开关型	V1000.1	读写	
15	物料检测	开关型	V1030.0	只读	加工单元
16	手爪夹紧检测	开关型	V1030.1	只读	
17	料台伸出检测	开关型	V1030.2	只读	
18	料台缩回检测	开关型	V1030.3	只读	
19	加工冲压上限检测	开关型	V1030.4	只读	
20	加工冲压下限检测	开关型	V1030.5	只读	
21	手爪夹紧	开关型	V1001.0	读写	
22	料台缩回	开关型	V1001.2	读写	
23	加工冲压	开关型	V1001.3	读写	
24	右限位检测	开关型	I0.1	只读	输送单元
25	左限位检测	开关型	I0.2	只读	
26	抬升下限检测	开关型	I0.3	只读	
27	抬升上限检测	开关型	I0.4	只读	
28	旋转左限检测	开关型	I0.5	只读	
29	旋转右限检测	开关型	I0.6	只读	
30	伸出检测	开关型	I0.7	只读	
31	缩回检测	开关型	I1.0	只读	
32	夹紧检测	开关型	I1.1	只读	
33	抬升台上升	开关型	Q0.3	读写	
34	回转气缸左旋	开关型	Q0.4	读写	
35	回转气缸右旋	开关型	Q0.5	读写	
36	机械手伸出	开关型	Q0.6	读写	
37	机械手夹紧	开关型	Q0.7	读写	
38	机械手放松	开关型	Q1.0	读写	

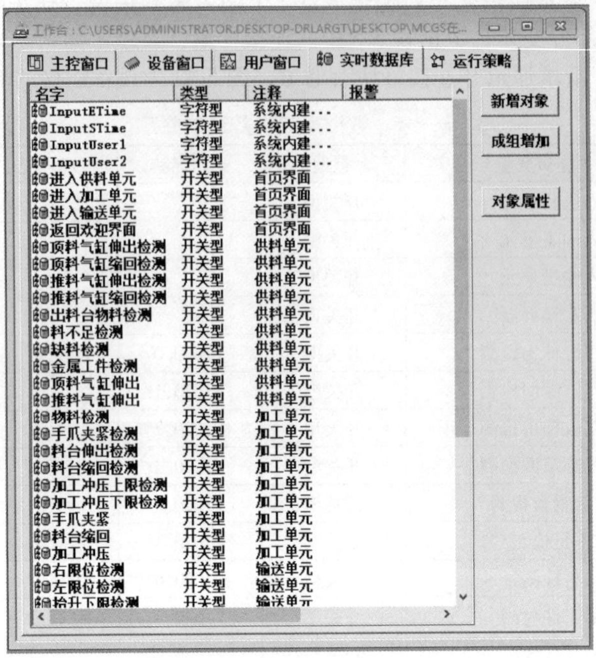

图 5-42　数据库中的部分变量

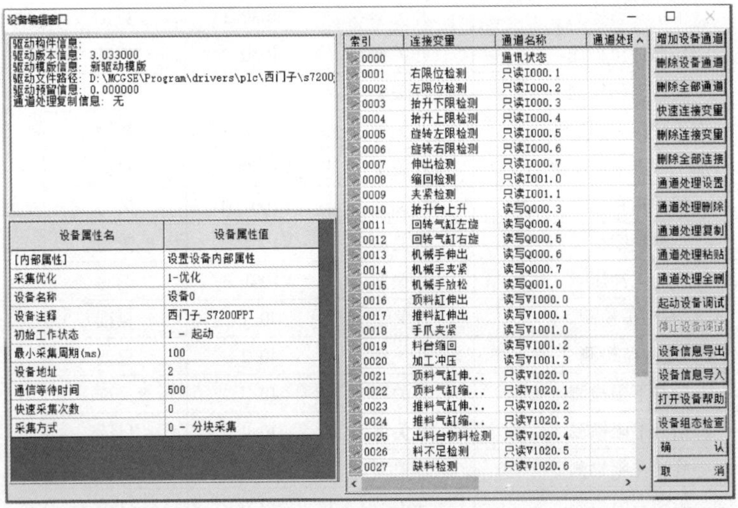

图 5-43　设备连接的部分通道

（4）动画连接设计

1）欢迎界面按钮动画连接。以“进入供料单元”按钮为例，双击“进入供料单元”按钮，打开“标准按钮构件属性设置”对话框，选择“操作属性”选项卡，在“按下功能”选项组中，勾选“打开用户窗口”；单击“▼”下拉列表框，选择“供料单元”选项，图 5-44 为“进入供料单元”按钮的设置。欢迎界面其他按钮“进入加工单元”“进入输送单元”和从站中的“返回欢迎界面”按钮动画连接的设计步骤与“进入供料单元”按钮类似，只是打开用户窗口的名称不同。

2）从站按钮动画连接。以“顶料气缸伸出”为例，双击“顶料气缸伸出”按钮，打开

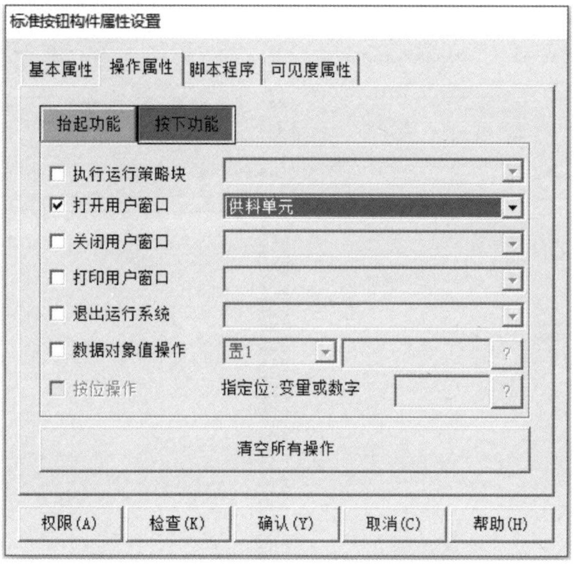

图 5-44　“进入供料单元”按钮的设置

“标准按钮构件属性设置”对话框，选择“操作属性”选项卡，在“按下功能”选项组中，勾选“数据对象值操作”；单击“▼”下拉列表框，选择“取反”选项，如图 5-45 所示；单击“?”，打开图 5-46 所示的“变量选择”对话框，选择变量为“顶料气缸伸出”，单击“确定”按钮返回，图 5-47 为“顶料气缸伸出”按钮操作属性的设置。从站“手动控制区域”中除了“返回欢迎界面”按钮外，其他按钮动画连接的设计步骤与“顶料气缸伸出”按钮类似，只是选择变量的名称不同。

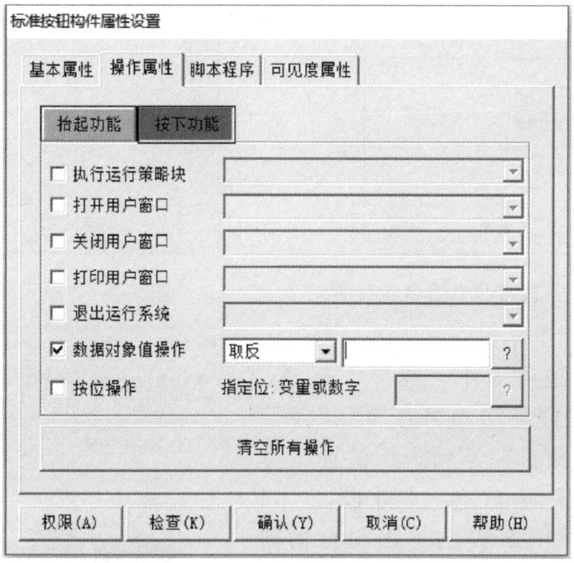

图 5-45　“标准按钮构件属性设置”对话框

3）检测指示灯动画连接。以“出料台物料检测”为例，双击“出料台物料检测”图标，打开“单元属性设置”对话框，在“数据对象”选项卡中，选择“填充颜色”后面的“?”，打开如图 5-46 所示的“变量选择”对话框，选择变量为“出料台物料检测”，单击“确定”按钮返回，图 5-48 为“单元属性设置”对话框。

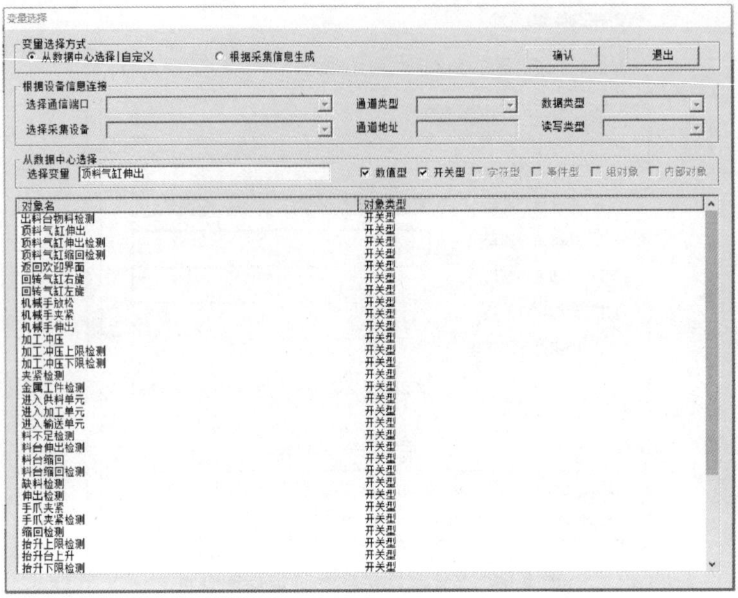

图 5-46 “变量选择”对话框

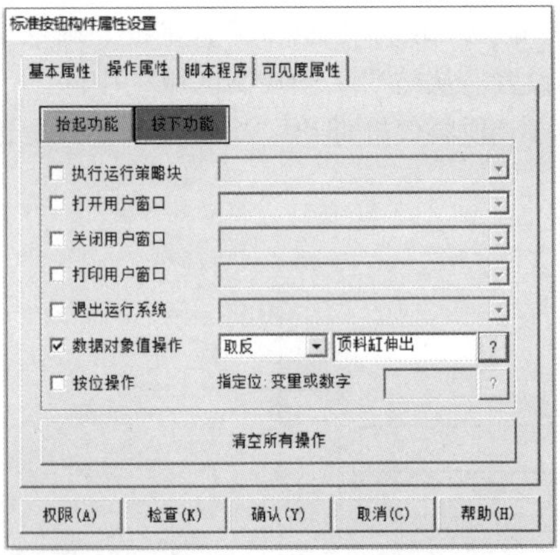

图 5-47 “顶料气缸伸出”按钮操作属性的设置

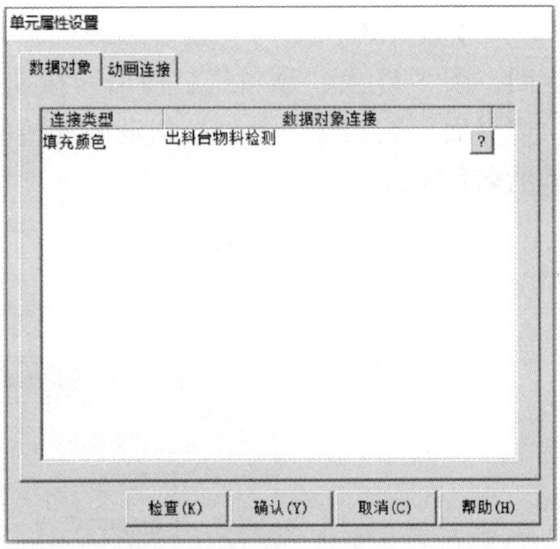

图 5-48 “单元属性设置”对话框

在“动画连接”选项卡中，选择“标签”后面的“>”，打开“标签动画组态属性设置”对话框，选择“填充颜色”选项卡，设置“分段点”0“对应颜色”为红色，“分段点”1“对应颜色”为绿色，图 5-49 为“出料台物料检测”的填充颜色设置。从站“显示控制区域”中，其他指示灯动画连接的设计步骤与“出料台物料检测”类似，只是选择变量的名称不同。

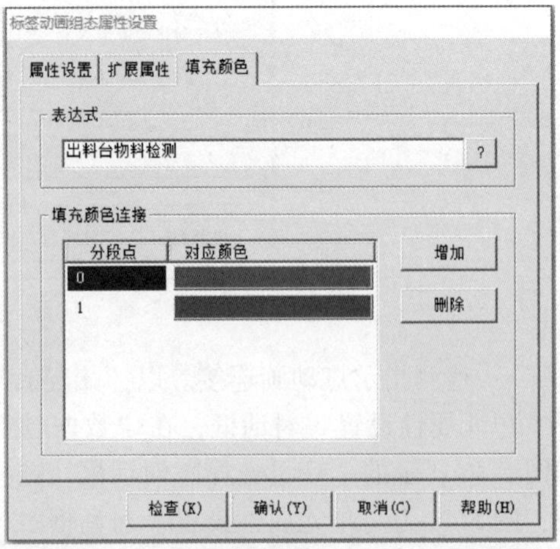

图 5-49 “出料台物料检测”的填充颜色设置

3. 系统调试

系统调试前应将主从站程序下载至 PLC 中，

将 MCGS 组态工程下载至人机界面中。系统调试程序时，需要观察以下情况：

1）按下欢迎界面中的“进入供料单元”“进入加工单元”或者“进入输送单元”按钮，观察是否进入相应的单元界面。

2）按下从站单元界面中的“返回欢迎界面”按钮，观察是否返回到欢迎界面。

3）调试各站单元的传感器，观察人机界面“显示控制区域”中指示灯变化是否正确，其中，红色表示传感器未检测被测物，绿色表示传感器在检测被测物。

4）按下人机界面“手动控制区域”中的按钮，观察相应的执行元件是否动作；再次按下此按钮，观察执行元件是否复位。

在调试程序时，如果出现触摸屏按钮不起作用的情况，在保证通信线连接牢固的情况下，检查其“操作属性”中的“数据对象值操作”是否正确；如果出现指示灯得电和失电时，颜色显示相反，检查其“填充颜色”的“分段点”和“对应颜色”设置是否正确。

「练习反馈」

1）组建 PLC 与触摸屏的通信系统时，如何设置 MCGS 中按钮、指示灯等元件的动画连接？

2）组建 PLC 与触摸屏的通信系统时，如何设计 MCGS 的数据库？

3）组建 PLC 与触摸屏的通信系统时，如何设置 MCGS 的设备连接？

工作任务 5.3 YL-335B 供料单元及加工单元监控系统组建

「任务描述」

实现 YL-335B 自动生产线供料单元与加工单元联网运行状态的组态监控。

「任务目标」

掌握利用 MCGS 组态软件设计组态监控画面的方法、动画连接方式的选择及使用方法，以及脚本程序的设计及调试方法。

「任务准备」

任务准备内容见表 5-6。

表 5-6 任务准备

序号	硬件	软件
1	CPU 224 AC/DC/RLY	STEP7-Micro/WIN
2	CPU 226 DC/DC/DC	MCGSE 7.7

「相关知识」

加工单元及供料单元的相关知识在工作任务 1.2 及工作任务 1.3 中有介绍，此处不再赘述，

MCGSE 7.7 的使用方法见工作任务 5.1 及工作任务 5.2。

「任务实施」

1. YL-335B 供料单元及加工单元联网运行的工作过程

(1) 供料单元的工作过程

供料单元设备上电和气源接通后，若工作单元的两个气缸均处于缩回位置，且料仓内有足够的待加工工件，当收到加工单元发送的供料请求信号后，并且出料台上没有工件时，首先顶料杆伸出，将料仓中从下向上的第 2 个工件顶住，推料杆将最底下的工件推出至出料台，然后推料杆缩回，推料杆缩回后顶料杆缩回，至此供料完成，供料单元 PLC 向加工单元 PLC 发出供料完成信号。

(2) 加工单元的工作过程

初始状态下，设备上电和气源接通后，滑动加工台伸缩气缸处于伸出位置，加工台气动手爪在松开的状态，加工冲压气缸处于缩回位置，当加工单元收到供料完成信号且料台有工件时，工件检测传感器检测到工件后，PLC 控制程序驱动气动手指将工件夹紧→加工台回到加工区域冲压气缸下方→加工冲压气缸活塞杆向下伸出冲压工件→完成冲压动作后向上缩回→加工台重新伸出→到位后气动手指松开，顺序完成工件加工工序，并向供料单元发出供料请求信号，为下一次加工工件做准备。

2. 供料单元 PLC 与加工单元 PLC 的 I/O 信号表及外部接线图

1) 供料单元 PLC 的 I/O 信号表见表 5-7。供料单元外部接线图如图 5-50 所示。

表 5-7 供料单元 PLC 的 I/O 信号表

<table>
<tr><th colspan="4">输入信号</th><th colspan="4">输出信号</th></tr>
<tr><th>序号</th><th>PLC 输入点</th><th>信号名称</th><th>信号来源</th><th>序号</th><th>PLC 输出点</th><th>信号名称</th><th>信号来源</th></tr>
<tr><td>1</td><td>I0.0</td><td>顶料气缸伸出到位</td><td rowspan="10">装置侧</td><td>1</td><td>Q0.0</td><td>顶料电磁阀</td><td rowspan="2">装置</td></tr>
<tr><td>2</td><td>I0.1</td><td>顶料气缸缩回到位</td><td>2</td><td>Q0.1</td><td>推料电磁阀</td></tr>
<tr><td>3</td><td>I0.2</td><td>推料气缸伸出到位</td><td>3</td><td>Q0.2</td><td></td><td></td></tr>
<tr><td>4</td><td>I0.3</td><td>推料气缸缩回到位</td><td>4</td><td>Q0.3</td><td></td><td></td></tr>
<tr><td>5</td><td>I0.4</td><td>出料台物料检测</td><td>5</td><td>Q0.4</td><td></td><td></td></tr>
<tr><td>6</td><td>I0.5</td><td>供料不足检测</td><td>6</td><td>Q0.5</td><td></td><td></td></tr>
<tr><td>7</td><td>I0.6</td><td>缺料检测</td><td>7</td><td>Q0.6</td><td></td><td></td></tr>
<tr><td>8</td><td>I0.7</td><td>金属工件检测</td><td>8</td><td>Q0.7</td><td></td><td></td></tr>
<tr><td>9</td><td>I1.0</td><td></td><td>9</td><td>Q1.0</td><td>正常工作指示</td><td rowspan="2">按钮/指示灯模块</td></tr>
<tr><td>10</td><td>I1.1</td><td></td><td>10</td><td>Q1.1</td><td>运行指示</td></tr>
<tr><td>11</td><td>I1.2</td><td>停止按钮</td><td rowspan="4">按钮/指示灯模块</td><td></td><td></td><td></td><td></td></tr>
<tr><td>12</td><td>I1.3</td><td>起动按钮</td><td></td><td></td><td></td><td></td></tr>
<tr><td>13</td><td>I1.4</td><td></td><td></td><td></td><td></td><td></td></tr>
<tr><td>14</td><td>I1.5</td><td>工作方式选择</td><td></td><td></td><td></td><td></td></tr>
</table>

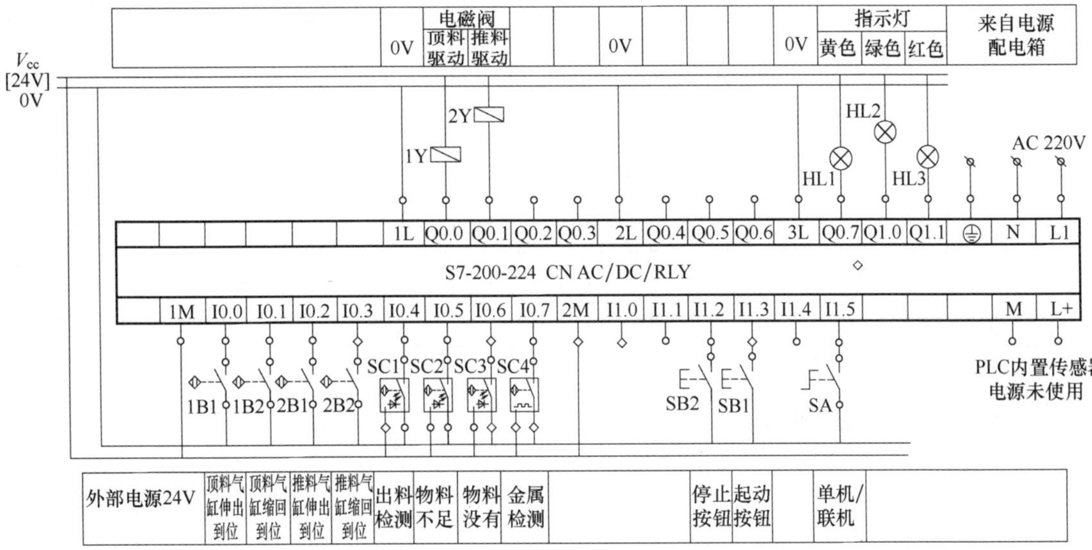

图 5-50　供料单元外部接线图

2）加工单元 PLC 的 I/O 信号表见表 5-8。加工单元外部接线图如图 5-51 所示。

表 5-8　加工单元 PLC 的 I/O 信号表

输入信号				输出信号			
序号	PLC 输入点	信号名称	信号来源	序号	PLC 输出点	信号名称	信号来源
1	I0.0	加工台物料检测	装置侧	1	Q0.0	夹紧电磁阀	装置
2	I0.1	工件夹紧检测		2	Q0.1		
3	I0.2	加工台伸出到位		3	Q0.2	料台伸缩电磁阀	
4	I0.3	加工台缩回到位		4	Q0.3	加工压头电磁阀	
5	I0.4	加工压头上限		5	Q0.4		
6	I0.5	加工压头下限		6	Q0.5		
7	I0.6			7	Q0.6		
8	I0.7			8	Q0.7		
9	I1.0			9	Q1.0	正常工作指示	按钮/指示灯模块
10	I1.1			10	Q1.1	运行指示	
11	I1.2	停止按钮	按钮/指示灯模块				
12	I1.3	起动按钮					
13	I1.4	急停按钮					
14	I1.5	单机/联机					

3. 供料单元与加工单元 PPI 通信连接

表 5-9 为供料单元与加工单元之间的 PPI 通信数据规划表。

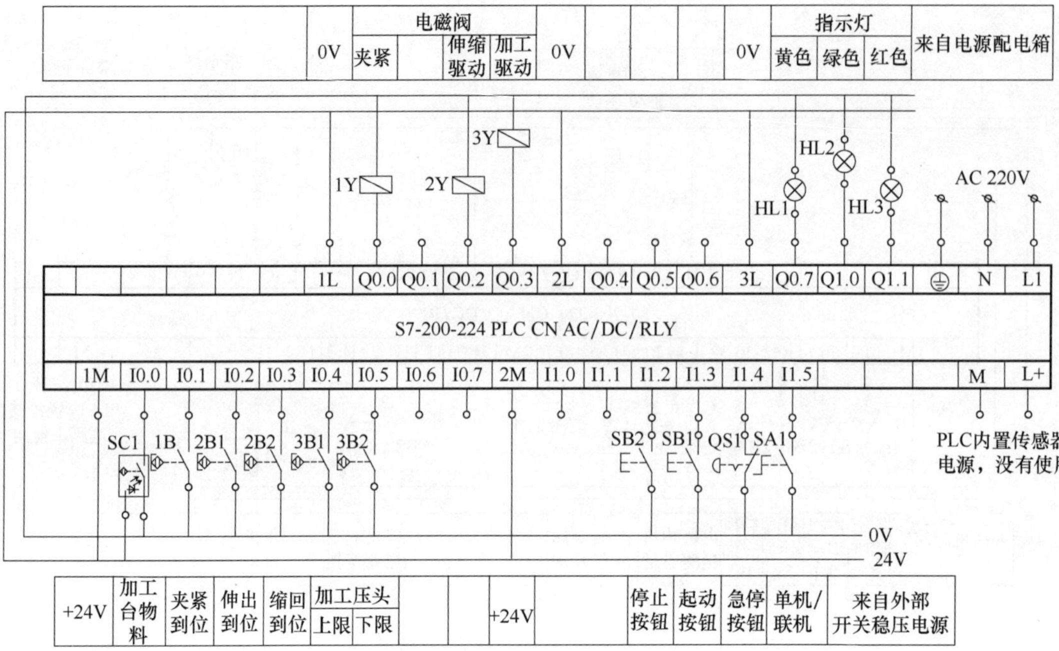

图 5-51　加工单元外部接线图

表 5-9　供料单元与加工单元之间的 PPI 通信数据规划表

站名	通信地址	地址功能
供料单元	V500. 0	供料单元接收加工单元的供料请求信号
	V500. 1	供料单元接收加工单元的料台缩回信号
	V500. 2	供料单元接收加工单元的手爪夹紧信号
	V500. 3	供料单元接收加工单元的压头下降信号
加工单元	V500. 0	加工单元发送给供料单元的供料请求信号
	V500. 1	加工单元发送给供料单元的料台缩回信号
	V500. 2	加工单元发送给供料单元的手爪夹紧信号
	V500. 3	加工单元发送给供料单元的压头下降信号

完成这供料单元和加工单元的数据规划后，用 PPI 通信线缆将两个单元连接起来，将网络连接器分别连接并锁紧到两个单元的 PLC 的端口 0 和端口 1 上，并将网络连接器的终端电阻开关拨到“OFF”位置。注意：必须断电时连接 PPI 网络连接线，再利用编程软件将两个单元的 PLC 通信传输速率设置为相同数值，供料单元的地址设置为 2，加工单元的地址设置为 3，站地址及通信传输速率的设置方法见工作任务 1. 1。

完成这两个单元的 PPI 网络连接后，供料单元作为主站，加工单元作为从站，网络读/写操作在供料单元 PLC 程序中完成，根据两个单元 PPI 通信的数据分配方案，只要在读/写指令向导中配置一个网络读指令即可，具体如图 5-52 所示

4. 供料单元及加工单元 PLC 控制程序

1）供料单元 PLC 控制程序如图 5-53 所示。网络 1 调用通信子程序，供料单元读取加工单元发出的供料请求信号及其各个运动部件的状态；网络 2 初始化，保证顶料气缸及推料气缸缩回到位；网络 3 是当收到加工单元发来的供料请求信号，并且供料台无工件、料仓工件足够、顶料气

缸及推料气缸均缩回到位时，顶料气缸伸出顶住从下向上数第2个工件；网络4是当传感器检测到顶料气缸伸出到位后，发出信号使得推料气缸伸出，推出最下面的工件；网络5是传感器检测到推料气缸伸出到位后，发出信号使得推料气缸缩回；网络6是当传感器检测到推料气缸缩回到位后，在顶料气缸伸出的情况下发出信号使得顶料气缸缩回。

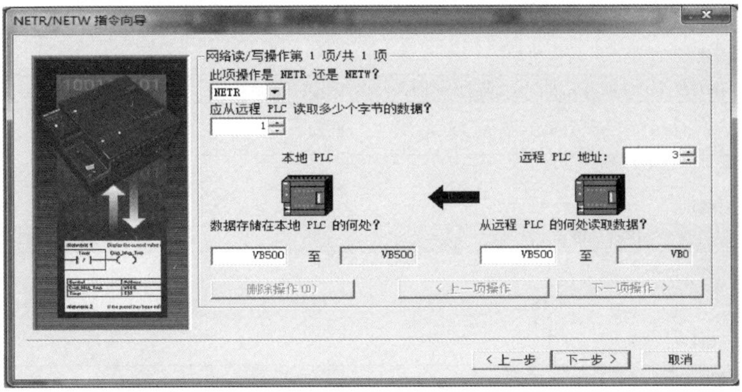

图5-52 配置一个网络读指令

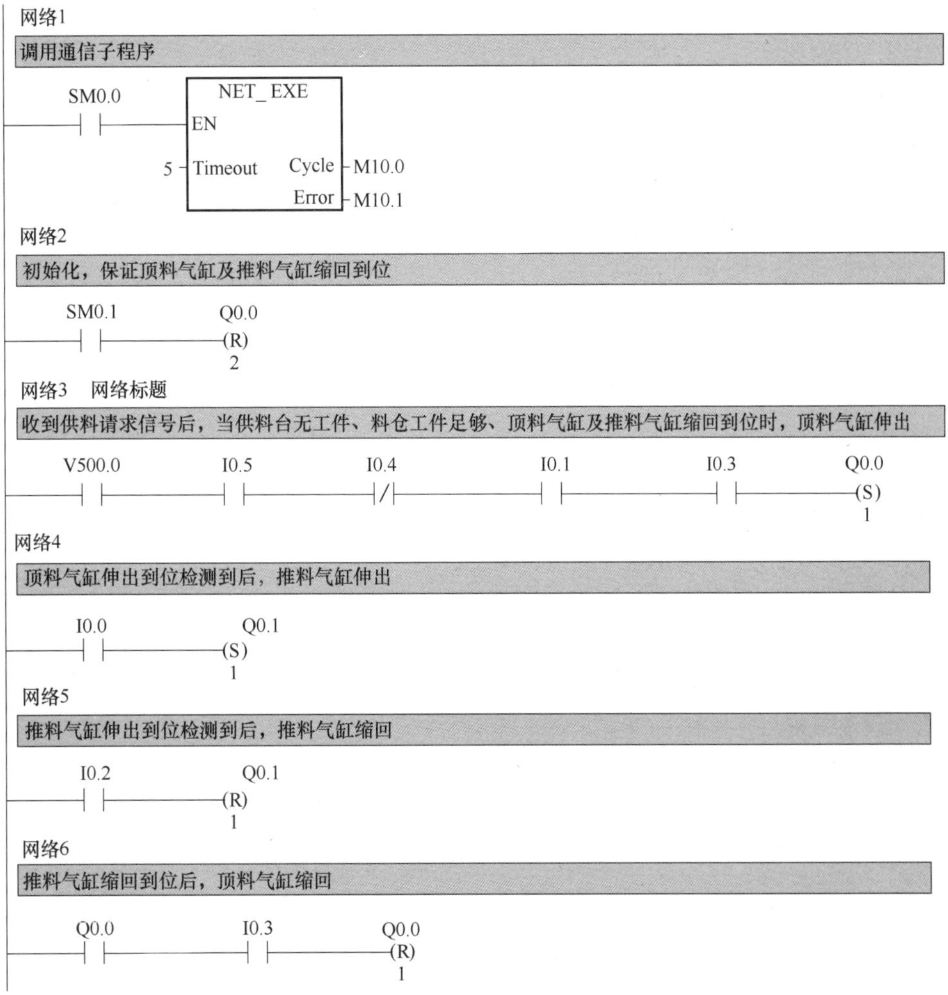

图5-53 供料单元PLC控制程序

2）加工单元 PLC 程序如图 5-54 所示。当加工单元供料台检测到无工件，且夹紧气缸松开、

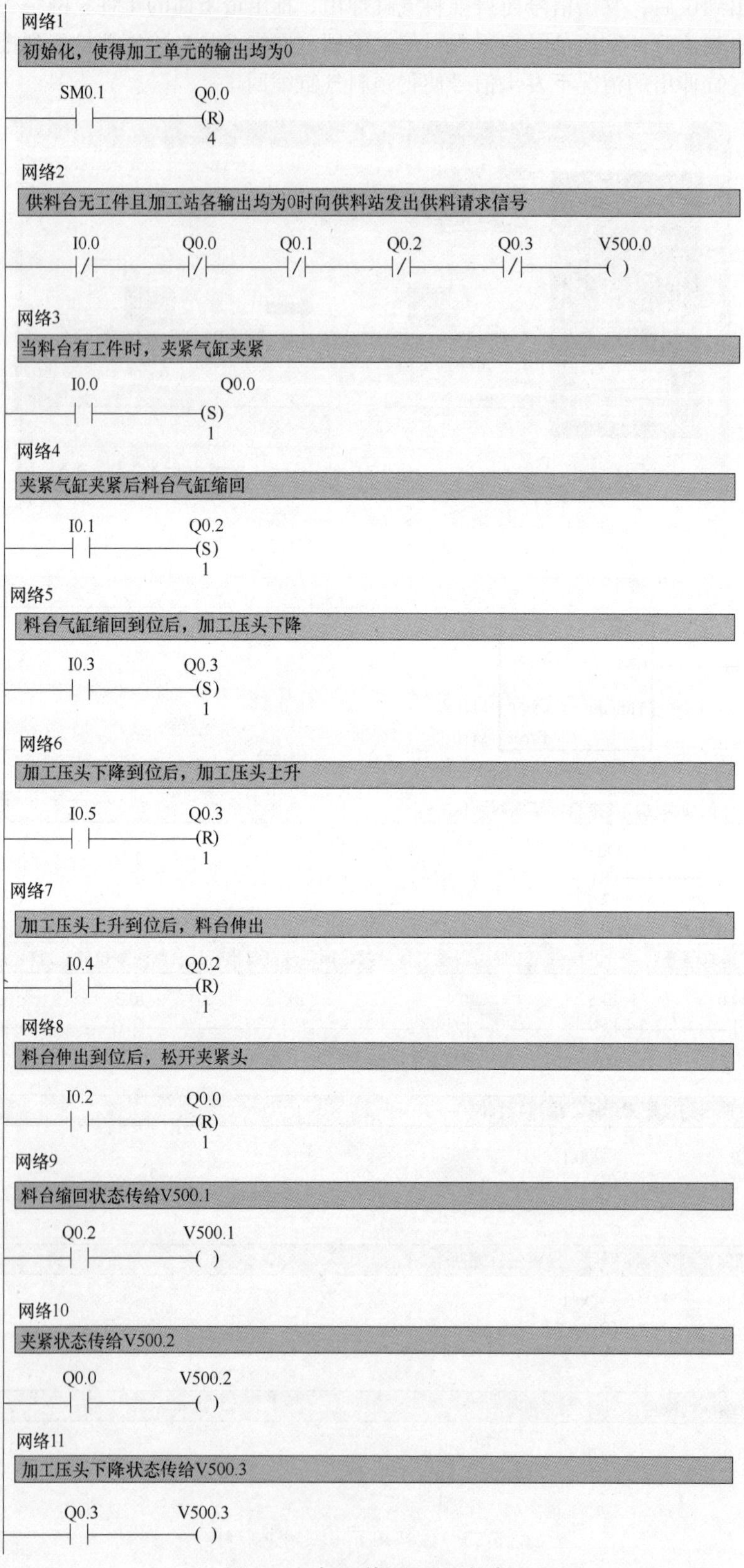

图 5-54　加工单元 PLC 程序

料台处于伸出状态、加工气缸处于缩回状态时，加工单元向供料单元发出供料请求信号；当料台有待加工工件时，首先夹紧气缸夹紧，传感器 I0.1 检测到气缸夹紧时，料台气缸缩回；传感器 I0.3 检测到料台气缸缩回到位后，加工压头下降，传感器 I0.5 检测到加工压头下降到位后，使得 PLC 控制加工压头下降的输出信号为 0；加工压头上升到位，传感器 I0.4 检测到后，PLC 控制料台缩回的输出信号为 0，使得料台伸出，当料台伸出到位后，夹紧头松开，然后人工取走工件。

5. 两站联网运行的组态监控

打开 MCGSE 组态环境，首先建立一个工程，命名为“两站联网运行组态监控”，在“工作台”界面单击“用户窗口”，新建两个监控窗口，分别为供料站监控及加工站监控，如图 5-55 所示，然后分别设计两个单元的组态监控工程。

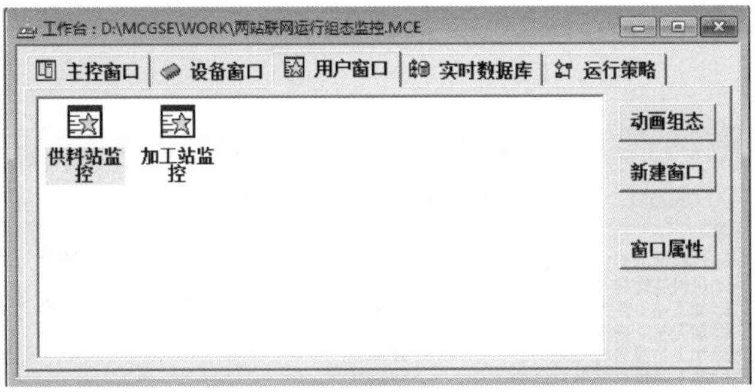

图 5-55　新建两个监控窗口

供料站组态监控界面设计

(1) 组态供料单元监控画面

根据供料单元的空间结构及动作过程，设计如图 5-56 所示的供料单元监控画面。

(2) 组态加工单元监控画面

加工单元只需完成模拟冲压的过程。气爪传感器检测到物料，气爪夹紧，伸缩气缸缩回，加工冲压气缸冲压，然后伸缩气缸伸出，气爪松开，监控画面如图 5-57 所示。

加工站组态监控界面设计

(3) 组态监控工程数据词典

为实现对供料单元及加工单元运行过程的实时监控，组态监控工程的数据词典数据对象定义如图 5-58 所示

(4) 监控工程动画连接方式选择及参数设置

为实现设备运行过程的动态显示及监控，必须选择合适的动画连接方式，并根据运动部件图形元素大小及位置进行合理的参数设置。

1) 供料单元推料气缸动画连接设置。为实现对供料单元运行过程的监控，必须选择合适的动画连接方式并对相关参数进行设置。为实现推料

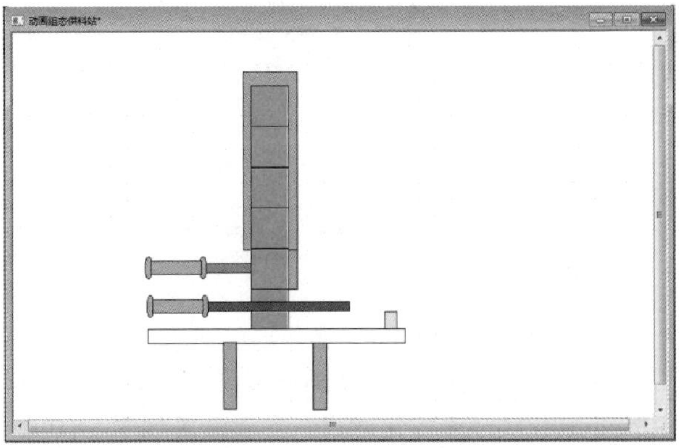

图 5-56　供料单元监控画面

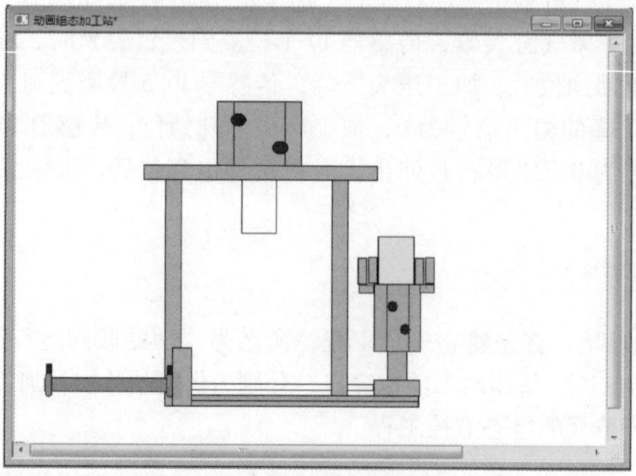

图 5-57　加工单元监控画面

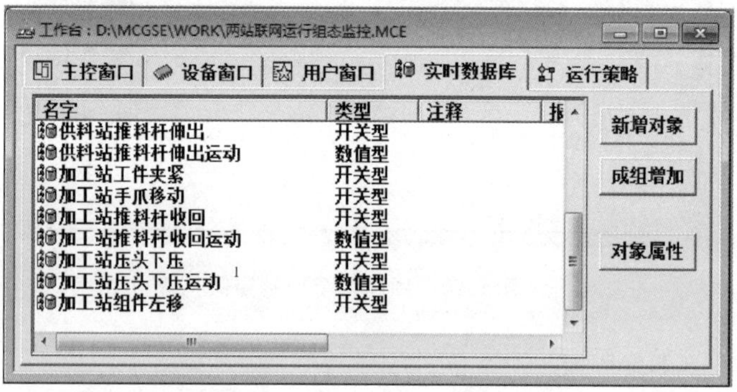

图 5-58　监控工程数据词典定义

杆的推出及缩回运动，对推料杆图形元素采用大小变化的动画连接方式，参数设置如图 5-59所示。

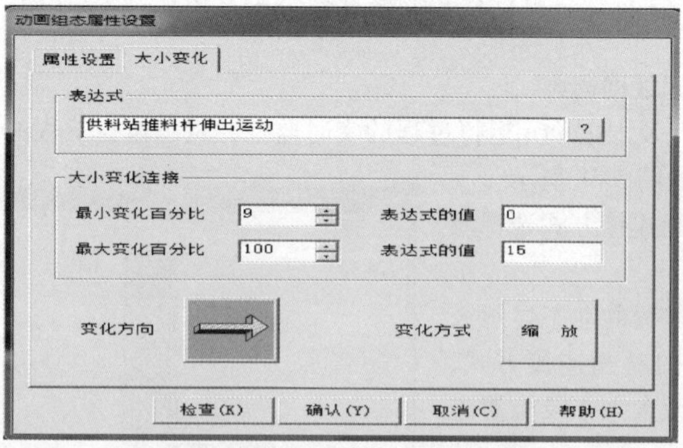

图 5-59　推料杆动画连接参数设置

2）供料单元顶料气缸动画连接设置。为实现顶料杆的推出及缩回运动，对顶料杆图形元素采用大小变化的动画连接方式，参数设置如图 5-60 所示。

3）供料单元工件右移动画连接设置。为实现最下面工件右移的动画效果，采用水平移动的

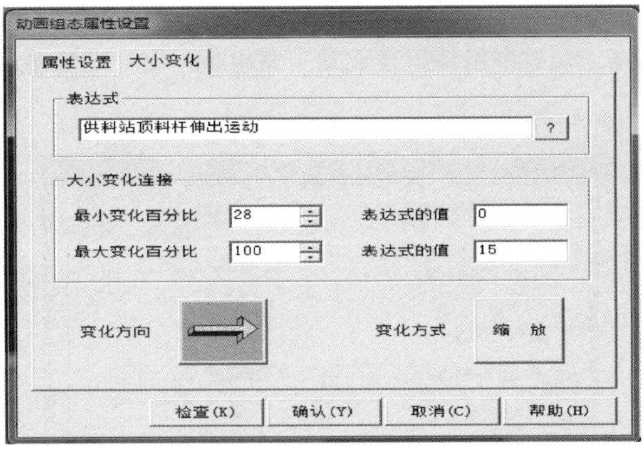

图 5-60　顶料杆动画连接参数设置

动画连接方式，参数设置如图 5-61 所示。

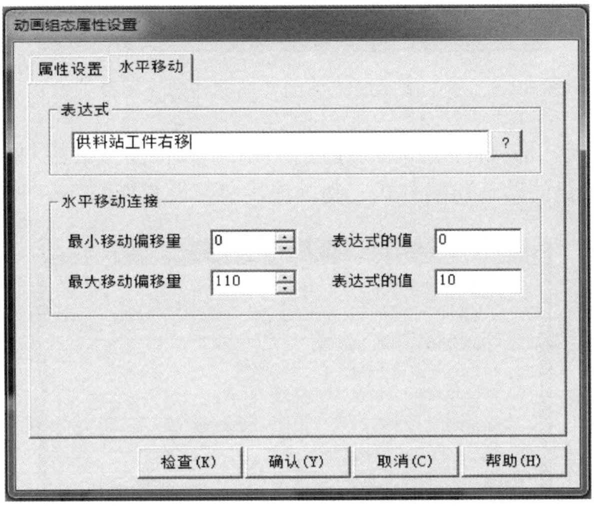

图 5-61　供料单元工件右移动画连接参数设置

4）供料单元工件组下移动画连接设置。当推料杆将最下面的工件推出后马上缩回，此时顶料杆缩回，上面工件组在重力作用下向下移动到底，对上面的工件组应采用垂直移动的动画连接方式，动画连接参数设置如图 5-62 所示。

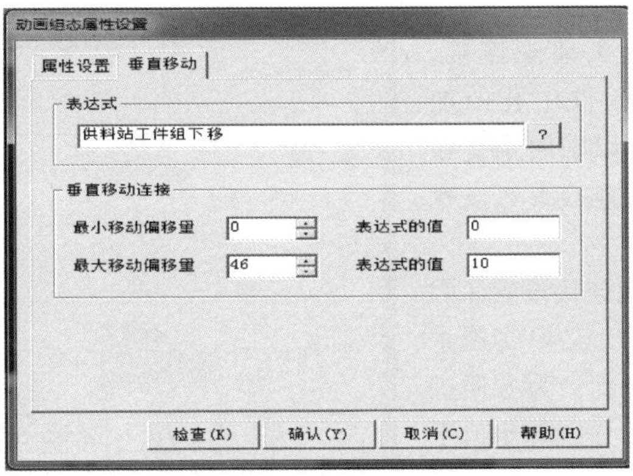

图 5-62　工件组下移动画连接参数设置

5）加工单元加工站组件左移动画连接。因为加工台的组件较多，这些组件的运动方式一致，为方便动画连接设置，将这些组件组合成加工站组件，统一设置动画连接方式，如图 5-63 所示。

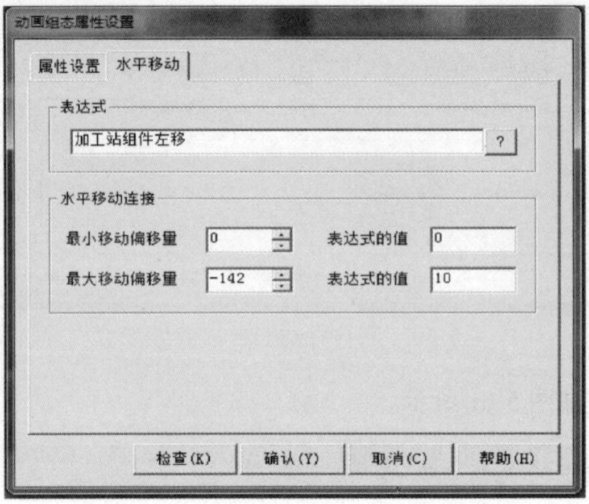

图 5-63　加工单元加工站组件左移动画连接参数设置

6）加工单元伸缩气缸推料杆收回动画连接。加工单元伸缩气缸推料杆将加工台回拉到加工位置，因此采用大小变化的动画连接方式，动画连接参数设置如图 5-64 所示。

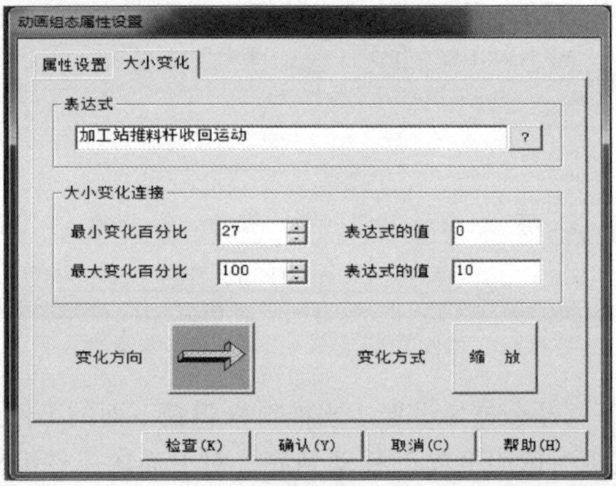

图 5-64　加工单元伸缩气缸推料杆收回动画连接参数设置

7）加工单元加工压头动画连接。加工单元加工压头完成工件中孔的加工，因为其向下运动，所以采用垂直移动的动画连接方式，动画连接参数设置如图 5-65 所示。

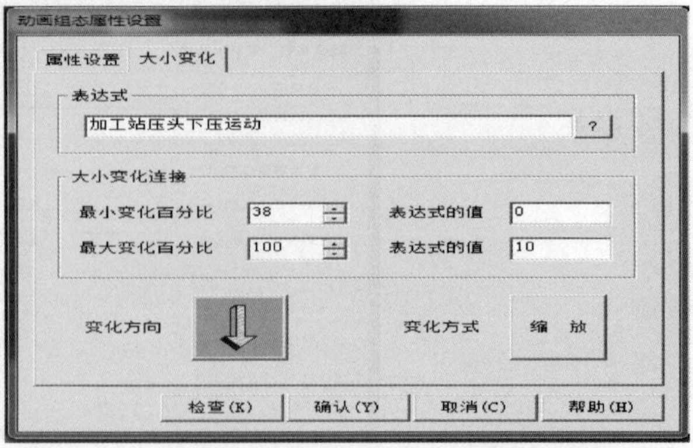

图 5-65　加工单元加工压头动画连接参数设置

8）加工单元手爪动画连接设置。因为手爪既要实现夹紧运动，又要实现水平左移到加工台位置的运动，为方便进行动画连接设置，将手爪分为两组，手爪 1 实现夹紧运动，手爪 1 初始位于松开位置，当运动到夹紧位置后即消失，手爪 2 实现水平左移到加工台位置，初始状态为不可见，当实现夹紧运动的手爪 1 运动到位后才可出现，两组手爪的动画连接设置如图 5-66~图 5-69 所示。

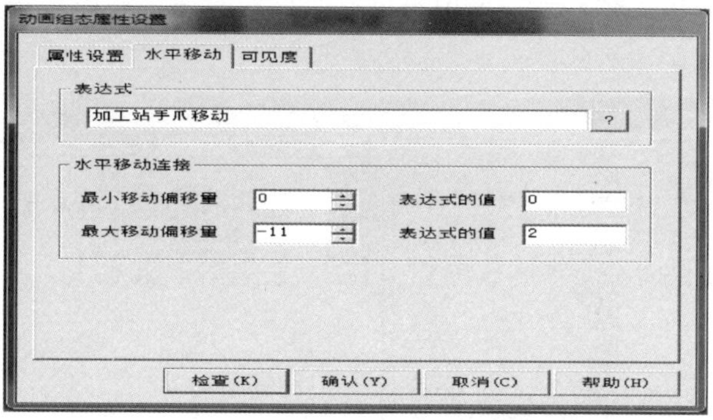

图 5-66　加工单元手爪 1 水平移动动画连接设置

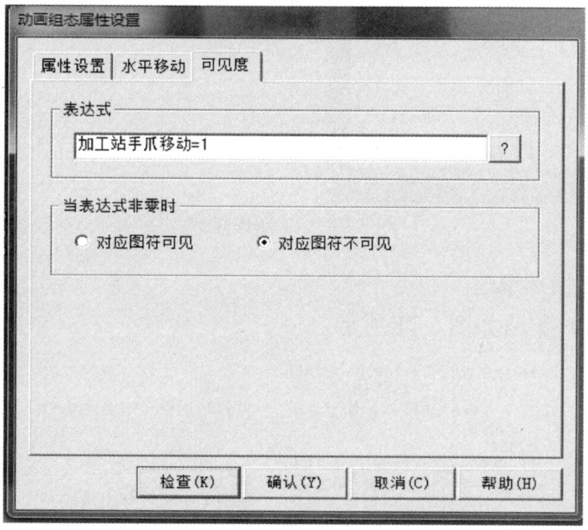

图 5-67　手爪 1 可见度动画连接

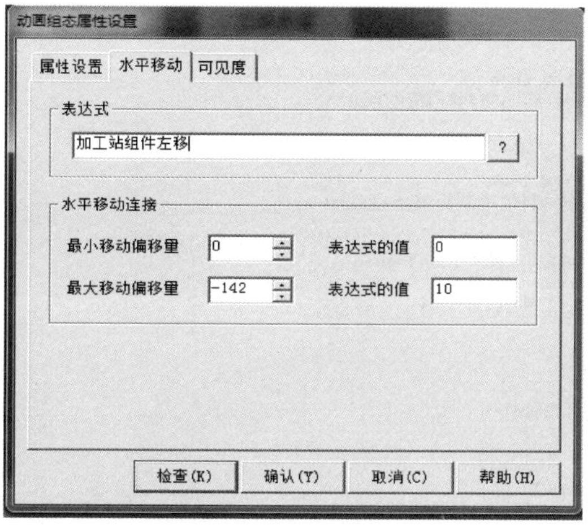

图 5-68　手爪 2 水平移动动画连接设置

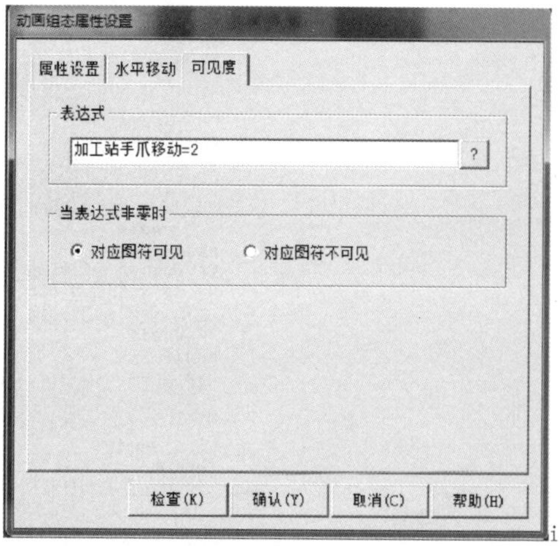

图 5-69　手爪 2 可见度动画连接

（5）设备连接

为实现嵌入式组态软件 MCGS 对设备实时运行状态的监控，必须将实时数据库中的变量与 PLC 存储区当中的控制位连接起来，使两者的状态同步对应，具体连接方法见工作任务 5.1，图 5-70为设备连接表。

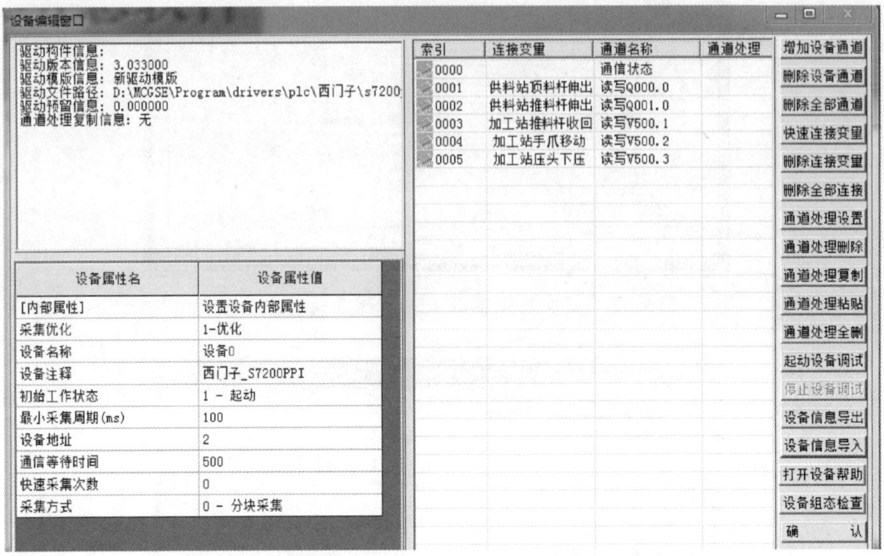

图 5-70　设备连接表

（6）组态监控工程循环策略

组态监控工程的循环策略如图 5-71 所示。

```
if 供料站顶料杆伸出=1 then
  if 供料站顶料杆伸出运动<=15 then
     供料站顶料杆伸出运动 = 供料站顶料杆伸出运动+1
  endif
endif
if 供料站推料杆伸出=1 then
    if 供料站推料杆伸出运动<=15 then
     供料站推料杆伸出运动 = 供料站推料杆伸出运动+1
     if(供料站推料杆伸出运动>=5)  then
        if 供料站工件右移<=10 then
           供料站工件右移 = 供料站工件右移 +1
        endif
     endif
  endif
endif
if 供料站推料杆伸出=0 then
    if   供料站推料杆伸出运动>=0 then
         供料站推料杆伸出运动=供料站推料杆伸出运动-1
    endif
endif
if 供料站顶料杆伸出=0 then
    if   供料站顶料杆伸出运动>=0 then
         供料站顶料杆伸出运动=供料站顶料杆伸出运动-1
    endif
endif
if 供料站顶料杆伸出=0 and 供料站工件右移=11 then
   if 供料站工件组下行<=10 then
    供料站工件组下行 =供料站工件组下行 +1
   endif
endif
 if 加工站工件夹紧=1 then
     if 加工站手爪移动<2 then
       加工站手爪移动 = 加工站手爪移动+1
     endif
 endif
 if 加工站推料杆收回=1 then
     if 加工站推料杆收回运动>0 then
        加工站推料杆收回运动 = 加工站推料杆收回运动 - 1
     endif
     if 加工站组件左移<10 then
        加工站组件左移 = 加工站组件左移 + 1
     endif
```

图 5-71　组态监控工程的循环策略

```
endif
if 加工站压头下压=1 then
    if 加工站压头下压运动<=10 then
        加工站压头下压运动 = 加工站压头下压运动 + 1
    endif
endif
if 加工站压头下压=0 then
    if 加工站压头下压运动>0 then
        加工站压头下压运动 = 加工站压头下压运动 - 1
    endif
endif
if 加工站推料杆收回=0 then
    if 加工站推料杆收回运动<10 then
        加工站推料杆收回运动 = 加工站推料杆收回运动 +1
    endif
    if 加工站组件左移>0 then
        加工站组件左移 = 加工站组件左移 - 1
    endif
endif
if 加工站工件夹紧=0 then
    if 加工站手爪移动>0 then
        加工站手爪移动 = 加工站手爪移动-1
    endif
endif
```

图 5-71　组态监控工程的循环策略（续）

「练习反馈」

1）如何设计供料单元及加工单元的监控画面？

2）如何选择供料单元及加工单元的动画连接方式？

3）如何设计供料单元及加工单元的循环策略？

工作任务 5.4　组态王软件在自动生产线中的应用

「任务描述」

自动生产线可通过 PLC 实现控制功能，组态监控系统则通过读取 PLC 中的数据实现对下位机的实时监控。本任务使用组态王软件达到以下要求：与采集、控制设备间进行数据交换；使来自设备的数据与计算机图形画面上的各元素关联起来；处理数据报警及系统报警；存储历史数据并支持历史数据的查询。

「任务目标」

1）掌握组态王软件的具体使用方法。

2）掌握组态王软件在自动生产线的应用。

「任务准备」

任务准备内容见表 5-10。

表 5-10　任务准备

序号	硬件	软件
1	CPU 226 DC/DC/DC	STEP7-Micro/WIN
2		组态王 6.60 SP2

「相关知识」

1. MPS 生产线简介

MPS（Modular Production System，模块化生产加工系统）生产线各站的 PLC 通过 PPI、PROFIBUS 总线相互传输、交换数据，组态王与 PLC 之间通过编程通信接口完成通信数据交流。通过 PC/PPI 连接电缆将计算机的串口连接到主站上料检测站的通信端口上，并通过 PPI 或 PROFIBUS 总线网络对各个站实时监控，具体的连接示意图如图 5-72 所示。

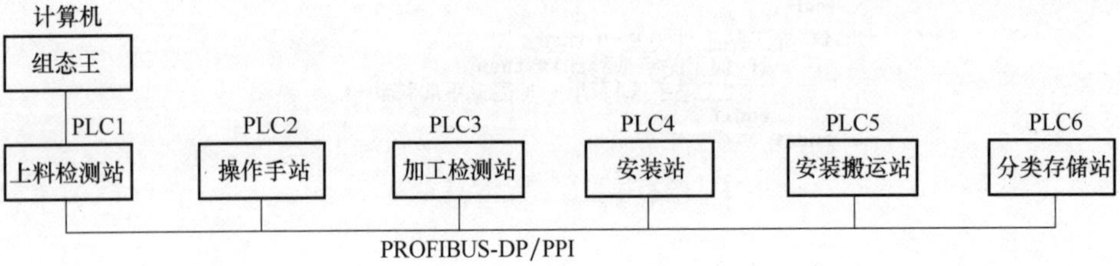

图 5-72　生产线的连接示意图

MPS 生产线工作流程：上料检测站将大工件顺次从料仓输出、提升后判断颜色并输出；操作手站将大工件从上料检测站搬至加工检测站；加工检测站将大工件加工后送到输出工位；安装搬运站将大工件搬至安装工位放下；安装站再将对应的小工件装入大工件中；安装搬运站再将安装好的工件送入分类存储站，分类存储站再将工件送入相应的料仓。

为了保证系统中各站能联网运行，必须将各站的 PLC 连接在一起使独立的各站间能交换信息。而且，加工过程中所产生的数据，如工件颜色装配信息等，也需要能向下传送，以保证工作正确。

系统中工件从一站到另一站的物流功能流程图如图 5-73 所示。

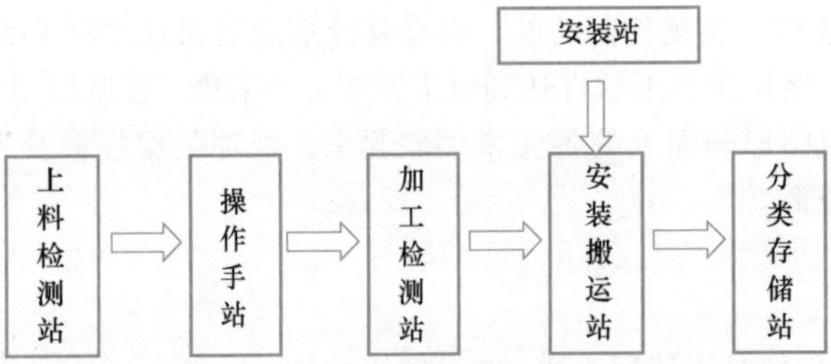

图 5-73　自动生产线物流功能流程图

2. 组态王报警

报警是指当系统中某些量的值超过了所规定的界限时，系统自动产生相应警告信息，表明该量的值已经超限，以提醒操作人员。

在监控系统中，为了方便查看、记录和区别，要将变量产生的报警信息归到不同的组中。

（1）报警组

报警组按树状组织结构，如图 5-74 所示，默认只有 1 个根节点，默认名为 RootNode（可以改为其他名称）。可以通过报警组定义对话框为这个结构加入多个节点和子节点。

组态王中最多可以定义 512 个节点的报警组。

通过报警组名可以按组处理变量的报警事件，如报警窗口可以按组显示报警事件，报警事件也可按组进行记录，还可以按组对报警事件进行报警确认。

定义报警组后，组态王会按照定义报警组的先后顺序为每一个报警组设定1个ID号，在引用变量的报警组域时，系统显示的都是报警组的ID号，而不是报警组名称（组态王提供获取报警组名称的函数GetGroupName()）。每个报警组的ID号是固定的，当删除某个报警组后，其他的报警组ID都不会发生变化，新增加的报警组也不会再占用这个ID号。

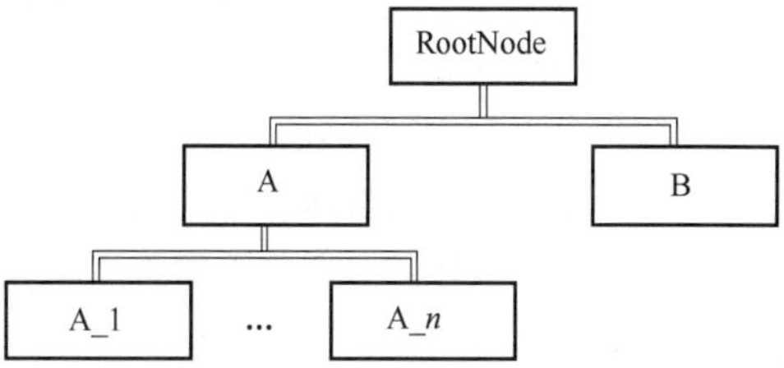

图5-74 报警组树状结构

在组态王工程浏览器的目录树中选择“数据库”→“报警组”，如图5-75所示。

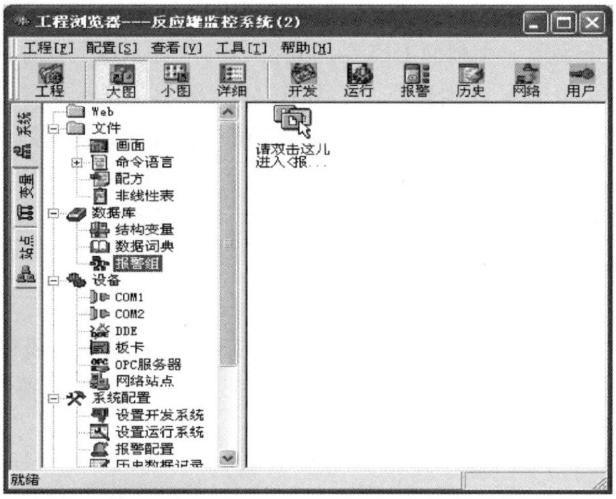

图5-75 进入报警组

（2）报警属性

在使用报警功能前，必须先要对变量的报警属性进行定义。组态王的变量中模拟型（包括整型和实型）变量和离散型变量可以定义报警属性。

在组态王工程浏览器的目录树中选择“数据库”→“数据词典”，新建一个变量或选择一个原有变量双击它，在弹出的“定义变量”对话框中选择“报警定义”选项卡，如图5-76所示。

“报警定义”选项卡可以分为以下几个部分：

1）报警组名。单击“报警组名”后的按钮，会弹出“选择报警组”对话框，该对话框中列出了所有已定义的报警组，选择其一，确认后，则该变量的报警信息就属于当前选中的报警组。

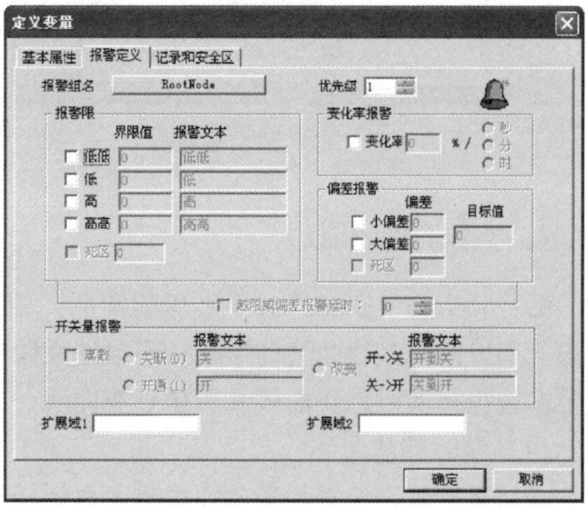

图5-76 “报警定义”选项卡

2）优先级选项。主要是指报警的级别，有利于操作人员区别报警的紧急程度。报警优先级的范围为1~999，1为最高，999最低。

3）模拟量报警定义区域。如果当前的变量为模拟量，则这些选项是有效的。

4）开关量报警定义区域。如果当前的变量为离散量，则这些选项是有效的。

5）报警的扩展域定义。报警的扩展域共有两个，主要是对报警的补充说明、解释。

3. 组态王数据报表

数据报表是反应生产过程中的数据、运行状态等，并对数据进行记录、统计的一种工具，反映了系统实时的生产情况，对长期的生产过程进行了统计、分析；使管理人员能够实时掌握和分析生产情况。数据报表分为实时数据报表和历史数据报表，实时数据报表显示系统实时数据，按照单元格中设置的函数、公式等实时刷新单元格的数据；历史数据报表记录以往生产的历史数据。

进入组态王开发系统，创建一个新的画面，在组态王工具箱中，左击“报表窗口”按钮，此时，鼠标箭头变为小十字形，在画面上需要加入报表的位置，按下鼠标左键，并拖动，画出一个矩形，松开鼠标左键，报表窗口创建成功，如图5-77所示。鼠标箭头移动到报表区域周边，当鼠标箭头变为双十字形箭头时，按下左键拖动表格窗口，改变其在画面上的位置。将鼠标挪到报表窗口边缘带箭头的小矩形上，这时鼠标箭头方向变为与小矩形内箭头方向相同，按下鼠标左键并拖动，可以改变报表窗口的大小。当在画面中选中报表窗口时，会自动弹出报表工具箱；不选择时，报表工具箱自动消失。

组态王中每个报表窗口都要定义一个唯一的标识名，该标识名的定义应该符合组态王的命名规则，标识名字符串的最大长度为31。双击报表窗口的灰色部分（表格单元格区域外没有单元格的部分），弹出“报表设计”对话框，如图5-78所示。该对话框主要设置报表的名称、报表表格的行列数目以及选择套用的表格样式。

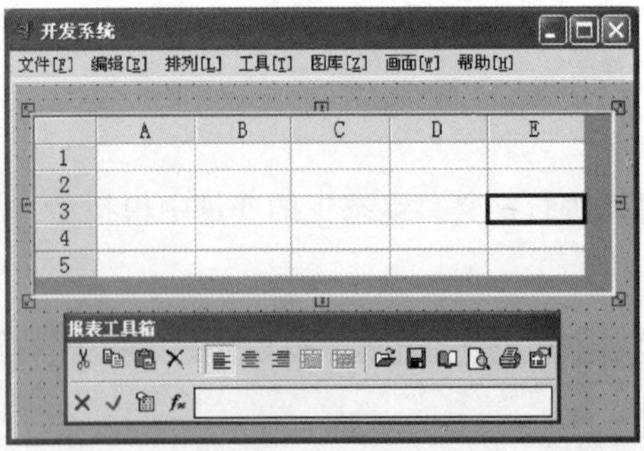

图5-77 报表窗口创建成功

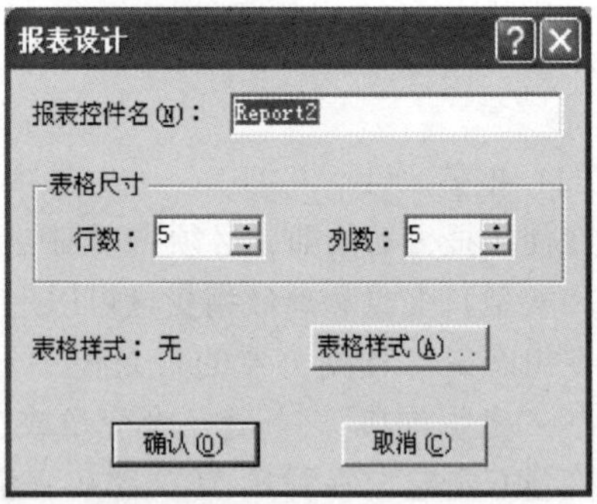

图5-78 “报表设计”对话框

4. 组态王趋势曲线

趋势分析是控制软件必不可少的功能，组态王对该功能提供了强有力的支持和简单的控制方法。趋势曲线是以曲线的形式，形象地反映生产现场实时或历史数据信息。根据显示的数据，趋势曲线包括实时趋势曲线和历史趋势曲线。

（1）实时趋势曲线

画面运行时，实时趋势曲线对象由系统随时间自动更新，不需要变量进行历史记录，可以在一个图中显示多条曲线。

在组态王开发系统中制作画面时，选择菜单“工具”→“实时趋势曲线”或单击工具箱中的“实时趋势曲线”按钮，此时鼠标在画面中变为十字形，在画面中用鼠标画出一个矩形，实时趋势曲线就在这个矩形中绘制，如图5-79所示。

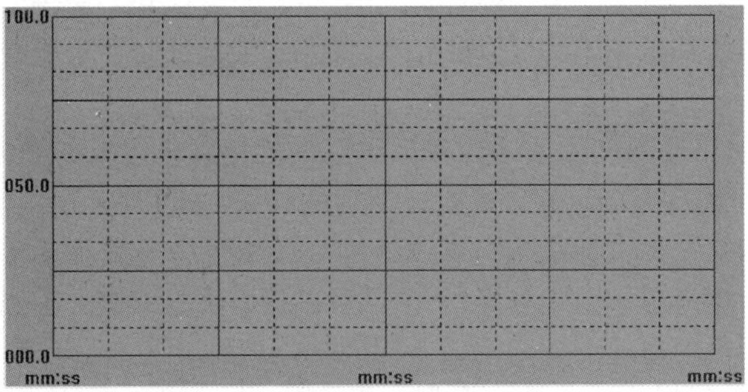

图5-79 实时趋势曲线绘制区域

（2）历史趋势曲线

组态王提供3种形式的历史趋势曲线。

第1种是从图库中调用已经定义好各功能按钮的历史趋势曲线，对于这种历史趋势曲线，用户只需要定义几个相关变量，适当调整曲线外观即可完成历史趋势曲线的复杂功能，使用简单方便。该控件最多可以绘制8条曲线，但无法实现曲线打印功能。

第2种是调用历史趋势曲线控件，该功能很强大，使用比较简单。通过该控件，不但可以实现组态王历史数据的曲线绘制，还可以实现ODBC（开放数据库互联）中数据记录的曲线绘制，而且在运行状态下，可以实现在线动态增加/删除曲线、曲线图表的无级缩放、曲线的动态比较和曲线的打印等。

第3种是从工具箱中调用历史趋势曲线，对于这种历史趋势曲线，用户需要对曲线的各个操作按钮进行定义，即建立命令语言连接才能操作历史曲线，用户使用这种历史趋势曲线时自主性较强，能画出个性化的历史趋势曲线。该控件最多可以绘制8条曲线，但无法实现曲线打印功能。

无论使用哪一种历史趋势曲线，都要进行相关配置，主要包括变量属性配置和历史数据文件存放位置配置。

5. 组态王连接数据库（SQL）

组态王SQL访问功能是为了实现组态王和其他ODBC之间的数据传输，它包括组态王SQL访问管理器的应用、如何配置与各种数据库的连接和SQL函数的使用。

组态王SQL访问管理器用来建立数据库列和组态王变量之间的联系。通过表格模板在数据库中创建表格，表格模板信息存储在SQL. DEF文件中；通过记录体建立数据库表格列和组态王之间的联系，允许组态王通过记录体直接操纵数据库中的数据，这种联系存储在BIND. DEF文件中。

组态王可以与其他外部数据库（支持ODBC访问接口）进行数据传输。首先在系统ODBC数据源中添加数据库，然后通过组态王SQL访问管理器和SQL函数实现各种操作。

组态王SQL函数可以在组态王的任意一种命令语言中调用。这些函数可以实现创建表格，插入、删除记录，编辑已有的表格，清空、删除表格，查询记录等操作。

6. 冗余系统

组态王提供了全面的冗余功能，能够有效地减少数据丢失的可能，增加了系统的可靠性，方便了系统的维护。组态王提供三重意义上的冗余功能，即双设备冗余、双机热备和双网络冗余。

7. 组态王网络连接

组态王完全基于网络的概念，是一种真正的客户-服务器模式，支持分布式历史数据库和分布式报警系统，可运行在基于TCP/IP的网络上，使用户能够实现上、下位机以及更高层次的厂级联网。

TCP/IP提供了在由不同硬件体系结构和操作系统的计算机组成的网络上进行通信的能力。一台PC通过TCP/IP可以和多个远程计算机（即远程节点）进行通信。

组态王的网络结构是一种柔性结构，可以将整个应用程序分配给多个服务器，可以引用远程站点的变量到本地使用（显示、计算等），这样可以提高项目的整体容量结构并改善系统的性能。服务器可以基于项目中物理设备结构或不同的功能分配，用户可以根据系统需要设立专门的I/O服务器、历史数据服务器、报警服务器、登录服务器和Web服务器等。

8. 生产线监控系统设计中所使用的函数

（1）Bit（Var，bitNo）

因为各站状态数据以字节型存入到PLC的V区，所以需要采用Bit函数提取各站状态。当需要向各站写入数据时，采用位设置BitSet函数。

Bit函数用以取得一个整型或实型变量某一位的值（0或1）。调用格式为：

```
OnOff=Bit(Var,bitNo);
```

其中，OnOff为离散变量；Var为整型或实型变量；bitNo为位的序号，取值1~16；若变量Var的第bitNo位为1，则返回值OnOff为1。

（2）BitSet（Var，bitNo，OnOff）

BitSet函数将一个整型或实型变量的任一位置为指定值（0或1）。调用格式：

```
BitSet(Var,bitNo,OnOff)
```

其中，Var为整型或实型变量；bitNo为位的序号，取值1~16；OnOff为位的设定值。

注意：对于I/O变量来说，BitSet函数只用于可读可写的变量。

（3）Exit（Option）

Exit函数可退出组态王运行环境。调用格式：

```
Exit(Option);
```

其中，Option为整型变量或数值；0-退出当前程序；1-关机；2-重新启动windows。

「任务实施」

1. 创建新工程

双击桌面快捷图标“组态王6.60 ”，启动组态王工程管理器，如图5-80所示。选择菜单“文件”→“新建工程”或直接单击“新建图标”，出现新建工程向导对话框。选择路径，输入名称“生产线监控”，该工程名称同时将被作为当前工程的路径名称；单击“完成”按钮。选择“文件”→“设为当前工程”，可将新建工程设为当前工程，定义的工程信息会出现在工程管理器的信息表格中。

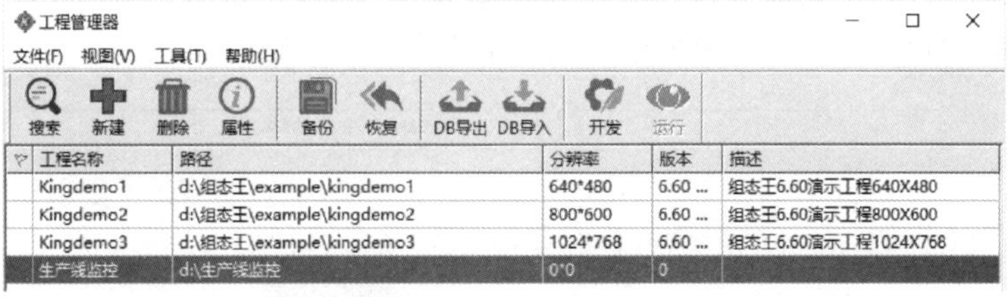

图 5-80　“组态王工程管理器”窗口

双击“生产线监控”工程，进入组态王工程浏览器，如图 5-81 所示。

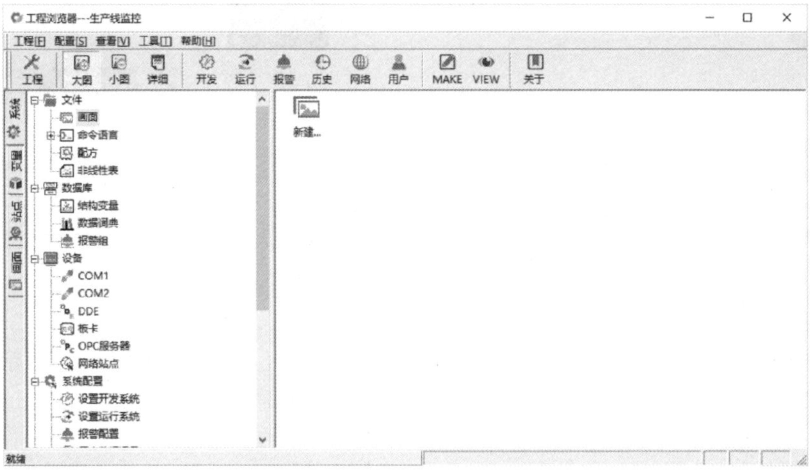

图 5-81　组态王“工程浏览器”窗口

2. 新建设备

外部设备有 PLC、智能仪表、智能模块、变频器和计算机数据采集板卡等，它们通常采用串行口或并行总线的方式与组态王通信交换数据；外部设备还包括通过 DDE 设备交换数据的其他 Windows 应用程序以及网络上的其他计算机。只有在定义了外部设备之后，组态王才能通过 I/O 变量与其交换数据。通过设备配置向导，可以快速完成设备配置。

本任务使用西门子 S7-200 PLC，PLC 与组态王的通信协议采用 PPI。使用 COM1 口与 PLC 硬件连接，主站 PLC 的 Port1 地址为 2。选择数据不打包，地址设置为 2.0。双击 COM1 设置传输速率以及通信方式，传输速率设置与 PLC 的 Port1 通信速率保持一致，通信方式为 RS-485。具体的设备配置过程如下。

1）在组态王工程浏览器的左侧选中“设备”，之后在右侧双击“新建”图标，运行设备配置向导。按照如图 5-82 所示选择 PLC 设备，依次选择“PLC”→“西门子”→“S7-200 系列”→“PPI”，单击“下一页（N）”。

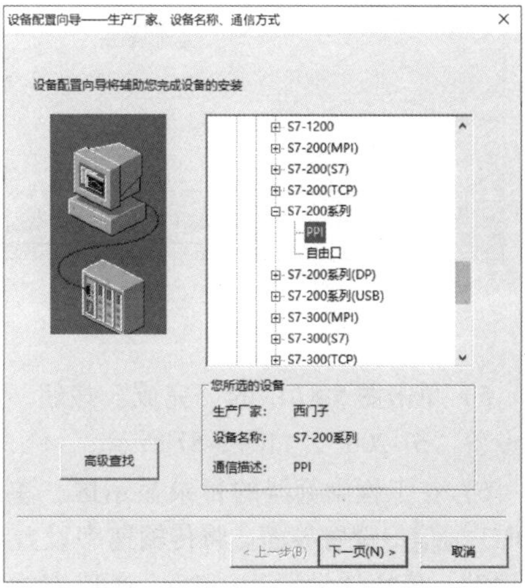

图 5-82　选择 PLC 设备

2）将外部设备命名为“S7200”，如图 5-83 所示，单击“下一页（N）”。

3）根据计算机的串口地址选择连接串口，如选择 COM1，如图 5-84 所示，单击“下一页（N）”；进行设备地址设置，如图 5-85 所示，单击“下一页（N）”。

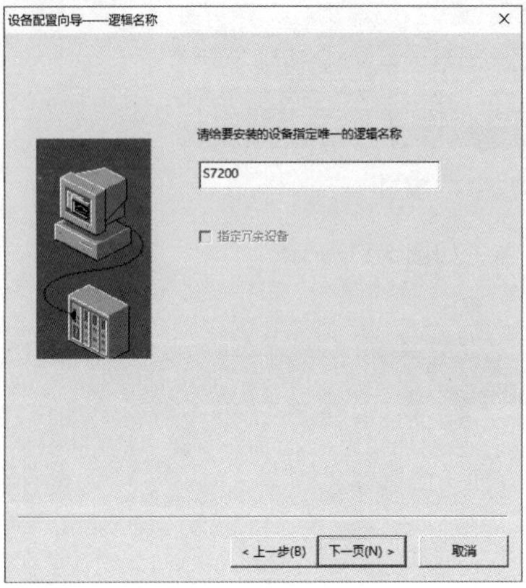

图 5-83　设置逻辑名称

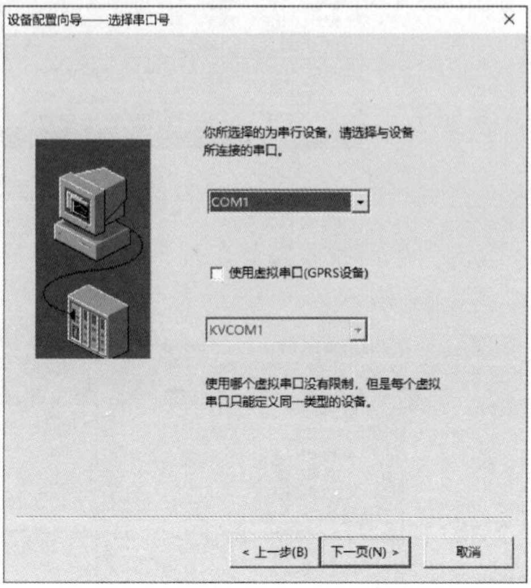

图 5-84　选择连接串口

4）通信故障恢复参数采用默认设置即可，单击“下一页（N）”，如图 5-86 所示。

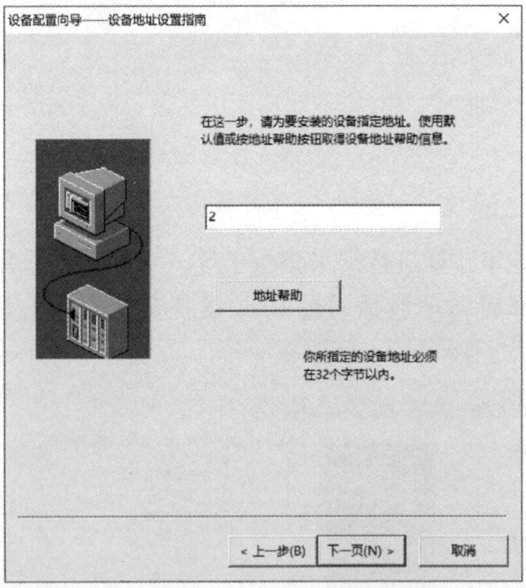

图 5-85　设备地址设置

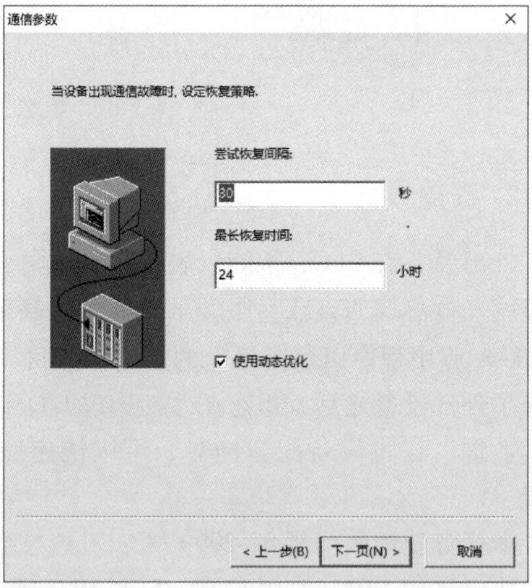

图 5-86　通信故障恢复参数设置

5）单击图 5-87 中的“完成”按钮，设备定义完成后，可以在工程浏览器右侧看到新建的外部设备“S7-200”，如图 5-87 所示。

6）在工程浏览器的目录显示区，左击大纲项设备下的成员 COM1，弹出如图 5-88 所示的 COM1 通信口设置界面。将传输速率设置为“9600”，奇偶校验设置为“偶校验”，数据位设置为“8”，停止位设置为“1”，通信方式设置为“RS-485”，然后单击“确定”按钮，完成对 COM1 的通信设置。

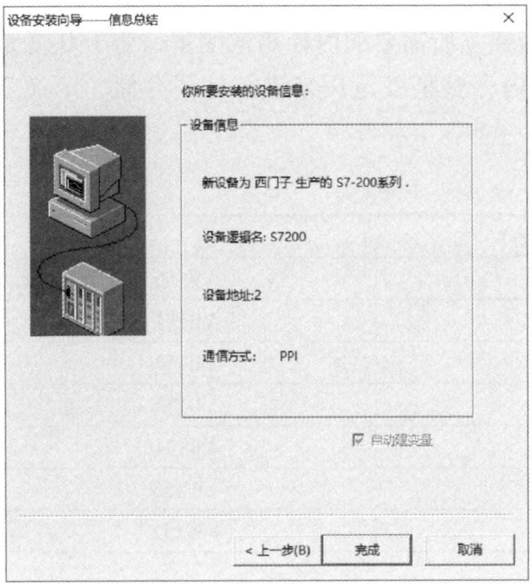

图 5-87　PLC 设备设置完成对话框

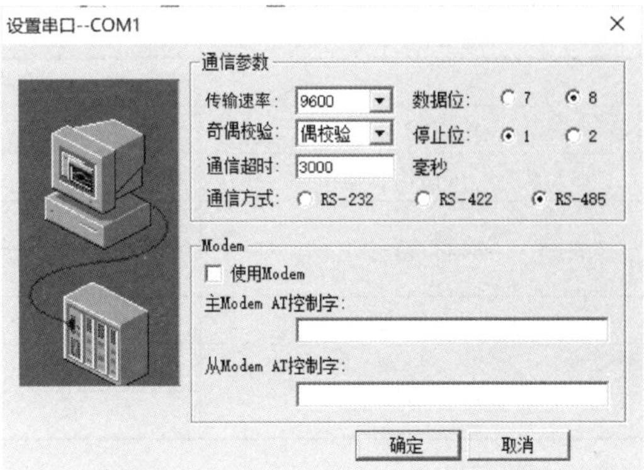

图 5-88　COM1 通信口设置界面

设备配置完成后，工作区中就多了 1 个 “S7-200”，测试其是否能与计算机正常通信。

将鼠标移到工作区 “S7-200” 处右击，选择 “测试 S7-200”，弹出 “串口设备测试” 对话框后选择 “设备测试” 选项卡，在 “寄存器” 中输入 “V0”，“数据类型” 选择 “BYTE”，单击 “添加” 按钮，添加到 “采集列表” 中，单击 “读取” 按钮，读取按钮显示 “停止”；当寄存器名 V0 的变量值显示 0 或其他值时，说明计算机与 PLC 已经正常连接，否则会提示出错信息。如图 5-89 所示。

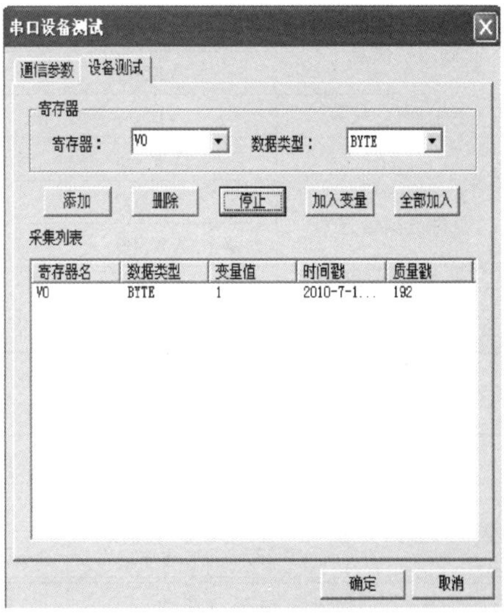

图 5-89　“串口设备测试” 对话框

如果通信出错，可以进入 “STEP7 Micro-WIN” 检查是否能正常上传、下载程序。如果可以正常上传、下载程序，则检查组态王的 COM1 口的参数是否设置正确；如果不能正常上传、下载程序，则有可能是计算机的 COM 口接触不良或其他原因（如 PLC 的通信口损坏、通信电缆损坏、COM1 口的地址选择不正确等）。

本任务加入了 DDE（动态数据交换），因此需要加入 DDE 设备，设备的建立过程与 PLC 设备的建立类似。服务名称选择 “Excel”，话题名选择 “Sheet1”。这样，所需要监控的设备以及需要进行动态数据交换的设备建立完成后，便可实现它们之间的通信。

3. 新建变量

组态王要与生产线主站 PLC 通信，必须定义参考变量。组态王软件内部变量的基本类型共有两种：I/O 变量和内存变量。I/O 变量是指可与外部数据采集设备或程序直接进行数据交换的变量，如下位机数据采集设备（PLC、仪表等）或其他应用程序（DDE、OPC 服务器等）。内存变量是指那些不需要和其他应用程序交换数据，也不需要从下位机得到数据，只在组态王内就可以实现数据定义的变量。

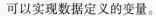

首先建立 I/O 变量，部分见表 5-11~表 5-13。然后建立所需要的内存离散变量，将 I/O 变量中的每一位的意义存储到内存离散变量中。最后定义内存整型变量用来进行计算存储。定义安装站的数据参考变量见表 5-14。

表 5-11 上料检测站（主站）I/O 变量

上料检测站（主站）		
按钮输入	VB100	VB150
状态、按钮信息输出	VB101	VB151
站运行信息	VB102	VB152
	VB103	VB153
工件信息	VB104	VB154
工件数据信息	VW105	VW155
	VW107	VW157

表 5-12 安装站（从站）与主站的信息传递 I/O 变量

安装搬运站		PPI	主站	
按钮输入	VB500	←	VB500	VB550
状态、按钮信息输出	VB501	→	VB501	VB551
站运行信息	VB502	→	VB502	VB552
	VB503	→	VB503	VB553
工件信息	VB504	→	VB504	VB554
工件数据信息	VW505	→	VW505	VW555
	VW507	→	VW507	VW557
	VW509	→	VW509	VW559
	VW511	→	VW511	VW561
组态显示	VB515	→	VB515	VW565

表 5-13 工件需求信息 I/O 变量

	主站（主动）		PPI	操作手站		说明
大工件数据	VW225	VW215	→	VW215	VW225	白色大工件个数
	VW227	VW217	→	VW217	VW227	黑色大工件个数
	主站（主动）		PPI	安装		说明
工件组合数据	VW420	VW410	→	VW410	VW420	白色大工件白色小工件
	VW422	VW412	→	VW412	VW422	白色大工件黑色小工件
	VW424	VW414	→	VW414	VW424	黑色大工件白色小工件
	VW426	VW416	→	VW416	VW426	黑色大工件黑色小工件

表 5-14 定义安装站的数据参考变量

变量名	寄存器名称	变量类型	读写属性
检测物料有无		内存离散	
摆动气缸左转到位		内存离散	
摆动气缸右转到位		内存离散	

（续）

变量名	寄存器名称	变量类型	读写属性
推料气缸缩回到位		内存离散	
推料气缸伸出到位		内存离散	
手自切换		内存离散	
单联切换		内存离散	
上电指示灯		内存离散	
吸气电磁阀		内存离散	
摆动气缸左摆电磁阀		内存离散	
摆动气缸右摆电磁阀		内存离散	
推料气缸电磁阀		内存离散	
开始指示灯		内存离散	
复位指示灯		内存离散	
安装站摆杆旋转量		内存整型	
安装站推杆移动量		内存整型	
安装站 VB400	V400	I/O 整型	只读
安装站 VB401	V401	I/O 整型	只读
安装站 VB402	V402	I/O 整型	只读
安装站 VB403	V403	I/O 整型	只读
安装站 VB404	V404	I/O 整型	只读
安装站 VW405	V405	I/O 整型	只读
安装站 VW407	V407	I/O 整型	只读
开始按钮	M20. 0	I/O 离散	只写
复位按钮	M20. 1	I/O 离散	只写
特殊按钮	M20. 2	I/O 离散	只写
停止按钮	M20. 3	I/O 离散	只写

数据库是组态王软件的核心部分，数据变量集合成为数据词典。单击组态王工程浏览器右侧目录树“数据库”→“数据词典”，出现如图 5-90 所示数据词典显示窗口。右侧工作区将出现系统内部自带的 17 个内存变量，这些内存变量不算点数，可直接使用。双击工作区最下面的“新建…”图标，弹出如图 5-91 所示的“定义变量”对话框。命名变量名为“开始按钮”，选择变量类型为“I/O 离散”，初始值采用默认的“关”，连接设备选择“S7200”，寄存器选择“M20. 0”，数据类型选择“Bit”，采集频率设置为 1000ms，读写属性设置为“只写”；使用同样的方法组态表 5-14 的安装站参考变量。

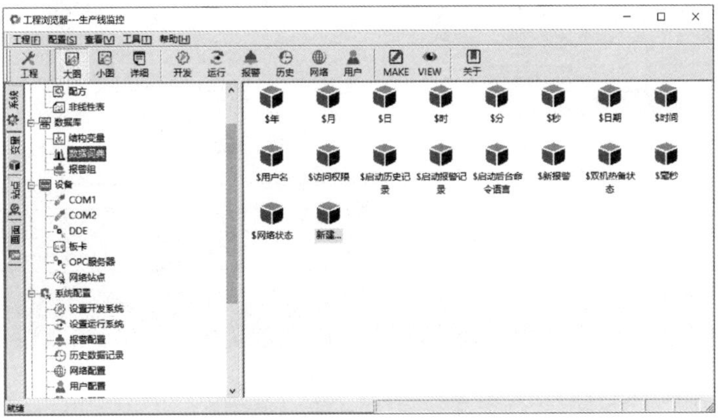

图 5-90　数据词典显示窗口

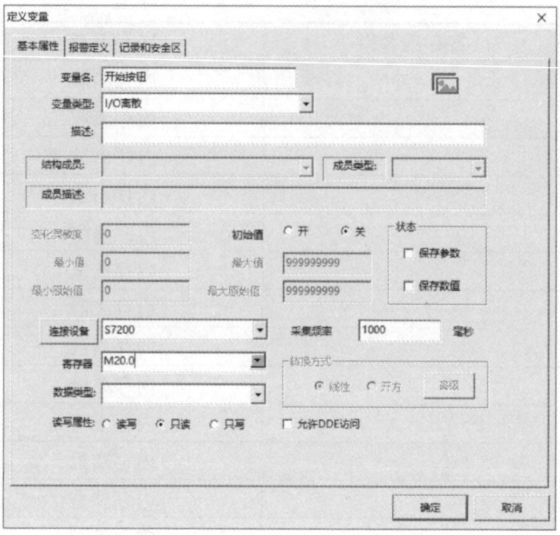

图 5-91 “定义变量”对话框

4. 画面开发与命令语言设计

本任务开发的画面主要有以下几个：各站监控系统画面、生产线联网画面、任务单画面、生产统计画面和实时报表与历史曲线画面。以下将详细介绍各画面的开发过程。

（1）各站监控系统画面开发

1）打开安装站画面，进入开发系统，设计安装站相关组态控件。

2）图形视图的制作与装载。在制作动画前，先用制图软件分别制作出安装站的摆杆、推料气缸的推料杆、料仓中的工件等部件图形，分别保存成位图文件。单击工具箱点位图图标，在画面上拉出图像块；完成后鼠标移到图像块上，在右击弹出的快捷菜单上选择“从文件加载”，弹出“图形文件”对话框，选择制作好的位图文件，此时画面显示出摆杆的图形。再用显示调色板工具对摆杆图形的背景进行透明化处理，安装站组态画面如图 5-92 所示。

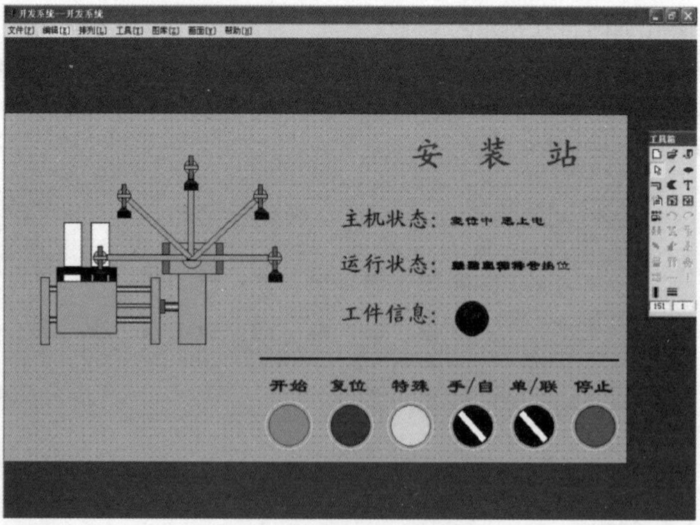

图 5-92 安装站组态画面

3）动画连接。所谓动画连接就是建立画面中的图形元素与数据库变量的对应关系。如设置摆杆的动画连接如图 5-93所示，在动画连接中选择“特殊”为“隐含”，把摆杆选择为隐含连接方式。弹出摆杆动画“隐含连接”对话框，如图 5-94 所示，单击条件表达式右边的“?”图标，选择条件表达式“\\本站点\安装站摆杆旋转量<=3”，在其后面加上条件限制，表达式为真时，选择“显示”。其中每一摆杆在一定旋转量中显示或隐藏，是通过编写运用程序命令语言来实现的。单击“确定”按钮完成摆杆连接方式的动画连接。

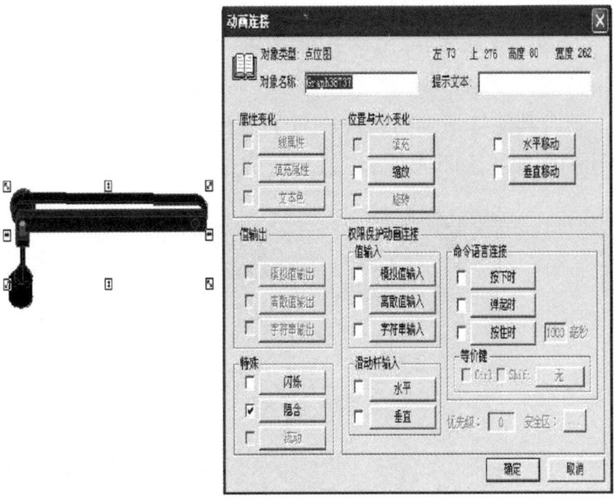

图 5-93　设置摆杆的动画连接

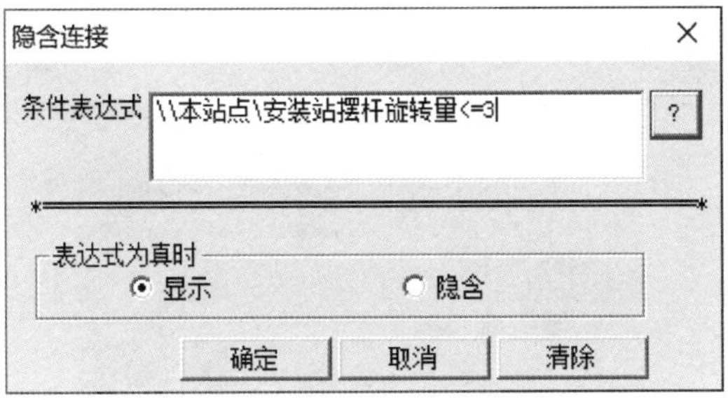

图 5-94　摆杆动画“隐含连接”对话框

4）命令语言的编写。下面给出安装站部分命令语言。

```
//安装站
if(\\本站点\摆动气缸右摆电磁阀==1)
\\本站点\安装站摆杆旋转量=\\本站点\安装站摆杆旋转量+1;
if(\\本站点\摆动气缸左摆电磁阀==1)
\\本站点\安装站摆杆旋转量=\\本站点\安装站摆杆旋转量-1;
if(\\本站点\推料气缸电磁阀==1)
\\本站点\安装站推料杆移动量=\\本站点\安装站推料杆移动量+1;
else
\\本站点\安装站推料杆移动量=\\本站点\安装站推料杆移动量-1;
//文字信息显示
检测物料有无=bit(\\本站点\安装站 V402,1)
摆动气缸左转到位=bit(\\本站点\安装站 V402,2)
摆动气缸右转到位=bit(\\本站点\安装站 V402,3)
推料气缸缩回到位=bit(\\本站点\安装站 V402,4)
推料气缸伸出到位=bit(\\本站点\安装站 V402,5)
手自切换=bit(\\本站点\\安装站 V401,1)
```

单联切换=bit(\\本站点\\安装站 V401,2)

摆动气缸左摆电磁阀=bit(\\本站点\\安装站 V401,3)

摆动气缸右摆电磁阀=bit(\\本站点\\安装站 V401,4)

5）其他各站画面设计。对于上料检测站、操作手站、加工检测站、安装搬运站和分类存储站，设计画面如图 5-95 所示，“状态”中是每个工作站两种状态文字的叠加。具体设计过程参考安装站。

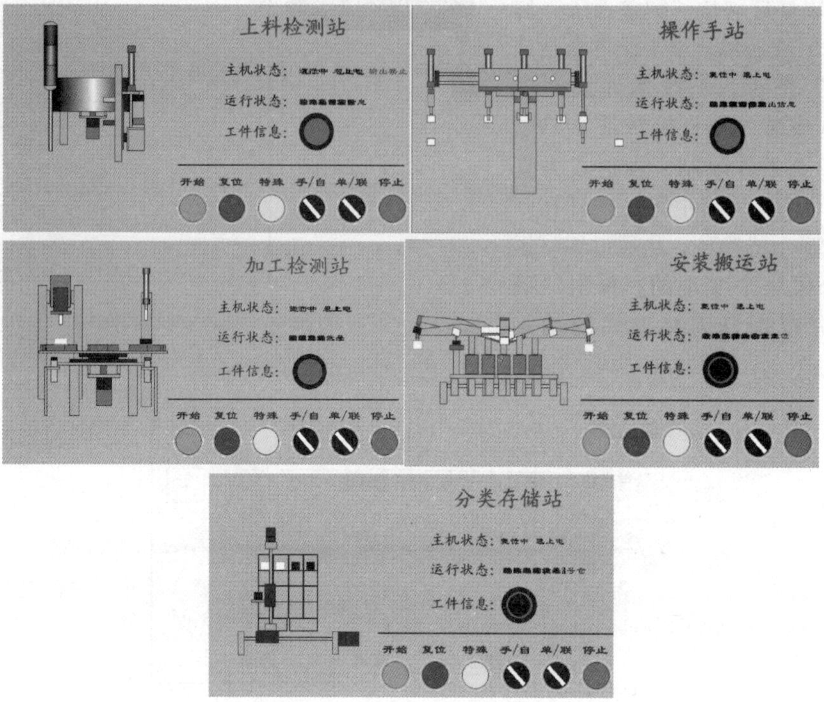

图 5-95　其他各站画面设计

（2）生产线联网画面开发

使用直线、扇形、椭圆、矩形和折线等多边形工具开发生产线联网画面。各站图形可存储为图库精灵。从图库中查找各元件并调到画面中。使用点位图工具粘贴点位图。使用文本工具输入文本，使用图形元素位置前移/后移实现多图形元素的位置显示。使用对齐工具将不同位置图形元素对齐。生产线联网画面如图 5-96 所示。

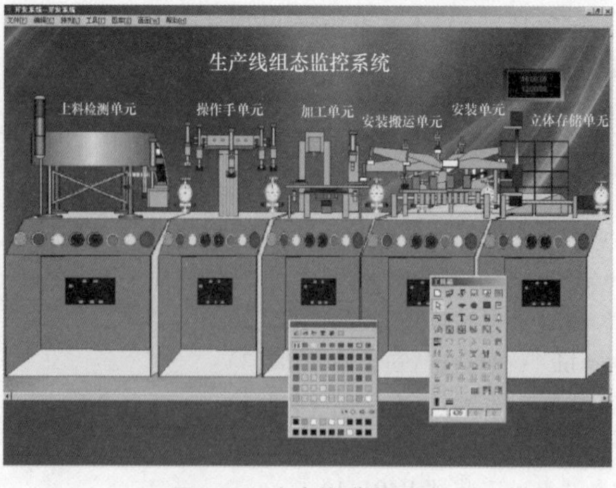

图 5-96　生产线联网画面

(3) 任务单画面开发

本任务使用了模拟值输入方法下达任务单，开发如图5-97所示的任务单画面。任务单画面开发过程中，首先要知道需求工件放在PLC V区的地址，然后进行动画连接模拟值输入。模拟值输入动画连接、连接对话框如图5-98、图5-99所示（参照表5-13的工件需求）。

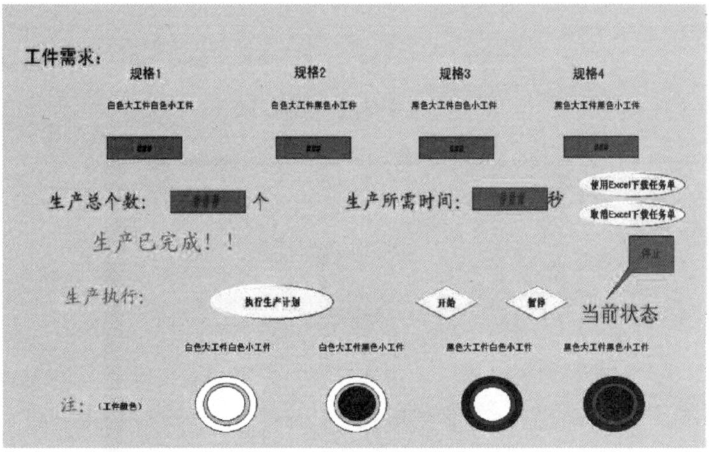

图5-97 任务单画面

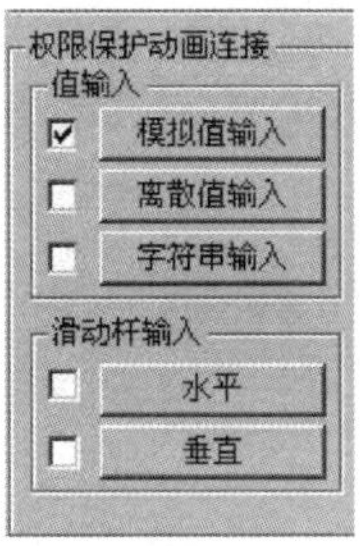

图5-98 模拟值输入动画连接

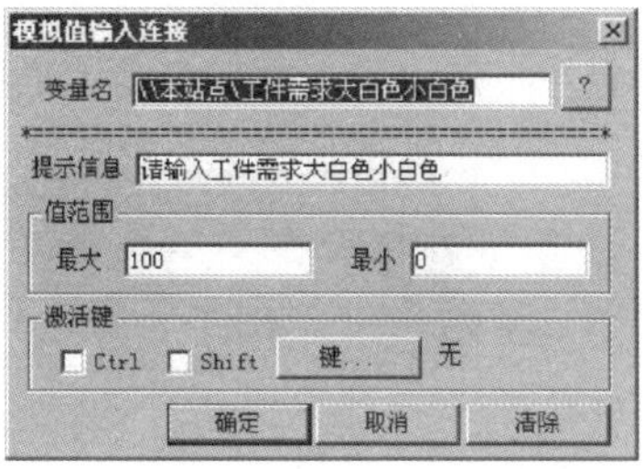

图5-99 模拟值输入连接对话框

(4) 生产统计画面开发

“需求总数”与下达任务单的制作方式一样，只是需要选择模拟值输出，“完成总数”是读取最后一站PLC生产的个数，然后使用模拟值输出。各站的生产个数都存放在PLC的V区，只需要读取各V区数据，然后使用模拟值输出即可。生产统计画面如图5-100所示，图中“m”是组态画面未运行时显示的文字，运行后会显示具体的数字。

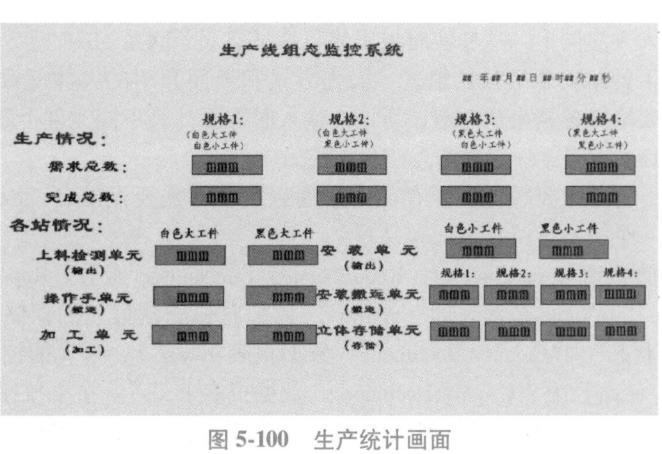

图5-100 生产统计画面

（5）实时报表与历史曲线画面开发

利用实时报表与历史曲线画面开发工具在画面上绘制出实时报表与历史曲线画面即可，然后进行各变量与画面的连接。实时报表显示各工作站的生产个数。实时报表与历史曲线画面如图 5-101 所示。

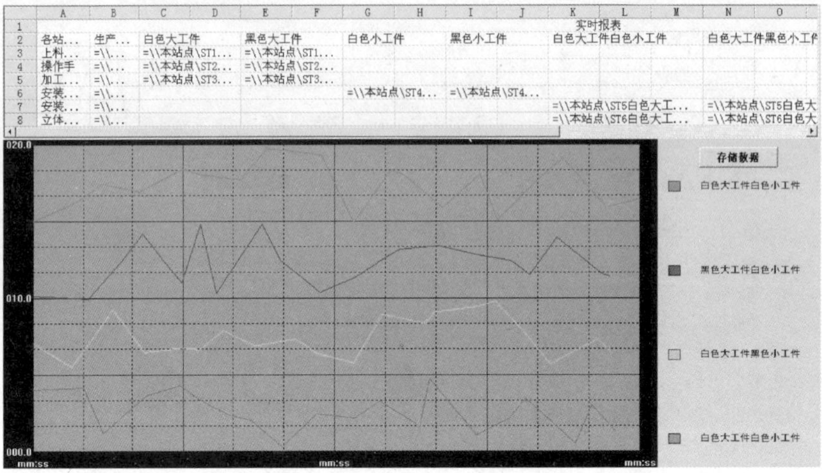

图 5-101　实时报表与历史曲线画面

使用报表工具箱在报表中写入数据，报表工具箱如图 5-102 所示。

图 5-102　报表工具箱

在空白处写上等号，单击所要输入的变量，然后单击 × 或 ✓ 图标。如输入变量:\\本站点\ST1 工件平台下降，报表变量输入如图 5-103 所示。

图 5-103　报表变量输入

其他变量的输入方法同上，这样实时报表就与变量建立了联系。

本任务也设计了各站生产个数的报表，操作方式和上面介绍的大体一致，只是在输入变量上有所区别。因为要输入各站生产总数，所以在输入时需要计算不同元件个数之和。输入表达式为“=\\本站点\ST1 白色个数+\\本站点\ST1 黑色个数”。

在生产过程中，有些重要数据需要存储下来为以后工作需要做准备，因此就涉及报表的存储。本任务设计了一个按钮进行报表的存储。

本任务报表存储采用 ReportSaveAs（ReportName，FileName）函数。ReportName 表示需要保存的报表控件名称，FileName 是报表的存储路径。以上料检测站报表的存储为例，ReportSaveAs（“上料检测站工作状态”，“C:\My Documents\数据报表 1. xls”）；报表的控件名称为“上料检测站工作状态”，存储路径为“C:\My Documents\数据报表 1. xls”。按下按钮时将本次状态数据存入 Excel 中，但在每次存入数据的同时又将上次的数据覆盖。为此，可以采用一个变化的文件名称存储数据；还可以采用定时存储数据，规定一个时间采集一次数据。如以“秒”为文件名定时存储数据：

```
string sfname;
sfname="D:\"+StrFromReal(\本站点\$秒,0,"f")+".xls";
ReportSaveAs("实时报表",sfname);
```

由于 ReportSaveAs（ReportName，FileName）函数的元素是字符串型，而“\\本站点\$秒”是内存实型，所以要进行数据格式转换。使用函数 StrFromReal（Real，Precision，Type）进行格式转换。其中 Real 根据指定 Precision 和 Type 进行转换，其结果保持在 MessageResult 中，Precision 指定要显示多少个小数位，Type 确定显示方式，可为以下字符之一：“f”按浮点数显示，“e”按小写“e”的指数制显示，“E”按大写“E”的指数显示。sfname 为定义的变量，这样就实现了报表以时间为名称进行保存，而不会覆盖以前的数据。

有时某些生产过程中的数据或生产线出问题，需要查询工作过程中的某些数据来确定。这时就需要用到历史数据查询功能。使用函数 ReportSetHistData2（StartRow，StartCol）查询历史数据，其中 StartRow 表示输入开始的行；StartCol 表示输入开始的列。

制作方法：首先使用报表工具画出表格，设置变量记录方式，然后制作按钮，按下按钮时执行函数。

（6）生产线报警设置

报警内容包括：①各站运行时间超时报警，以防在工作过程中发生卡阻现象；②上料检测站与安装站工件缺少报警，这两个站是为整个生产线提供原料的站；③工件错误率太高报警，当需要生产的元件总是得不到加工而产生报警，提醒工作人员检查料仓内的元件；④通信错误失败报警，当生产线在生产过程中发生通信失败时，需要进行报警；⑤生产线在运行过程中突然由联动变为单动，这样很容易发生站之间的撞车。

下面将对这些报警进行设置。首先要进行报警组的定义，如图 5-104 所示。

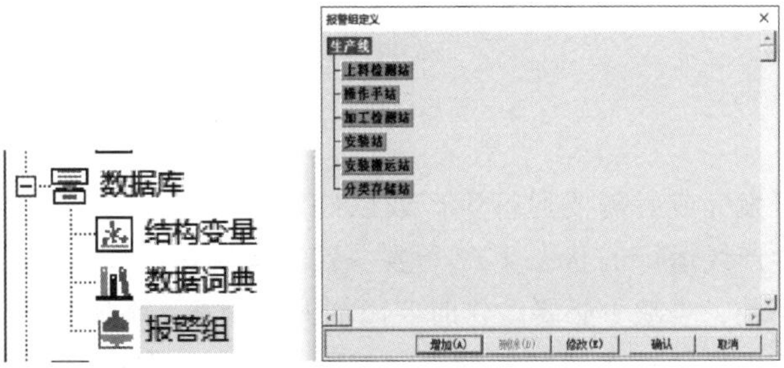

图 5-104　报警组的定义

单击“修改（E）”增加“报警组定义”中的内容，对生产线中需要报警的变量进行设置以实现报警。双击需要报警的变量然后进行报警定义。下面以上料检测站为例进行单动/联动切换报警设置。首先定义报警组名，然后设置报警的内容，包括超过报警限报警（低低报、低报、高报和高高报）、变化率报警、偏差报警和开关量报警。因为是设计单动/联动之间的开关切换报警，所以采用开关量报警，通过开关改变报警。变量报警定义如图 5-105 所示。

报警主要设置各站工作时间超时报警，当本站开始工作时开始计时，本站工作完成时动作清零。工作过程中断时计数器会一直计数，当超出报警界限时报警，报警过程中上料检测站无工件会一直等待工件，安装站会一直吸取工件，分类存储空间超过存储容量时进行报警。在调试生产线安装站时偶尔会出现通信错误，所以设置通信错误报警。PLC 通信中采用 M5.7 报警，当

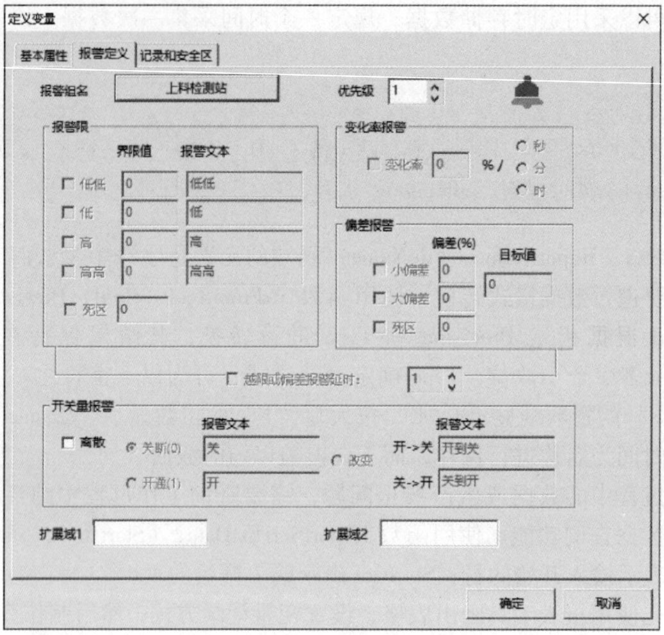

图 5-105　变量报警定义

M5.7 为 1 代表通信错误。安装站通信错误报警设置如图 5-106 所示。

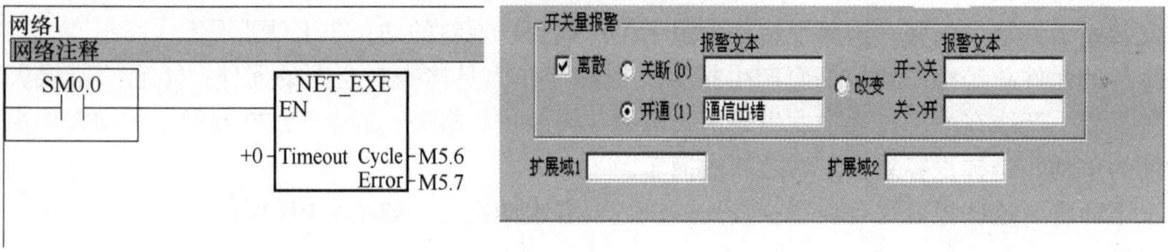

图 5-106　安装站通信错误报警设置

5. 组态调试

即当组态的画面开发完成后需要运行生产线以确定各状态运行是否正确，监控所开发的画面是否完善，是否与生产线运行的状态生产个数一致。首先在监控状态检查生产线的工作状态与监控系统状态是否一致，当缺少必要动作时要添加图形元素，添加程序完善工程。

改变组态监控系统中变量每次增加的数据，就可以改变动作快慢，改变动作时间可以改变动作距离大小。

6. 生产线调试

生产线在运行过程中可能会出现一些问题，所以需要经常进行维护保养。当生产线发生硬件故障时就需要进行硬件调试。

硬件调试内容包括各站动作气压大小、各站动作位置精度和传感器位置调节。上料检测站与操作手站之间的距离应合适，上料检测站直接将元件提供给操作手站，上料检测站传感器安装应适当要求能检测出工件，并能读取工件信息，操作手站应能准确夹住元件，并能准确安装到加工站。加工站传感器安装位置应能准确停在加工检测输出工件位置，检测位置的挡块应安装合理，使转盘准确停止。安装站应能准确地把工件安装到大工件里，安装搬运站需要配合相邻三站，各安装工位应能准确接收安装以及输出元件。分类存储站为防止撞车，水平、垂直方向都安装了限位开关，此站主要与编程有关，需要根据输出脉冲数确定存放地点，脉冲周期确定步进电动机运行快慢。各站还需要注意气压大小，运行速度应合理控制。调节气阀大小确定输出气压大小。

当运行生产线出现错误时，首先应检查是否是硬件问题，当硬件无问题时就需要进行软件调试，以确定问题位置。可以使用 PLC 自带的监控进行 PLC 监控。进行 PLC 监控首先检查是否是通信问题，这时需要检查通信调用的子程序，如图 5-107 所示。

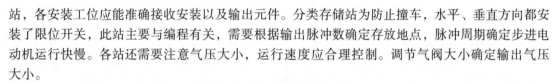

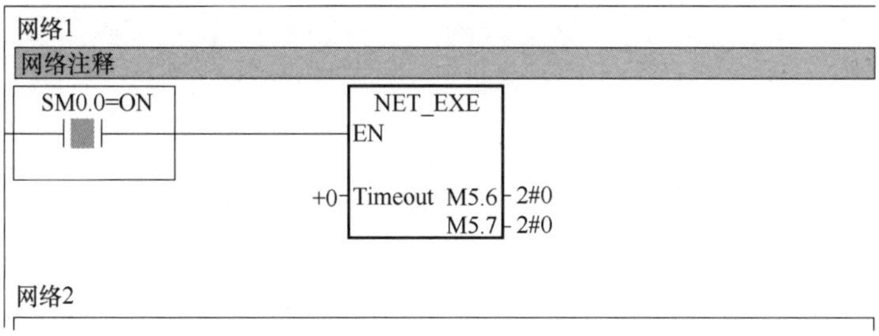

图 5-107　通信调用的子程序

当 M5.7 为 0 时，表示通信成功，Timeout，表示通信超时时间。M5.6 每运行一次，电平翻转一次。

「练习反馈」

1）简述建立组态王工程的方法。

2）简述生产线报警组的设置方法。

3）简述生产线历史趋势曲线的设计方法。

项目 6

PLC 与变频器的 USS 通信系统组建

通用串行接口协议（Universal Serial Interface Protocol，USS 协议）是西门子公司开发的一种基于串行总线进行数据通信的协议，常用于驱动器或控制器（如 PLC）的通信控制。USS 采用单主站的主-从访问机制，在 USS 总线上有 1 个主站，最多可以有 31 个从站；总线上的每个从站都有 1 个站地址（在从站参数中设置），主站依靠它识别每个从站；每个从站也只对主站发来的报文做出响应并回送报文，从站之间不能直接进行数据通信。另外，还有一种广播通信方式，主站可以同时给所有从站发送报文，从站在接收到报文并做出相应的响应后，可不回送报文。

工作任务 6.1　S7-200 PLC 与 MM420 变频器的 USS 通信

「任务描述」

随着网络技术和通信技术的不断发展，电动机越来越多地采用变频器进行控制。目前采用开关量、模拟量实现变频器拖动电动机控制时，不但布线复杂、成本高，而且容易产生干扰信号，导致控制错误，降低了系统的可靠性和稳定性。USS 协议是由西门子公司开发的一种工业通用通信协议，它被广泛应用于基于西门子 TIA 全自动化系统集成工业控制的相关产品中，在西门子变频器远程通信控制中应用更为广泛。

本任务利用 S7-200 PLC，通过 USS 通信协议控制变频器的起停和无级调速，实现变频器参数的读取和更改，克服了开关量或模拟量控制系统的缺点，达到简化线路、降低干扰、提高系统可靠性和智能化控制的目的。本任务的内容为：

1）利用 USS 协议控制变频器起停和无级调速。

2）利用 USS 协议读取或写入变频器参数。

「任务目标」

1）熟悉变频器参数的含义与设置。

2）熟悉 PROFIBUS-DP 电缆的使用。

3）掌握 USS 协议控制变频器工作的方法。

「任务准备」

任务准备内容见表 6-1。

表 6-1　任务准备

序号	硬件	软件
1	CPU 224XP AC/DC/RLY	STEP7-Micro/WIN
2	MM420 变频器	
3	三相交流电动机	
4	PC/PPI 电缆	
5	PROFIBUS-DP 电缆	

「相关知识」

1. 变频器

（1）变频器的功能

变频器是融合变频技术与微电子技术，通过改变电动机工作电源频率的方式，来控制交流电动机的电力控制设备。变频器主要由控制部分、整流部分、逆变部分、中间直流环节部分和检测部分等组成。变频器具有节能、调速的功能，它可以根据实际需要，调整其输出电压和频率以供给电动机使用，避免消耗多余电能；变频器具有保护功能，当检测到设备过载、过电压和过电流时，可采取相应保护措施，避免硬件设备损坏；变频器还具有功率因数补偿功能，能够全面提升电网运行的稳定性与可靠性。

图 6-1 为西门子 MM420 变频器的外形，其额定电源电压为三相交流 380~480V，额定输出功率为 0.75kW，额定输入电流为 2.4A，额定输出电流为 2.1A，操作面板为基本操作面板（BOP），外形尺寸为 A 型。

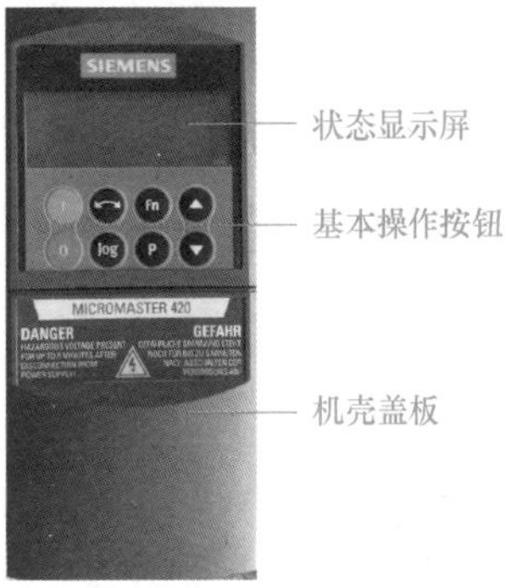

图 6-1　西门子 MM420 变频器的外形

（2）变频器的接线

1）变频器的接线端子。打开 MM420 变频器的机壳盖板，变频器的接线端子如图 6-2 所示。

2）变频器主电路的接线。图 6-2 中，变频器的电源接线端子 L1、L2、L3 连接三相供电电源，U、V、W 接线端子连接电动机，三相供电电源和电动机的接地（PE）线必须连接到变频器相应的接地端子上。

3）变频器控制电路的接线。变频器控制电路接线图如图 6-3 所示。

（3）变频器的 BOP 操作面板

变频器的 BOP 操作面板主要由 LCD 状态显示屏和 8 个基本操作按钮组成，如图 6-4 所示。BOP 操作面板各组成部分的功能见表 6-2。

表 6-2　BOP 操作面板各组成部分的功能

显示/按钮	功能	说明
	状态显示	显示变频器当前的设定值
	起动变频器	按此按钮起动变频器。默认值运行时此按钮被封锁。为了使此按钮的操作有效，应设定 P0700=1

（续）

显示/按钮	功能	说明
	停止变频器	OFF1：按此按钮，变频器将按选定的斜坡下降速率减速停车，默认值运行时此按钮被封锁；为了允许此按钮操作，应设定 P0700=1 OFF2：按此按钮两次（或一次，但时间较长）电动机将在惯性作用下自由停车。此功能总是“使能”的
	改变电动机的转动方向	按此按钮可以改变电动机的转动方向，电动机反向时，用负号表示或用闪烁的小数点表示。默认值运行时此按钮被封锁，为了使此按钮的操作有效，应设定 P0700=1
	电动机点动	在变频器无输出的情况下按此按钮，将使电动机起动，并按预设定的点动频率运行。释放此按钮时，变频器停车。如果变频器/电动机正在运行，按此按钮将不起作用
	功能	1. 浏览辅助信息 变频器运行过程中，在显示任何一个参数时按下此按钮并保持 2s，将显示以下参数值（在变频器运行中从任何一个参数开始）： ① 直流回路电压（用 d 表示，单位为 V） ② 输出电流（A） ③ 输出频率（Hz） ④ 输出电压（用 o 表示，单位为 V） ⑤ 由 P0005 选定的数值（如果 P0005 选择显示上述参数中的任何一个（③、④或⑤），这里将不再显示） 连续多次按下此按钮将轮流显示以上参数 2. 跳转功能 在显示任何一个参数（r××××或 P××××）时短按此按钮，将立即跳转到 r0000，如果需要的话，可以接着修改其他参数。跳转到 r0000 后，按此按钮将返回原来的显示点
	访问参数	按此按钮即可访问参数
	增加数值	按此按钮即可增加面板上显示的参数数值
	减少数值	按此按钮即可减少面板上显示的参数数值

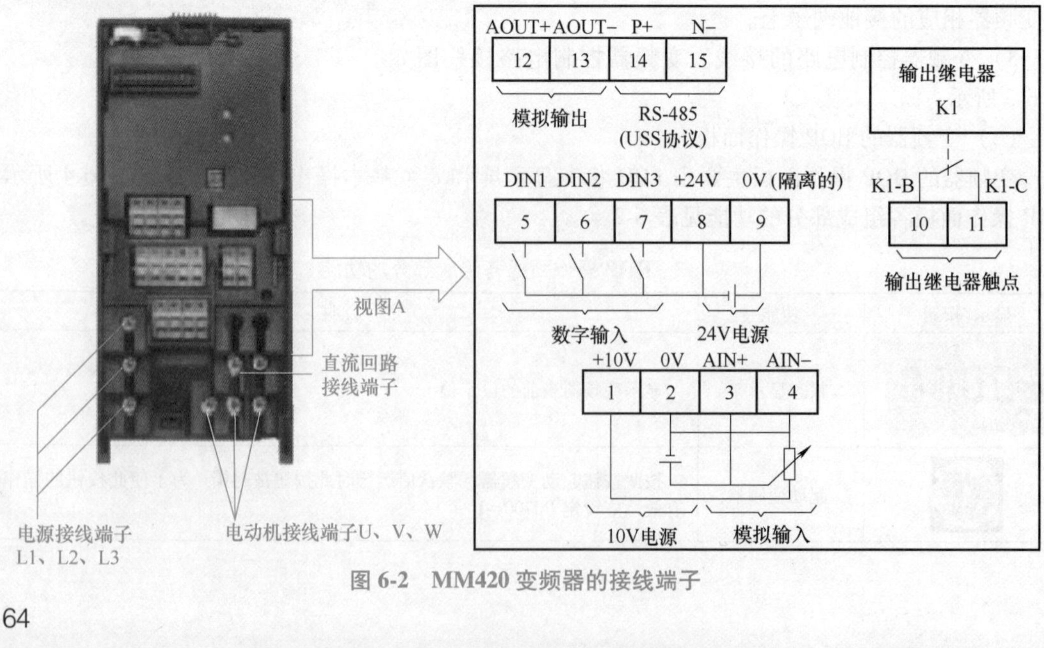

图 6-2 MM420 变频器的接线端子

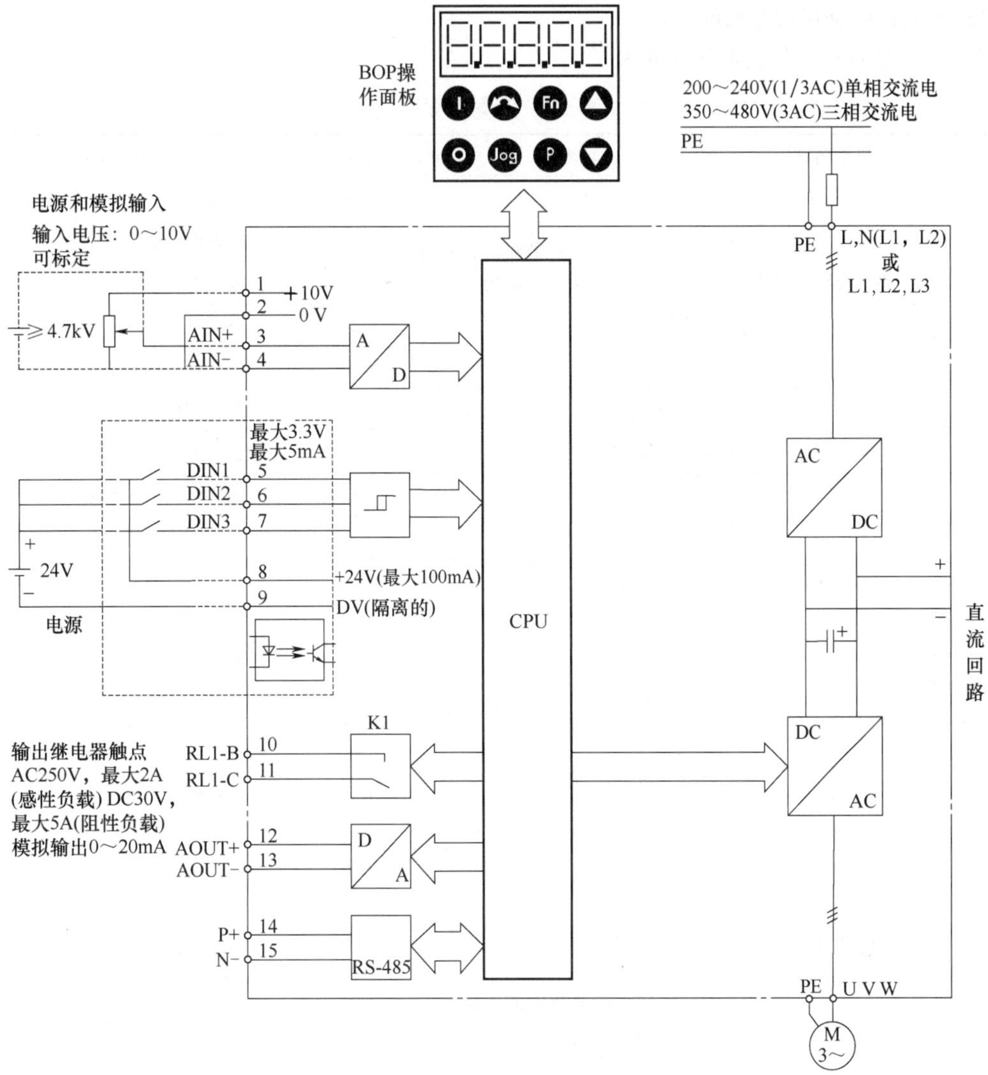

图 6-3　变频器控制电路接线图

图 6-4　变频器的 BOP 操作面板

（4）MM420 变频器的参数

1）参数号和参数名称。

① 参数号是指该参数的编号，用 0000 ~ 9999 的 4 位数字表示，其中 rXXXX 表示只读参数；PXXXX 表示设置的参数；XXXX［下标］表示该参数是一个带下标的参数，通过下标指定的有效序号，可以对同一参数的用途进行扩展，或对不同的控制对象，自动改变所显示的或所设定的参数。

② 参数名称是指该参数的名称。

2）常用参数设定值说明见表6-3。

表6-3 常用参数设定值说明

参数号	参数名称	功能	设定值	参数意义
P0010	调试参数过滤器	对与调试相关的参数进行过滤，只筛选与特定功能组有关的参数	0	准备
			1	快速调试
			2	变频器
			29	下载
			30	出厂默认设置值
P0970	工厂复位	P0970=1时，所有的参数都复位到它们的默认值	0	禁止复位
			1	参数复位
P0003	用户访问级	用于定义用户访问参数组的等级	0	用户定义的参数表
			1	标准级
			2	扩展级
			3	专家级
			4	维修级
P0304	电动机额定电压	铭牌数据：电动机的额定电压（V）	380	电动机额定电压
P0305	电动机额定电流	铭牌数据：电动机的额定电流（A）	0.18	电动机额定电流
P0307	电动机额定功率	铭牌数据：电动机的额定功率（kW/hp①）	0.03	电动机额定功率
P0310	电动机额定频率	铭牌数据：电动机的额定频率（Hz）	50	电动机额定频率
P0311	电动机额定速度	铭牌数据：电动机的额定速度（$r \cdot min^{-1}$）	1300	电动机额定转速
P0700	选择命令源	选择数字的命令信号源	0	工厂的默认设置
			1	BOP（操作面板）设置
			2	由端子排输入
			4	通过BOP链路的USS设置
			5	通过COM链路的USS设置
			6	通过COM链路的通信板（CB）设置
P1000	频率设定值选择	选择频率设定值的信号源	0	无主设定值
			1	MOP设定值
			2	模拟设定值
			3	固定频率
			4	通过BOP链路的USS设定
			5	通过COM链路的USS设定
			6	通过COM链路的CB设定

（续）

参数号	参数名称	功能	设定值	参数意义
P1120	斜坡上升时间	斜坡函数曲线不带平滑圆弧时，电动机从静止状态加速到高频率（P1082）所用的时间	默认值为 10s	0~650s
P1121	斜坡下降时间	斜坡函数曲线不带平滑圆弧时，电动机从高频率（P1082）减速到静止停车所用的时间	默认值为 10s	0~650s
P2000	基准频率	串行链路（相当于 4000H）模拟 I/O 和 PID 控制器采用的满刻度频率设定值	默认值为 50Hz	0~650Hz
P2009［2］	USS 规格化	COM 链路的串行接口的 USS 规格化	0	禁止
			1	使能规格化
P2010［2］	USS 传输速率	COM 链路的串行接口的 USS 传输速率	3	1200bit/s
			4	2400bit/s
			5	4800bit/s
			6	9600bit/s
			7	19200bit/s
			8	38400bit/s
			9	57600bit/s
P2011［2］	USS 地址	COM 链路的串行接口的 USS 地址	3	变频器地址
P2012［2］	USS 协议的 PZD（过程数据）长度	COM 链路的串行接口的 PZD 长度	默认值 2	0~4
P2013［2］	USS 协议的 PKW 长度	COM 链路的串行接口的 PKW 长度	0	字数为 0
			3	3 个字
			4	4 个字
			127	USS 协议 PKW 长度可变
P0971	从 RAM 到 EEPROM 的数据传输	置 1 时，从 RAM 向 EEPROM 传输数据	0	禁止传输
			1	启动传输

① hp 为北美的功率单位。

3）设定参数值的方法。以 P0010 为例，设定 P0010 = 30，过滤出出厂默认设置值的参数，表 6-4 为修改参数 P0010 设定值的步骤。表 6-5 为修改下标参数 P2009 设定值的步骤。

表 6-4　修改参数 P0010 设定值的步骤

序号	操作内容	显示的结果
1	按 P 访问参数	r0000
2	按 ▲ 直到显示出 P0010	P0010

（续）

序号	操作内容	显示的结果
3	按 P 进入参数数值访问级	0
4	按 ▲ 或 ▼ 达到所需要的数值	30
5	按 P 确认并存储参数的数值	P0010

表 6-5　修改下标参数 P2009 设定值的步骤

序号	操作内容	显示的结果
1	按 P 访问参数	r0000
2	按 ▲ 直到显示出 P2009	P2009
3	按 P 进入参数数值访问级	in000
4	按 P 显示当前的设定值	0
5	按 ▲ 或 ▼ 达到所需要的数值	1
6	按 P 确认并存储参数的数值	P2009

2. USS 协议

（1）USS 协议的基本知识

1）USS 协议的基本特点如下：

① 对硬件设备要求低，布线简单，成本低，实现容易。

② 无须重新连线就可以改变控制功能。

③ 可通过串行接口设置来改变传动装置的参数。

④ 可连续对变频器的特性进行检测和控制。

⑤ 支持多点通信，如可以应用于 RS-485 等网络。

⑥ 数据传输灵活、高效。

⑦ 采用单主站的主-从访问机制，在 USS 总线上有 1 个主站和最多 31 个从站。

2）USS 协议的工作过程。USS 协议的工作过程如下：USS 主站向从站发起指令，不断轮询各个从站。从站根据接收到的指令，决定是否予以响应以及如何响应，而从站永远不会主动发送数据。从站在满足以下条件时响应接收到的主站报文没有错误，并且本从站在接收到主站报文中被寻址。当上述条件不满足时，或者当主站发出的是广播报文时，从站不会做任何响应。对主站来说，从站必须在接收到主站报文之后的一定时间内发回响应，否则主站将视为出错。

3）USS 通信硬件连接注意要点如下：

① 条件许可的情况下，USS 主站尽量选用直流型的 CPU（针对 S7-200 PLC 系列）。

② 一般情况下，USS 通信电缆采用双绞线即可（如常用的以太网电缆），如果干扰比较大，可采用屏蔽双绞线。

③ 在采用屏蔽双绞线作为通信电缆时，把具有不同电位参考点的设备互连，造成在互连电缆中产生不应有的电流，从而造成通信口的损坏。所以要确保通信电缆连接的所有设备，共用一个公共电路参考点，或是相互隔离，以防止产生不应有的电流。屏蔽线必须连接到机箱接地点或 9 针连接插头的插针 1。建议将传动装置上的 0V 端子连接到机箱接地点。

④ 尽量采用较高的传输速率，通信速率只与通信距离有关，与干扰没有直接关系。

⑤ 终端电阻的作用是用来防止信号反射的，并不用来抗干扰。在通信距离很近、传输速率较低或点对点通信的情况下，可不用终端电阻。多点通信的情况下，一般也只需在 USS 主站上加终端电阻就可以取得较好的通信效果。

⑥ 当使用交流型的 CPU 22X 和单相变频器进行 USS 通信时，CPU 22X 和变频器的电源必须接成同相位。

⑦ 建议使用 CPU 226（或 CPU 224+EM277）来调试 USS 通信程序。

⑧ 不要带电插拔 USS 通信电缆，尤其是在通信过程中，这样极易损坏传动装置和 PLC 的通信端口。

（2）S7-200 PLC 的 USS 专用指令

1）USS_INIT 指令。USS_INIT 指令主要用于启用、初始化或禁用驱动器（如变频器）通信。在使用其他任何 USS 之前，必须执行 USS_INIT 指令并且无错。可以通过 SM0. 1、上升沿或者下降沿调用该指令，只有当成功执行 USS_INIT 指令后，即 Done（完成）输出位被置位时，才能继续执行下一条指令。每一次要改变通信状态时，必须精确地执行一次 USS_INIT 指令。因此使用一个边沿跳变检测指令，以脉冲方式 EN 输入，欲改变初始化参数，必须执行一个新的 USS_INIT 指令。图 6-5 为 USS_INIT 指令的梯形图，表 6-6 为 USS_INIT 指令格式。

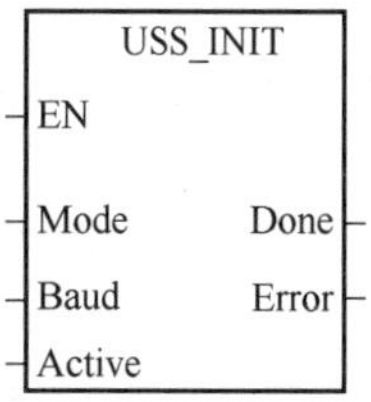

图 6-5　USS_INIT 指令的梯形图

表 6-6　USS_INIT 指令格式

名称	参数	说明	数据类型
初始化指令	EN	使能端，一般采用边缘检测指令（如 SM0. 1），以脉冲方式打开 EN 输入	Bool
	Mode	选择通信协议：1 表示将端口 0 分配给 USS 协议，并启用该协议；0 表示将端口 0 分配给 PPI，并禁止 USS 协议	Byte
	Baud	设置通信的传输速率，如 1200kbit/s、2400kbit/s、4800kbit/s、9600kbit/s、19200kbit/s、38400kbit/s、57600kbit/s 或 115200bit/s	DWord
	Active	表示激活的驱动器，共 32 位（第 0~31 位），每 1 位对应 1 台驱动器，一般采用 16 进制表示，如 16#00000001 表示第 0 位被置位 1，即表示激活 0 号驱动器，激活的驱动器自动被轮询，以控制运行和采集状态	DWord
	Done	初始化完成标志，即当 USS_INIT 指令完成后接通	Bool
	Error	错误代码	Byte

2）USS_CTRL 指令。USS_CTRL 指令主要用于控制处于激活（Active）状态的变频器，每台变频器仅限指定一条 USS_CTRL 指令。USS_CTRL 指令将选择的命令放在通信缓冲区，然后送至

编址的驱动器，条件是已在 USS_INIT 指令的 Active 参数中选择该驱动器。图 6-6 为 USS_CTRL 指令的梯形图，表 6-7 为 USS_CTRL 指令格式。

表 6-7　USS_CTRL 指令格式

名称	参数	说明	数据类型
控制指令	EN	使能端，该指令应当始终启用，即 EN 必须始终为 ON，才能启用 USS_CTRL 指令，如采用 SM0.0 打开 EN 输入	Bool
	RUN	表示驱动器是 ON 还是 OFF 当 RUN 为 ON 时，驱动器收到 1 条命令，按照指定的速度和方向开始运行。为了使驱动器运行，必须符合以下 3 个条件：①Drive（驱动器）在 USS_INIT 指令中必须被选为 Active（激活）；②OFF2 和 OFF3 必须被设为 0；③Fault（故障）和 Inhibit（禁止）必须为 0。当 RUN 为 OFF 时，会向驱动器发出一条命令，将速度降低，直至电动机停止	Bool
	OFF2	用于允许驱动器滑行至停止	Bool
	OFF3	用于命令驱动器迅速停止	Bool
	F_ACK	用于确认驱动器中的故障。当 FACK 从 0 转为 1 时，驱动器清除故障	Bool
	DIR	表示驱动器转动的方向，其中 0 为逆时针方向；1 为顺时针方向	BooL
	Drive	输入驱动器地址，向该地址发送 USS_CTRL 命令。有效地址：0~31	Byte
	Type	输入驱动器的类型，0 为 MicroMaster3 或更早版本驱动器类型，1 为 MicroMaster4 版本驱动器类型	Byte
	Speed~	即 Speed_SP，为驱动器的速度设定值，是以全速百分比表示的驱动器速度。Speed_SP 的负值会使驱动器反向旋转，范围为 -200.0%~200.0%	Real
	Resp_R	表示确认从驱动器收到应答。对所有的激活驱动器进行轮询，查找最新驱动器状态信息。每次 S7-200 PLC 从驱动器收到应答时，Resp_R 位均全打开，进行一次扫描，所有数值均被更新	Bool
	Error	错误状态字节，它包含与变频器通信请求的最新结果	Byte
	Status	驱动器返回的状态字原始数值	Word
	Speed	以全速百分比表示的驱动器速度，范围为-200.0%~200.0%	Real
	Run_EN	表示驱动器是运行（1）还是停止（0）	Bool
	D_Dir	表示驱动器的旋转方向	Bool
	Inhibit	表示驱动器上的禁止位状态，其中 0 为不禁止，1 为禁止。欲清除禁止位，故障位必须为 OFF，RUN（运行）、OFF2 和 OFF3 输入也必须为 OFF	Bool
	Fault	表示故障位的状态，其中 0 为无故障，1 为故障。欲清除故障位，需消除故障原因，并接通 F_ACK 位	Bool

3）USS_RPM 指令。USS_RPM 指令用于读取变频器的参数，一次仅限启用一条读取指令。USS 有三条读指令，USS_RPM_W 读取一个无符号字类型的参数，如图 6-7a 所示；USS_RPM_D 读取一个无符号双字类型的参数，如图 6-7b 所示；USS_RPM_R 读取一个浮点数类型的参数，如

图 6-7c 所示。表 6-8 为 USS_RPM_W 指令格式。

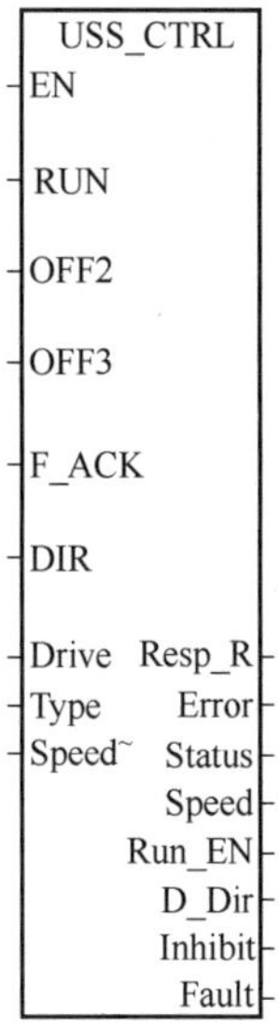

图 6-6　USS_CTRL 指令的梯形图

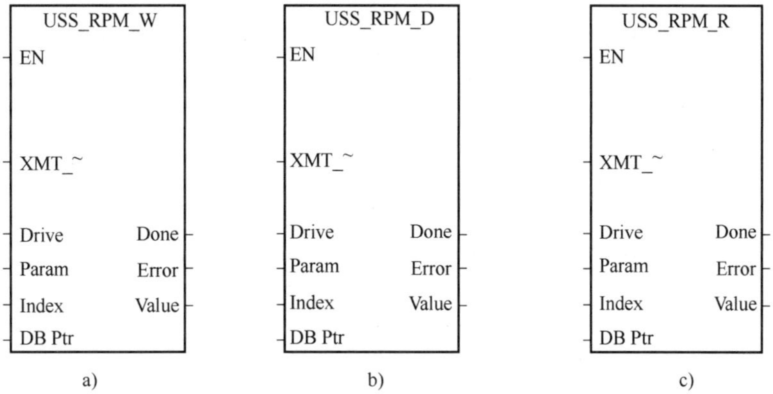

图 6-7　USS_RPM 指令的梯形图

表 6-8　USS_RPM_W 指令格式

名称	参数	说明	数据类型
读取指令	EN	使能端，EN 必须为 ON，才能启动发送请求，该位应保持接通一直到 Done 位被置位才标志着整个处理结束	Bool
	XMT_~	即 XMT_REQ，为读取请求。若 XMT_REQ 输入为 ON，在每次扫描时向 MicroMaster 变频器传送一条 USS_RPM 请求，因此，XMT_REQ 输入应该通过一个脉冲方式进行	Bool
	Drive	驱动器地址，USS_RPM 命令将被发送到这个地址，单台驱动器的有效地址为 0~31	Byte
	Param	需要读取的参数号	Word
	Index	需要读取的参数索引（即参数下标）	Word
	DB Ptr	一个 16 字节缓存区，该缓存区被 USS_RPM 指令使用且存储向 MicroMaster 变频器发送命令的结果，即将驱动器中读出来的参数写入到这个区域	DWord
	Done	完成位，当 USS_RPM_X 指令完成时，Done 输出为 ON，表示读操作完成	Bool
	Error	表示出错故障	Real
	Value	表示读取的参数值，即输出包含执行指令的结果 Error 和 Valve 在 Done 输出打开前无效	Real、Word、DWord

4）USS_WPM 指令。USS_WPM 指令用于给变频器写入参数，一次仅限启用一条写入指令。USS 有 3 条写入指令，USS_WPM_W 写入一个无符号字类型的参数，如图 6-8a 所示；USS_WPM_D 写入一个无符号双字类型的参数，如图 6-8b 所示；USS_WPM_R 写入一个浮点数类型的参数，

如图 6-8c 所示。表 6-9 为 USS_WPM_W 指令格式。

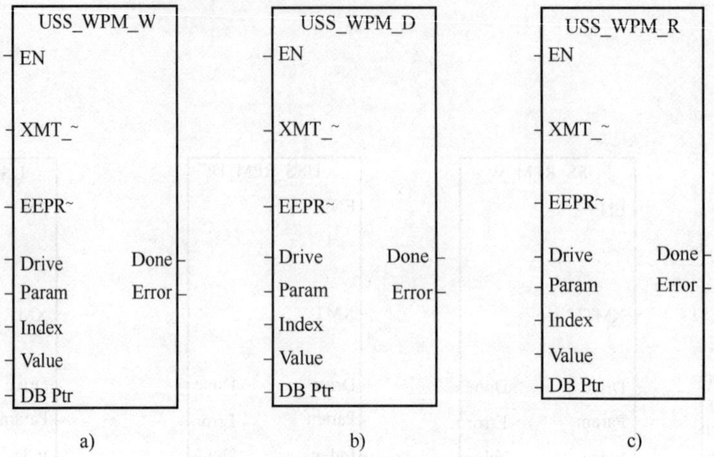

图 6-8　USS_WPM 指令梯形图

表 6-9　USS_WPM_W 指令格式

名称	参数	说明	数据类型
写入指令	EN	使能端，EN 必须为 ON，才能启动发送请求，该位应保持接通一直到 Done 位被置位才标志着整个处理结束	Bool
	XMT_~	即 XMT_REQ，为写入请求。若 XMT_REQ 输入为 ON，在每次扫描时向 MicroMaster 变频器传送一条 USS_WPM 请求，因此，XMT_REQ 输入应该通过一个脉冲方式进行	Bool
	EEPR~	即 EEPROM，表示是否写入 EEPROM，1 为写入，0 为不写入	
	Drive	表示驱动器地址，USS_WPM 命令将被发送到这个地址，单台驱动器的有效地址为 0~31	Byte
	Param	需要写入的参数号	Word
	Index	需要写入的参数索引（即参数下标）	Word
	Value	写入的参数值，即输出包含执行指令的结果 Error 和 Valve 在 Done 输出打开前无效	Real、Word、Dword
	DB Ptr	一个 16 字节缓存区，该缓存区被 USS_WPM 指令使用且存储向 MicroMaster 变频器发送命令的结果，即将驱动器中写入的参数存储到这个区域	DWord
	Done	完成位，当 USS_WPM_X 指令完成时，Done 输出为 ON，表示写入操作完成	Bool
	Error	表示出错故障	Real

注意：在任何一个时刻 USS 主站内只能有一个参数读写功能块有效，否则会出错。因此，如果需要读写多个参数（来自一台或多台变频器），必须在编程时进行读/写指令之间的轮替处理。

「任务实施」

1. 硬件设计

（1）硬件接线

S7-200 PLC 与 MM420 变频器的接线如图 6-9 所示。图 6-9 中，SB1 ~ SB7 按钮分别连接 PLC 的数字量输入端子 I0. 0 ~ I0. 6，1M 公共端子供电电压为 24V 直流电源；PROFIBUS-DP 电缆一端接 PLC 的通信端口 Port1，另一端电缆的红色芯线、绿色芯线分别压入变频器 14 号、15 号端子；变频器的电源接线端子 L1、L2、L3 连接三相供电电源，变频器 U、V、W 接线端子连接电动机，注意三相供电电源和电动机的接地线 PE 必须连接到变频器相应的接地端子上。

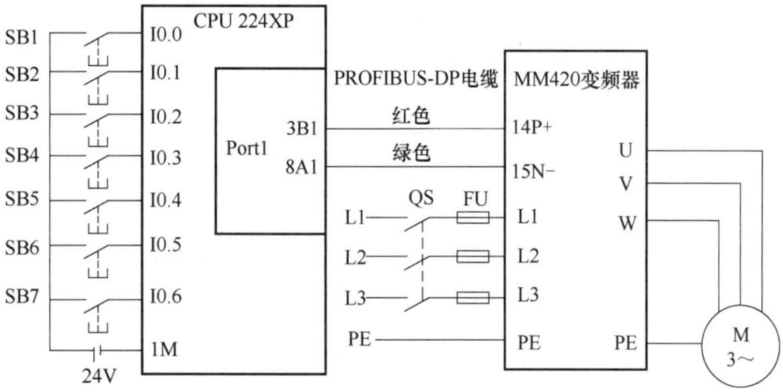

图 6-9　S7-200 PLC 与 MM420 变频器的接线图

（2）变频器参数设置

变频器在参数设置时，建议先将参数恢复出厂设置，然后设置电动机参数，最后设置 USS 通信协议的参数，表 6-10 为 MM420 变频器的参数设置。

表 6-10　MM420 变频器的参数设置

步骤	参数号	设置值	参数意义
恢复出厂设置	P0010	30	出厂默认设置值
	P0970	1	参数复位
快速调试	P0010	1	快速调试
	P0003	1	用户访问级为标准级
	P0304	380	电动机额定电压/V
	P0305	0. 18	电动机额定电流/A
	P0307	0. 03	电动机额定功率/kW
	P0310	50	电动机额定频率/Hz
	P0311	1300	电动机额定转速/$r \cdot min^{-1}$

（续）

步骤	参数号	设置值	参数意义
USS 协议变频器设置参数	P0700	5	COM 链路 USS 通信 RS-485 口
	P1000	5	通过 USS 通信设置频率
	P1120	0.6	斜坡上升时间/s
	P1121	0.6	斜坡下降时间/s
	P2000	50	基准频率/Hz
	P2009［2］	1	USS 规格化
	P2010［2］	7	传输速率为 19200bit/s
	P2011［2］	3	变频器 USS 地址
	P2012［2］	2	USS 协议 PZD 长度
	P2013［2］	127	USS 协议 PKW 长度，可变
	P0971	1	从 RAM 向 EEPROM 传输的时间

2. 软件设计

（1）I/O 分配

根据任务描述可知，有 7 个数字量输入信号分别控制变频器的起动、自由停机、快速停机、故障复位、正转起动、读取参数和写入参数，表 6-11 为输送单元的 I/O 分配表。

表 6-11 输送单元的 I/O 分配表

输入信号			输出信号		
序号	输入点	功能	序号	输出点	功能
1	I0.0	起动按钮	1	3B1	3B1 与变频器的 14 号端子连接
2	I0.1	自由停机按钮	2	8A1	8A1 与变频器的 15 号端子连接
3	I0.2	快速停机按钮			
4	I0.3	故障复位按钮			
5	I0.4	正转起动按钮			
6	I0.5	读取参数按钮			
7	I0.6	写入参数按钮			

编写初始化程序

编写控制程序

（2）程序设计

1）创建初始化指令 USS_INIT。USS_INIT 指令主要用于启用、初始化或禁用驱动器（如变频器）通信。在使用任何其他 USS 协议指令之前，必须执行 USS_INIT 指令并且无错。初始化变频器如图 6-10 所示，EN 为 SM0.1 脉冲信号；Mode 选择通信协议为 1，表示将端口 0 分配给 USS 协议，并启用该协议；Baud 为 19200bit/s；Active（激活）的变频器为 16#08，即十进制的 3。

2）创建控制指令 USS_CTRL。USS_CTRL 指令主要用于控制处于 Active（激活）状态的变频器，每台变频器仅限指定一条 USS_CTRL 指令。激活状态的变频器如图 6-11 所示。RUN（动）信号为 I0.0；OFF2（自由停车）为 I0.1；OFF3（快速停车）为 I0.2；F_ACK（故障确认

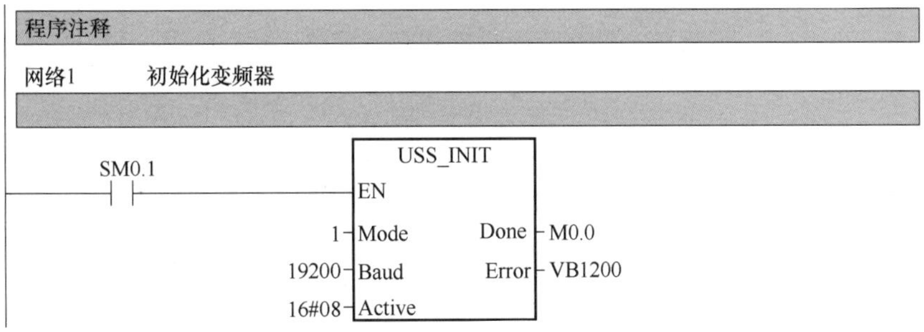

图 6-10　初始化变频器

位）为 I0.3；DIR（变频器方向控制）为 I0.4；Drive（变频器地址）为 3；Type（变频器类型）为 1，表示 MicroMaster4 版本的变频器类型；Speed~（变频器速度）设定值存储在 VD1000；Speed（反馈的当前速度）存储在 VD1600。

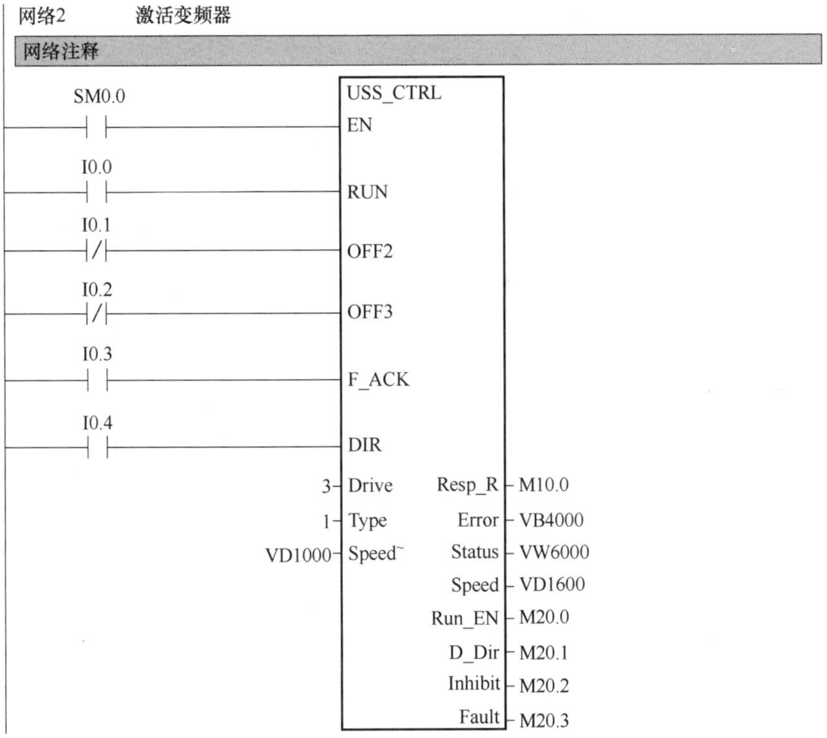

图 6-11　激活状态的变频器

3）创建读取指令 USS_RPM。USS_RPM 指令用于读取变频器的参数，一次仅限启用一条读取指令。图 6-12 为读取变频器 P700 参数值，XMT_~（读取请求）为 I0.5；Drive（变频器地址）为 3；Param（需要读取的参数号）为 700；Index（需要读取的参数索引）为 0；Value（读取的参数值）存储在 VW2600。

4）创建写入指令 USS_WPM。USS_WPM 指令用于通过 USS 通信给变频器写入参数，一次仅限启用一条写入指令。图 6-13 为修改变频器 P1120 参数值。XMT_~（写入请求）为 I0.6；Drive（变频器地址）为 3；Param（需要写入的参数号）为 1120；Index（需要写入的参数索引）为 0；Value（写入的参数值）存储在 VD1700。

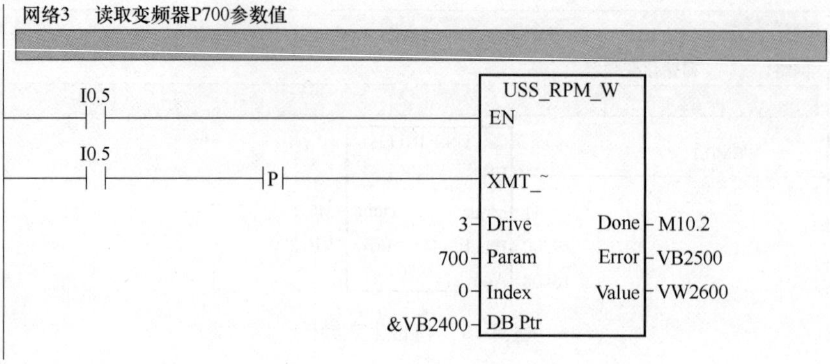

图 6-12　读取变频器 P700 参数值

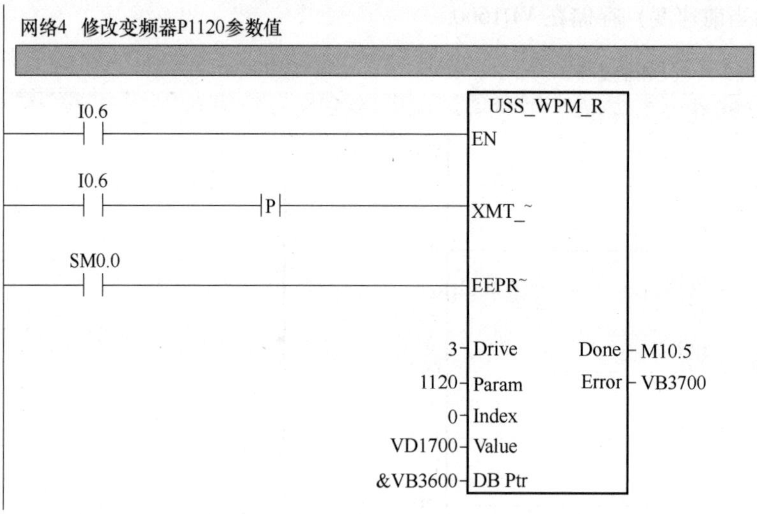

图 6-13　修改变频器 P1120 参数值

3. 下载与调试

本任务采用 PPI 通信将程序下载至 PLC 中。调试程序时，在监控模式下需要观察以下情况：

1）当按下起动按钮 I0.0 时，观察变频器是否按照指定的速度开始反转运行，如当输入设定速度 VD1000=50 时，则变频器以 50%的速度运行，观察变频器的当前速度 VD1600 是否为 25Hz。

2）当按下正转起动按钮 I0.4 时，变频器是否按照指定的速度开始正转运行。

3）当按下自由停机按钮 I0.1 时，变频器是否在不经过制动的情况下逐渐自然停止。

4）当按下快速停机按钮 I0.2 时，变频器是否通过制动快速停止。

5）当按下读取参数按钮 I0.5 时，变频器是否读取 P700 参数的值。

6）当按下写入参数按钮 I0.6 时，是否按照设定数值写入到变频器 P1120 中。当输入设定减速时间 VD1700=3.6 时，观察变频器 P1120 参数是否为 3.6s。

在调试程序时，如果出现无法起动变频器的情况，应检查变频器的 USS 地址、OFF2 和 OFF3 的状态是否为真；如果无法读取或写入参数，应检查变频器的 USS 地址、读取或写入参数的数据类型。

「练习反馈」

1）组建 S7-200 PLC 与变频器的 USS 通信系统时，硬件接线必须满足哪些要求？

2）组建 S7-200 PLC 与变频器的 USS 通信系统时，变频器需要设置哪些参数？

3）组建 S7-200 PLC 与变频器的 USS 通信系统时，如何创建初始化指令 USS_INIT 和控制指令 USS_CTRL？

工作任务 6.2　S7-1200 PLC 与 MM420 变频器的 USS 通信

随着网络通信技术的不断发展，西门子 PLC 的产品不断更新。SIMATIC S7-1200 以其强大的通信功能、通用的接口以及简单且与众不同的集成工程组态软件带给用户全新的应用感受。

「任务描述」

本任务利用 S7-1200 PLC，通过 USS 通信协议控制变频器的起停和无级调速，实现变频器参数的读取和更改，克服了开关量或模拟量控制系统的缺点，达到简化线路、降低干扰、提高系统可靠性和智能化控制的目的。本任务的内容如下：

1）利用 USS 协议控制变频器起停和无级调速。

2）利用 USS 协议读取或写入变频器的参数。

「任务目标」

1）熟悉变频器参数的含义与设置。

2）熟悉 CB-1241（RS-485）通信板的使用。

3）掌握 USS 协议控制变频器工作的方法。

「任务准备」

任务准备内容见表 6-12。

表 6-12　任务准备

序号	硬件	软件
1	CPU 1214C DC/DC/DC	TIA Portal V15
2	CB-1241（RS-485）	
3	MM420 变频器	
4	三相交流电动机	
5	PC/PPI 电缆	
6	电线	

「相关知识」

1. USS_Port_Scan 端口指令

USS_Port_Scan 端口指令用于处理 USS 网络上的通信。通常程序中每个 PtP 通信模块只有一个 USS_Port_Scan 功能，且每次调用该功能时都会处理与单个驱动器的通信。用户程序必须尽快执行该功能以防止驱动器超时。与同一个 USS 网络和 PtP 通信模块相关的所有 USS 功能必须使用同一个背景数据块。通常可以在 OB1 或者延时中断块中调用 USS_Port_Scan。图 6-14 为 USS_Port_Scan 指令的梯形图，表 6-13 为 USS_Port_Scan 指令格式。

表 6-13　USS_Port_Scan 指令格式

名称	参数	说明	数据类型
端口指令	EN	使能端	Bool
	PORT	端口标识符，指示通过哪个通信模块进行 USS 通信	端口
	BAUD	通信的传输速率，如 1200bit/s、2400bit/s、4800bit/s、9600bit/s、19200bit/s、38400bit/s、57600bit/s 或 115200bit/s	DInt
	USS_DB	与驱动器通信时的 USS 背景数据块。引用在用户程序中放置 USS_DRV 指令时创建和初始化的背景数据块	DInt
	ERROR	输出错误。该引脚为真时，表示发生错误，STATUS 输出有效	Bool
	STATUS	扫描或初始化的状态	UInt

2. USS_Drive_Control 驱动指令

USS_Drive_Control 驱动指令用来与驱动器交换数据，从而读取驱动器的状态以及控制驱动器的运行。每个驱动器使用一个单独的功能块，但在同一个 USS 网络中必须使用同一个背景数据块。必须在放置第一个 USS_DRV 指令时创建该 DB 名称，然后可重复使用该 DB。图 6-15 为USS_Drive_Control 指令的梯形图，表 6-14 为 USS_Drive_Control 指令格式。

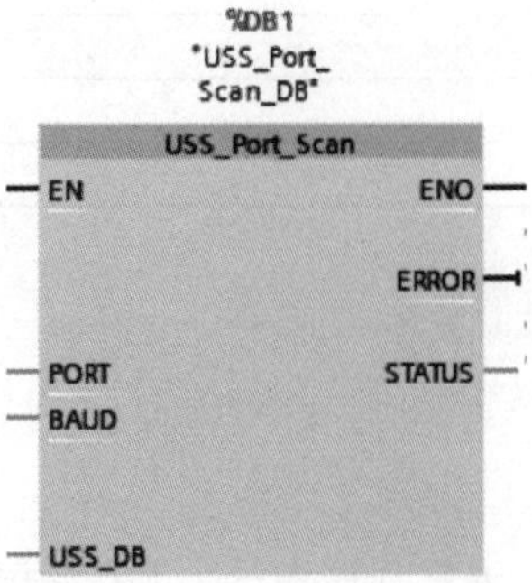

图 6-14　USS_Port_Scan 指令的梯形图

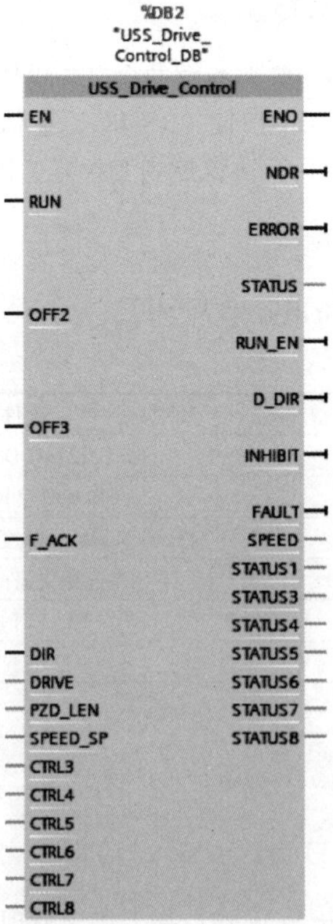

图 6-15　USS_Drive_Control 指令的梯形图

表 6-14　USS_Drive_Control 指令格式

名称	参数	说明	数据类型
驱动指令	EN	使能端，该指令应当始终启用	Bool
	RUN	指定 DB 的变频器起动指令 当 RUN 为 ON 时，驱动器按照指定的速度开始运行 当 RUN 为 OFF 时，驱动器将速度降低，直至电动机停止	Bool
	OFF2	自由停车。当 OFF2 为假时，将使驱动器在不经过制动的情况下逐渐自然停止	Bool
	OFF3	快速停车。当 OFF3 为假时，将通过制动使驱动器快速停止	Bool
	F_ACK	驱动器故障确认位，通过设置该位以复位驱动器的故障位	Bool
	DIR	驱动器方向控制，通过设置该位以指示驱动器运行方向	Bool
	DRIVE	驱动器地址。该输入是 USS 驱动器的地址，有效范围为驱动器 1~16。可以通过变频器参数 P2011 设置此参数	USInt
	PZD_LEN	PZD 字长度。有效值为 2、4、6 或 8 个字。默认值为 2。可以通过变频器参数 P2012 设置此参数	USInt
	SPEED_SP	驱动器的速度设定值，以组态频率的百分数形式表示驱动器的速度。正值表示方向向前（DIR 为真时）	Real
	CTRL3	控制字 3，用以给驱动器上的用户定义参数赋值，必须预先在驱动器上设置该参数	UInt
	NDR	新数据就绪。NDR = 1，表示输出包含新通信请求数据	Bool
	ERROR	发生错误。ERROR = 1，表示发生错误，STATUS 输出有效。其他所有输出在出错时均设置为零。仅在 USS_PORT 指令的 ERROR 和 STATUS 输出中报告通信错误	Bool
	STATUS	请求的状态值，表示扫描或初始化的结果，不是从驱动器返回的状态字	UInt
	SPEED	驱动器反馈的当前速度，以组态速度的百分数形式表示驱动器的速度	Real
	RUN_EN	运行已启用，该位指示驱动器是运行（1）还是停止（0）	Bool
	D_DIR	驱动器方向，该位指示驱动器的旋转方向	Bool
	INHIBIT	驱动器已禁止，为该位表示驱动器上的禁止位状态，其中 0 为不禁止，1 为禁止	Bool
	FAULT	驱动器故障，表示驱动器已注册故障。用户必须解决问题，并且在该位被置位时，设置 F_ACK 位以清除此位	Bool
	STATUS1	驱动器状态字 1，该值包含驱动器的固定状态位	UInt

注意：在使用 USS 通信时，变频器的 PKIW 长度必须是 4，如果改成 3 或者 127，都将不能读取反馈回来的过程值。

3. USS_Read_Param 读取指令

USS_Read_Param 读取指令用于从驱动器读取参数。与同一个 USS 网络和 PtP 通信模块相关的所有 USS 功能必须使用同一个数据块。必须从主程序 OB 中调用 USS_Read_Param 指令。图 6-16 为 USS_Read_Param 指令的梯形图，表 6-15 为 USS_Read_Param 指令格式。

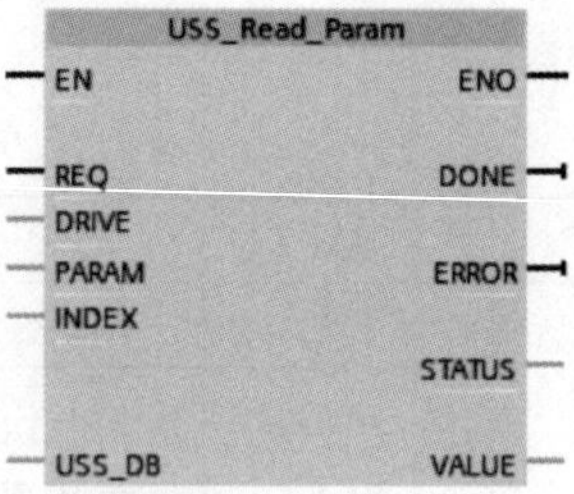

图 6-16 USS_Read_Param 指令的梯形图

表 6-15 USS_Read_Param 指令格式

名称	参数	说明	数据类型
读取指令	EN	使能端	Bool
	REQ	读取请求。该参数为真时，表示需要新的读请求。如果该参数的请求已处于待决状态，将忽略新请求	Bool
	DRIVE	驱动器地址。该输入是 USS 驱动器的地址，有效范围为驱动器 1~16	USInt
	PARAM	需要读取的参数号。该输入是驱动器参数号，参数号范围为0~2047	UInt
	INDEX	需要读取的参数索引（即参数下标）。索引为一个 16 位值，其中低有效字节是实际索引值，范围为 0~255，高有效字节也可被驱动器使用且取决于驱动器	UInt
	USS_DB	与驱动器通信时的 USS 背景数据块。引用在用户程序中放置 USS_DRV 指令时创建和初始化的背景数据块	Variant
	DONE	读取参数完成位。当 USS_RPM 指令完成时，DONE 输出为 ON，表示读操作完成，VALUE 输出包含先前请求的读取参数值。USS_DRV 发现来自驱动器的读响应数据时会设置该位。当用户通过另一个 USS_RPM 轮询请求响应数据或执行接下来两个 USS_DRV 调用的第二个调用时复位该位。	Bool
	ERROR	出错故障。该参数为真时，表示发生错误，STATUS 输出有效。其他所有输出在出错时均设置为零。仅在 USS_PORT 指令的 ERROR 和 STATUS 输出中报告通信错误	Bool
	STATUS	读取参数状态代码，表示读请求的结果	UInt
	VALUE	读取的参数值。仅当 DONE 为真时才有效	Word、Int、UInt、Real、DWord、DInt、UDInt

4. USS_Write_Param 写入指令

USS_Write_Param 写入指令用于给变频器写入参数。与同一个 USS 网络和 PtP 通信模块相关的所有 USS 功能必须使用同一个数据块。必须从主程序 OB 中调用 USS_Write_Param。图 6-17 为 USS_Write_Param 指令的梯形图，表 6-16 为 USS_Write_Param 指令格式。

表 6-16　USS_Write_Param 指令格式

名称	参数	说明	数据类型
写入指令	EN	使能端	Bool
	REQ	写入请求。该参数为真时，表示需要新的写请求。如果该参数的请求已处于待决状态，将忽略新请求	Bool
	DRIVE	驱动器地址。该输入是 USS 驱动器的地址，有效范围为驱动器 1~16	USInt
	PARAM	需要写入的参数号。该输入是驱动器参数号，参数号范围为0~2047	UInt
	INDEX	需要写入的参数索引（即参数下标）。索引为一个 16 位值，其中低有效字节是实际索引值，范围为 0~255，高有效字节也可被驱动器使用且取决于驱动器	UInt
	EEPROM	存储到驱动器 EEPROM，1 为写入，0 为不写入。不要过多使用 EEPROM 永久写操作，应尽可能减少 EEPROM 写操作次数以延长 EEPROM 的寿命	Bool
	VALUE	写入的参数值，必须在 REQ 切换时有效	Word、Int、UInt、DInt、UDInt、Real、DWord
	USS_DB	与驱动器通信时的 USS 背景数据块。引用在用户程序中放置 USS_DRV 指令时创建和初始化的背景数据块	Variant
	DONE	写入参数完成位。当 USS_WPM 指令完成时，DONE 输出为 ON，表示写操作完成，输入 VALUE 已写入驱动器。USS_DRV 发现来自驱动器的写响应数据时会设置该位。当用户通过另一个 USS_WPM 轮询请求驱动器确认写操作已完成或执行接下来两个 USS_DRV 调用的第二个调用时复位该位	Bool
	ERROR	出错故障。该参数为真时，表示发生错误，STATUS 输出有效。其他所有输出在出错时均设置为零。仅在 USS_PORT 指令的 ERROR 和 STATUS 输出中报告通信错误	Bool
	STATUS	写入参数状态代码，表示写请求的结果	UInt

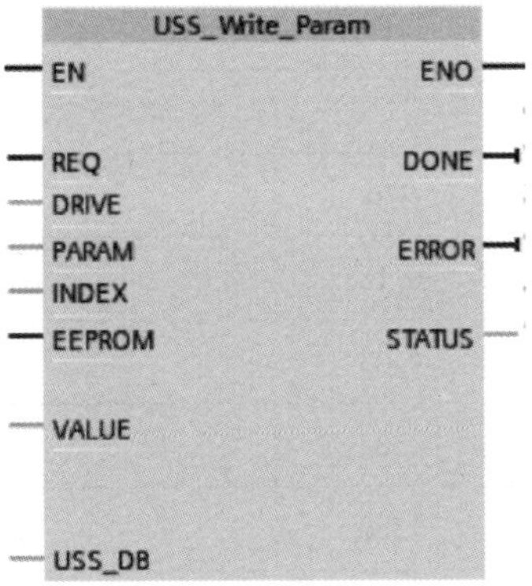

图 6-17　USS_Write_Param 指令的梯形图

「任务实施」

1. 硬件设计

(1) 硬件接线

S7-1200 PLC 与 MM420 变频器的接线图如图 6-18 所示。按钮 SB1~SB7 分别连接 PLC 的数字量输入端子 I0.0~I0.6，1M 公共端子供电电压接 24V 直流电源；CB-1241 RS-485 通信板的 B+和 A−端子分别连接变频器 USS 协议的 14 号和 15 号端子；变频器的电源接线端子 L1、L2、L3 连接三相供电电源，变频器 U、V、W 接线端子连接电动机，三相供电电源和电动机的接地线必须连接到变频器相应的接地端子上。

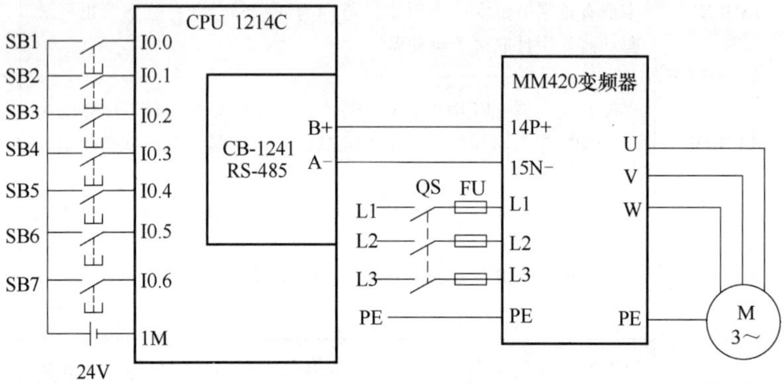

图 6-18 S7-1200 PLC 与 MM420 变频器的接线图

(2) 变频器参数设置

设置变频器参数时，建议先将参数恢复出厂设置，然后设置电动机参数，最后设置 USS 通信协议的参数，表 6-17 为 MM420 变频器的参数设置。

表 6-17 MM420 变频器的参数设置

步骤	参数号	设置值	参数意义
恢复出厂设置	P0010	30	出厂默认设置值
	P0970	1	参数复位
电动机参数	P0010	1	快速调试
	P0003	3	用户访问级为专家级
	P0304	380	电动机额定电压/V
	P0305	0.18	电动机额定电流/A
	P0307	0.03	电动机额定功率/kW
	P0310	50	电动机额定频率/Hz
	P0311	1300	电动机额定转速/$r \cdot min^{-1}$

（续）

步骤	参数号	设置值	参数意义
	P0700	5	COM 链路 USS 通信 RS-485 口
	P1000	5	通过 USS 通信设置频率
	P1120	0.6	斜坡上升时间/s
	P1121	0.6	斜坡下降时间/s
	P2000	50	基准频率/Hz
USS 协议参数	P2009 [2]	1	USS 规格化
	P2010 [2]	6	传输速率为 9600bit/s
	P2011 [2]	3	变频器 USS 地址
	P2012 [2]	2	USS 协议 PZD 长度
	P2013 [2]	4	USS 协议 PKW 长度，可变
	P0971	1	从 RAM 向 EEPROM 传输的时间

2. 软件设计

（1）I/O 分配

根据任务描述可知，有 7 个数字量输入信号分别控制变频器的起动、自由停机、快速停机、故障复位、正转起动、读取参数和写入参数，表 6-18 为输送单元的 I/O 分配表。

表 6-18　输送单元的 I/O 分配表

输入信号			输出信号		
序号	输入点	功能	序号	输出点	功能
1	I0.0	起动按钮	1	B+	B+与变频器的 29 号端子连接
2	I0.1	自由停机按钮	2	A-	A-与变频器的 30 号端子连接
3	I0.2	快速停机按钮			
4	I0.3	故障复位按钮			
5	I0.4	正转启动按钮			
6	I0.5	读取参数按钮			
7	I0.6	写入参数按钮			

（2）硬件组态

1）新建工程，命名为“S7 1200 与 MM420 间的 USS 通信”，添加硬件“CPU 1214C”和“CB 1241（RS485）”，如图 6-19 所示。

新建工程

2）新建循环中断模块。USS_PORT 端口指令的次数必须足够多，以防止驱动器超时，一般使用循环中断调用。不同的通信传输速率对应的最小通信时间间隔也不同。本任务选用的传输速率为 9600kbit/s，其最小时间间隔为 116.3s，因此，循环扫描时间确定为 100ms，如图 6-20 所示。

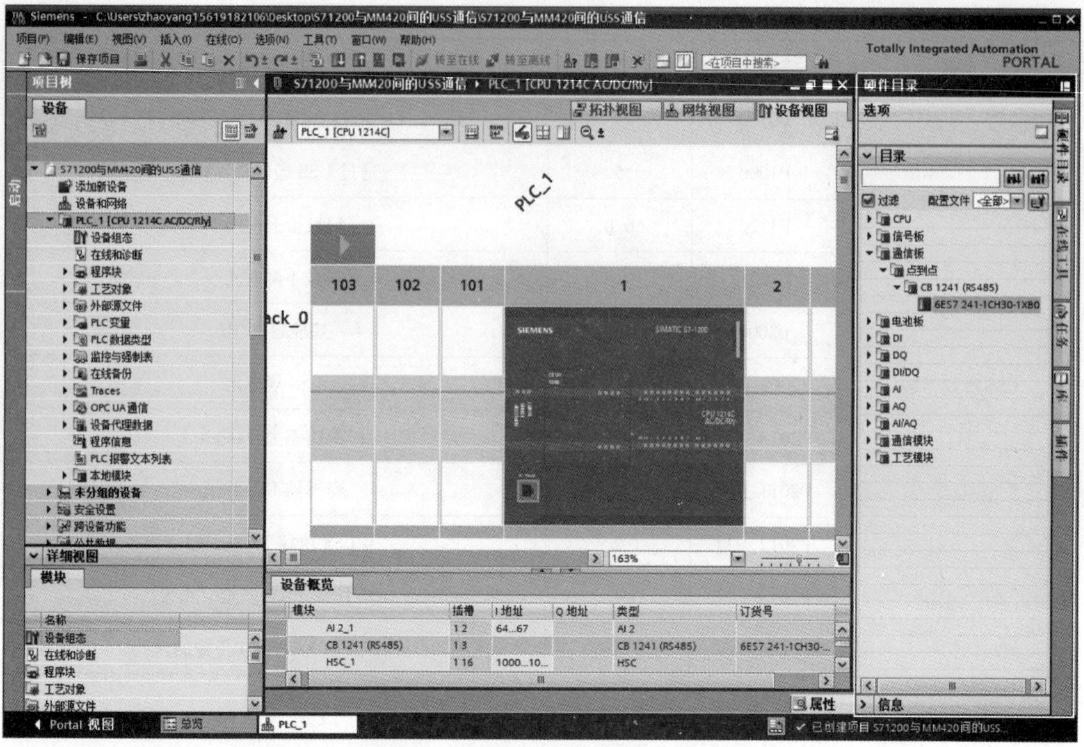

图 6-19　新建工程

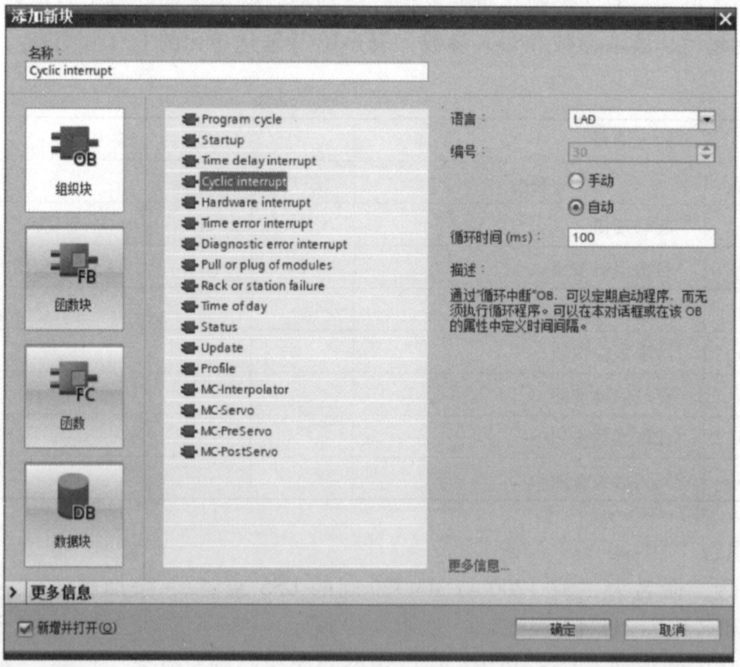

图 6-20　新建循环中断模块

3）新建数据块，如图 6-21 所示。在 DB 中建立变频器运行速度（Real）、当前速度（Real）、当前加速时间（Real）和设定减速时间（Real），变频器运行参数如图 6-22 所示。

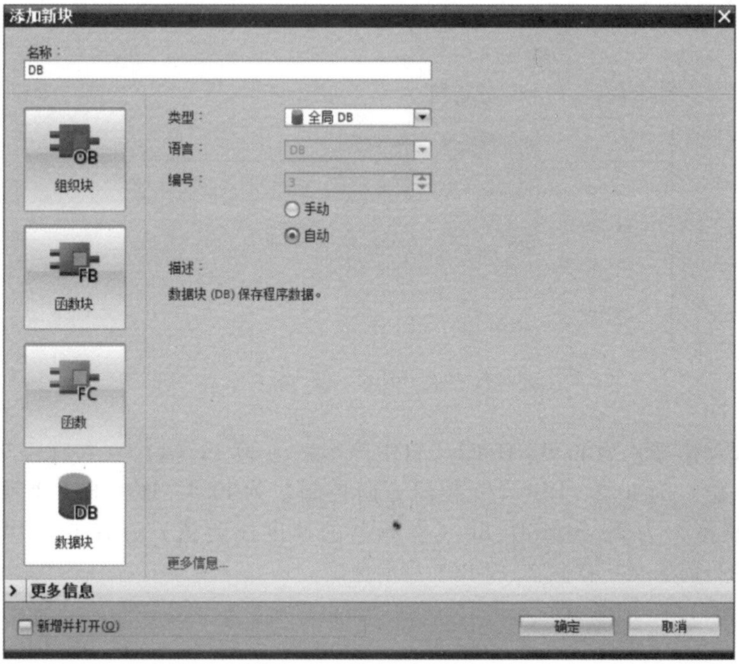

图 6-21　新建数据块

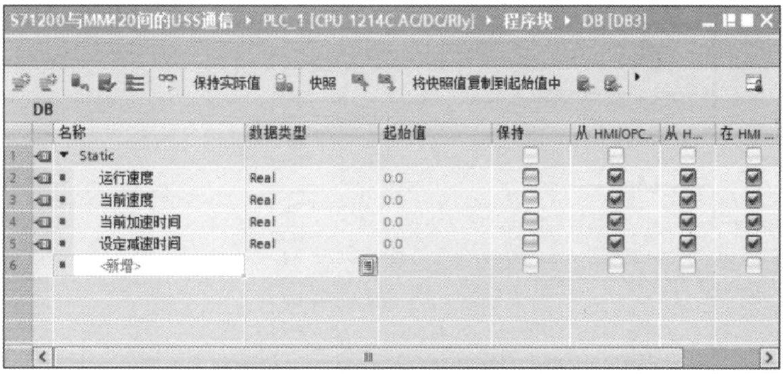

图 6-22　变频器运行参数

（3）程序设计

1）在循环中断块 Cyclic interrupt［OB30］上创建端口指令 USS_Port_Scan。USS_Port_Scan 端口指令可以通过 CB 1241 RS485 通信板来处理 S7 1200 PLC CPU 与 MM420 变频器之间的实际通信，每次调用该指令都会处理与单个变频器的一次通信，避免变频器通信超时。图 6-23 为在循环中断块中创建的端口指令 USS_Port_Scan，其中 PORT（端口标识）为 CB 1241 RS485 通信板，BAUD 为 9600bit/s，USS_DB（背景数据块）为 USS_Drive_Control 指令的背景数据块。

2）在主程序块 Main［OB1］中创建驱动指令 USS_Drive_Control、读取指令 USS_RPM 和写入指令 USS_WPM。

USS_Drive_Control 驱动指令用来与 MM420 变频器交换数据，从而读取 MM420 变频器的状态以及控制 MM420 变频器的运行。每个 MM420 变频器使用一个单独的功能块，但在同一个 CB 1241 RS485 模块的 USS 网络中必须使用同一个 USS_Drive_Control 的背景数据块。图 6-24 为驱动

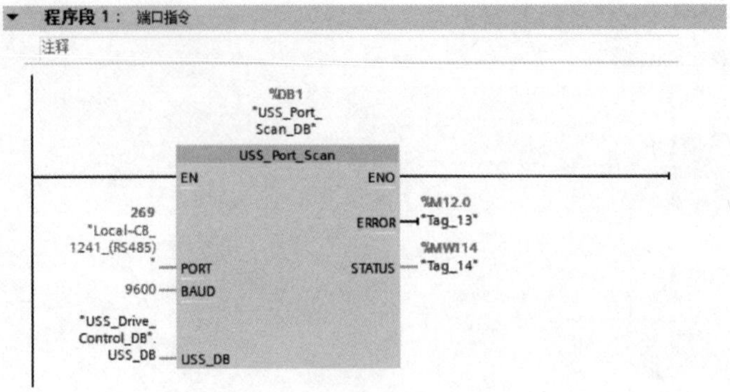

图 6-23　端口指令 USS_Port_Scan

指令，RUN（起动信号）为 I0.0，OFF2（自由停车）为 I0.1，OFF3（快速停车）为 I0.2，F_ACK（故障确认位）为 I0.3，DIR（变频器方向控制）为 I0.4，DRIVE（变频器地址）为 3，PZD_LEN（字长度）为 2，SPEED_SP（变频器的速度设定值）存储在“DB”. 运行速度，SPEED（反馈的当前速度）存储在“DB”. 当前速度。

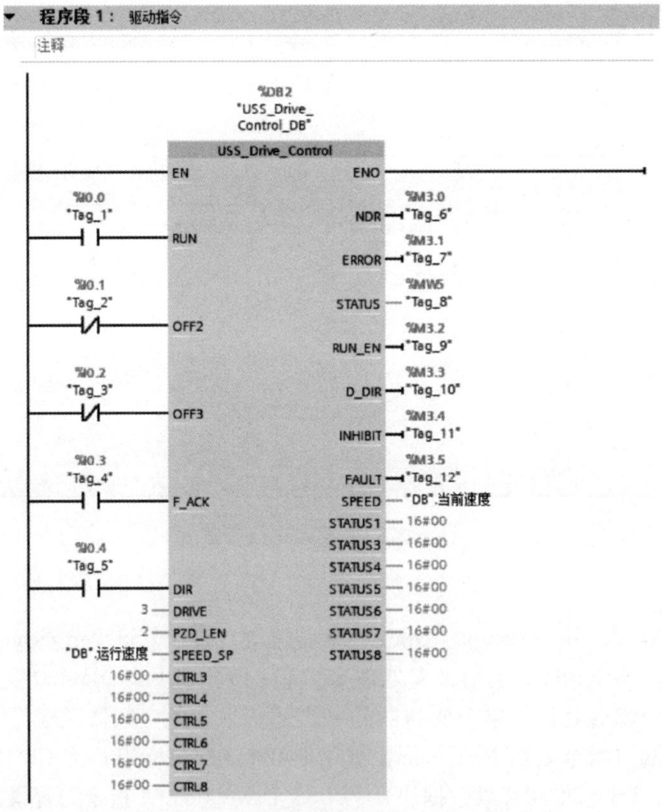

图 6-24　驱动指令

USS_Read_Param 读取指令用于通过 USS 通信读取变频器的参数。图 6-25 为读取变频器 P1120 参数值，REQ（读取请求）为 I0.5，DRIVE（变频器地址）为 3，PARAM（需要读取的参数号）为 1120，INDEX（需要读取的参数索引）为 0，USS_DB（背景数据块）为 USS_Drive_Control 驱动指令的背景数据块，VALUE（读取的参数值）存储在“DB”. 当前加速时间。

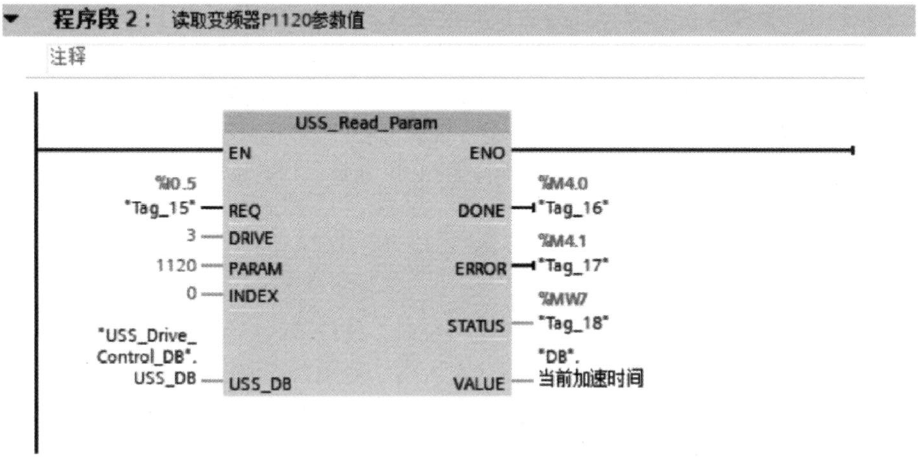

图 6-25　读取变频器 P1120 参数值

USS_Write_Param 写入指令用于通过 USS 通信给变频器写入参数。图 6-26 为修改变频器 P1121 参数值，REQ（写入请求）为 I0.6，DRIVE（变频器地址）为 3，PARAM（需要写入的参数号）为 1121，INDEX（需要写入的参数索引）为 0，VALUE（写入的参数值）存储在“DB”. 设定减速时间，USS_DB（背景数据块）为 USS_Drive_Control 指令的背景数据块。

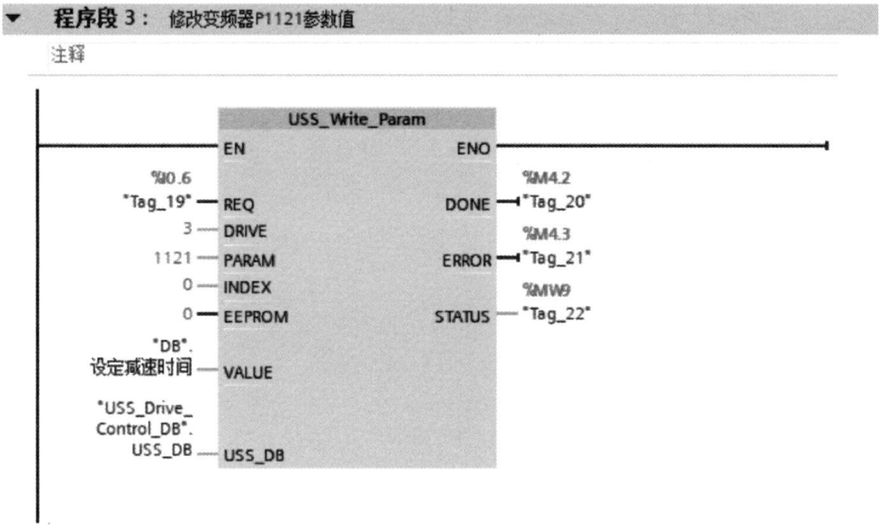

图 6-26　修改变频器 P1121 参数值

3. 下载与调试

本任务采用以太网通信协议，将程序下载至 PLC 中。调试程序时，在监控模式下需要观察以下情况：

1）当按下起动按钮 I0. 0 时，观察变频器是否按照指定的速度开始反转运行，如当输入运行速度 = 50 时，则变频器以 50% 的速度运行，观察变频器的当前速度是否为 25Hz。

2）当按下正转起动按钮 I0. 4 时，变频器是否按照指定的速度开始正转运行。

3）当按下自由停机按钮 I0. 1 时，变频器是否在不经过制动的情况下逐渐自然停止。

4）当按下快速停机按钮 I0. 2 时，变频器是否通过制动快速停止。

5）当按下读取参数按钮 I0. 5 时，变频器是否读取 P1120 参数的值。

6）当按下写入参数按钮 I0.6 时，是否按照设定数值写入到变频器 P1121 中。如当输入“设定减速时间”为 3.6 时，观察变频器 P1121 参数是否为 3.6s。

在调试程序时，如果出现无法起动变频器的情况，应检查变频器的 USS 地址、USS_PORT 指令的 USS_DB 是否为 USS_Drive_Control 驱动指令的背景数据块，以及 OFF2 和 OFF3 的状态是否为真；如果无法读取或写入参数，应检查变频器的 USS 地址、USS_DB 和读取或写入参数的数据类型。

「练习反馈」

1）组建 S7-1200 PLC 与变频器的 USS 通信系统时，硬件接线必须满足哪些要求？

2）组建 S7-1200 PLC 与变频器的 USS 通信系统时，变频器需要设置哪些参数？

3）组建 S7-1200 PLC 与变频器的 USS 通信系统时，如何创建 USS_Port_Scan 端口指令和 USS_Drive_Control 驱动指令？

项目 7

西门子工业网络通信应用实例

本项目从网络通信的实际应用出发，以 Modbus RTU、PROFIBUS-DP 及 PROFINET 工业网络通信协议为脉络，以实际工程应用为例，介绍了西门子 S7-1200 PLC 和 S7-1500 PLC 与 G120/S120 变频器之间的工业网络通信的硬件组态、软件编程及其通信的相关知识。

工作任务 7.1 S7-1200 PLC 与 G120 变频器的 Modbus 通信实例

「任务描述」

S7-1200 PLC 的 Modbus 通信需要配置串行通信模块，如 CM 1241（RS485）、CM 1241（RS422/RS485）和 CB 1241（RS485）板。1 台 S7-1200 PLC CPU 中最多可安装 3 个 CM 1241（RS422/RS485）模块和 1 个 CB 1241（RS485）板。

S7-1200 PLC CPU（V4.1 版本及以上）扩展了 Modbus 的功能，可以使用 PROFINET 或 PROFIBUS 分布式 I/O 机架上的串行通信模块与设备进行 Modbus 通信。

下面通过一个实例介绍 S7-1200 PLC 与 G120 变频器的 Modbus 通信的具体实施过程。

用一台 CPU 1211C 对 G120 变频器拖动的电动机进行 Modbus 无级调速控制，已知电动机的额定功率为 1.1kW，额定转速为 1440r · min^{-1}，额定电压为 380V，额定电流为 2.65A，额定频率为 50Hz。

「任务目标」

1）了解 Modbus 通信的基本知识，熟悉使用串行通信模块进行 Modbus 通信的方法。

2）掌握 S7-1200 PLC 与 G120 变频器之间的 Modbus 通信方法。

「任务准备」

任务准备内容见表 7-1。

表 7-1 任务准备

序号	硬件	软件
1	1 台 G120 变频器	TIA Portal V16
2	1 台 CPU 1211C 和 CM 1241（RS485）	STARTER V5. 3
3	1 台电动机	
4	1 根屏蔽双绞线	

「相关知识」

Modbus 是莫迪康（Modicon）公司于 1979 年开发的一种通信协议，是一种工业现场总线协议标准。1996 年，施耐德电气公司推出了基于以太网 TCP/IP 的 Modbus 协议——Modbus TCP。

1. Modbus 协议简介

Modbus 协议是一种应用层报文传输协议，包括 Modbus ASCⅡ、Modbus RTU 和 Modbus TCP 三种报文类型，协议本身并没有定义物理层，只是定义了控制器能够认识和使用的消息结构，而与它们是经过何种网络进行通信无关。

Modbus 串行链路协议是一个主-从协议，采用请求-响应方式，总线上只有 1 个主站，主站发送带有从站地址的请求帧，具有该地址的从站接收到后发送响应帧进行应答。从站没有接收到来自主站的请求时，不会发送数据，从站之间也不会互相通信。

标准的 Modbus 协议物理层接口有 RS-232、RS-422、RS-485 和以太网接口。Modbus 串行通信采用主/从方式通信。

2. Modbus RTU 的报文格式

在串行通信时，常使用 Modbus RTU（远程终端），其报文格式（模型）如图 7-1 所示。通信时双方必须采用相同的报文格式与通信参数。Modbus RTU 的报文包括 1 个起始位、8 个数据位、1 个校验位和 1 个停止位（报文以字节为单位的字节编码格式，图 7-1 中未展开说明）。

<table>
<tr><td rowspan="3">启动/暂停</td><td colspan="5">应用数据单元</td></tr>
<tr><td rowspan="2">Slave</td><td colspan="2">协议数据单元</td><td rowspan="2" colspan="2">CRC</td></tr>
<tr><td>功能代码</td><td>数据</td></tr>
<tr><td rowspan="2">≥3. 5B</td><td rowspan="2">1B</td><td rowspan="2">1B</td><td rowspan="2">0~252B</td><td colspan="2">2B</td></tr>
<tr><td>CRC 低位</td><td>CRC 高位</td></tr>
</table>

图 7-1 Modbus RTU 的报文格式（模型）

3. Modbus 的地址（寄存器）

Modbus 的地址通常是包含数据类型和偏移量的 5 个字符值。第 1 个字符确定数据类型，后面 4 个字符选择数据类型内的正确数值。PLC 等对 G120/S120 变频器的访问是通过访问相应的寄存器（地址）实现的，这些寄存器是变频器厂家依据 Modbus 定义的，如寄存器 40345 表示 G120 变频器的实际电流值。因此，在编写通信程序之前，须先熟悉需要使用的寄存器（地址）。G120 变频器常用的寄存器（地址）见表 7-2。

表 7-2　G120 变频器常用的寄存器（地址）

Modbus 寄存器号	描述	Modbus 访问方式	单位	标定系数	ON/OFF 或数值域		数据/参数
40100	控制字	R/W		1			过程数据 1
40101	主设定值	R/W		1			过程数据 2
40110	状态字	R		1			过程数据 1
40111	主实际值	R		1			过程数据 2
40200	DO 0	R/W		1	高	低	P0730，r747.0，P748.0
40201	DO 1	R/W		1	高	低	P0731，r747.1，P748.1
40202	DO 2	R/W		1	高	低	P0732，r747.2，P748.2
40220	AO 0	R	%	100	-100.0~100.0		r0774.0
40221	AO 1	R	%	100	-100.0~100.0		r0774.1
40240	DI 0	R		1	高	低	r0722.0
40241	DI 1	R		1	高	低	r0722.1
40242	DI 2	R		1	高	低	r0722.2
40243	DI 3	R		1	高	低	r0722.3
40244	DI 4	R		1	高	低	r0722.4
40245	DI 5	R		1	高	低	r0722.5
40260	AI 0	R	%	100	-300.0~300.0		r0755 [0]
40261	AI 1	R	%	100	-300.0~300.0		r0755 [1]
40262	AI 2	R	%	100	-300.0~300.0		r0755 [2]
40263	AI 3	R	%	100	-300.0~300.0		r0755 [3]
40300	功率栈编号	R		1	0~32767		r0200
40301	变频器的固件	R		1	0.00~327.67		r0018
40320	功率模块的额定功率	R	kW	100	0~327.67		r0206
40321	电流限值	R/W	%	10	10.0~400.0		P0640
40322	加速时间	R/W	s	100	0.00~650.0		P1120
40323	减速时间	R/W	s	100	0.00~650.0		P1121
40324	基准转速	R/W	$r \cdot min^{-1}$	1	6~32767		P2000
40340	转速设定值	R	$r \cdot min^{-1}$	1	-16250~16250		r0020
40341	转速实际值	R	$r \cdot min^{-1}$	1	-16250~16250		r0022
40342	输出频率	R	Hz	100	-327.68~327.67		r0024
40343	输出电压	R	V	1	0~32767		r0025
40344	直流母线电压	R	V	1	0~32767		r0026
40345	电流实际值	R	A	100	0~163.83		r0027

（续）

Modbus 寄存器号	描述	Modbus 访问方式	单位	标定 系数	ON/OFF 或 数值域	数据/参数
40346	转矩实际值	R	N·m	100	-325.00~325.00	r0031
40347	有功功率实际值	R	kW	100	0~327.67	r0032
40348	能耗	R	kW·h	1	0~32767	r0039
40400	故障号，下标 0	R		1	0~32767	r0947 [0]
40401	故障号，下标 1	R		1	0~32767	r0947 [1]
40402	故障号，下标 2	R		1	0~32767	r0947 [2]
40403	故障号，下标 3	R		1	0~32767	r0947 [3]
40404	故障号，下标 4	R		1	0~32767	r0947 [4]
40405	故障号，下标 5	R		1	0~32767	r0947 [5]
40406	故障号，下标 6	R		1	0~32767	r0947 [6]
40407	故障号，下标 7	R		1	0~32767	r0947 [7]
40408	报警号	R		1	0~32767	r2110 [0]
40409	当前报警代码	R		1	0~32767	r2132
40499	PRM ERROR 代码	R		1	0~255	
40500	工艺控制器使能	R/W		1	0~1	P2200，2349.0
40501	工艺控制器 MOP	R/W	%	100	-200.0~200.0	P2240
40510	工艺控制器的实际滤波器时间常数	R/W		100	0.00~60.00	P2265
40511	工艺控制器实际值的比例系数	R/W	%	100	0.00~500.00	P2269
40512	工艺控制器的比例增益	R/W		1000	0.000~65.000	P2280
40513	工艺控制器的积分作用时间	R/W	s	1	0~60	P2285
40514	工艺控制器差分分量的时间常数	R/W		1	0~60	P2274
40515	工艺控制器的最大极限值	R/W	%	100	-200.0~200.0	P2291
40516	工艺控制器的最小极限值	R/W	%	100	-200.0~200.0	P2292

（续）

Modbus 寄存器号	描述	Modbus 访问方式	单位	标定系数	ON/OFF 或数值域	数据/参数
40520	有效设定值，在斜坡函数发生器的内部工艺控制器 MOP 之后	R	%	100	-100.0~100.0	r2250
40521	工艺控制器实际值，在滤波器之后	R	%	100	-100.0~100.0	r2266
40522	工艺控制器的输出信号	R	%	100	-100.0~100.0	r2294
40601	DS47 Control	R/W				
40602	DS47 Header	R/W				
40603~40722	DS47 数据 1~DS47 数据 120	R/W				

「任务实施」

S7-1200 PLC 与 G120 变频器之间的 Modbus 通信

原理图如图 7-2 所示，CM 1241（RS485）模块串口的 3 和 8 引脚与 G120C 变频器通信口的 2 号和 3 号端子相连，PLC 端和变频器端的终端电阻置于 ON。

1. 硬件组态

（1）新建项目

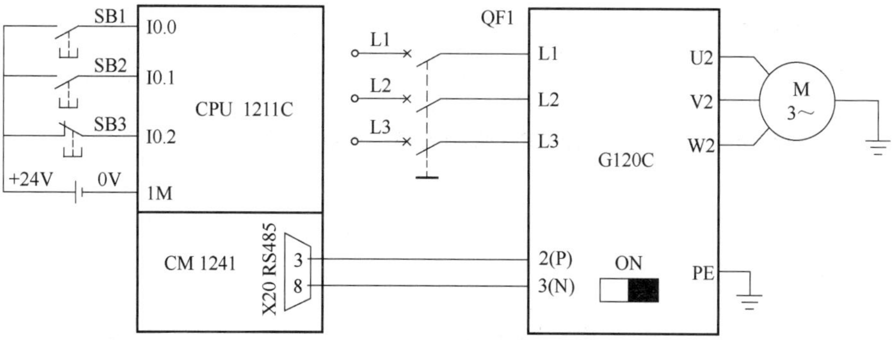

图 7-2　原理图

新建项目“MODBUS_1200”，添加新设备，先把 CPU 1211C 拖拽到设备视图，再将 CM 1241（RS485）通信模块拖拽到设备视图，如图 7-3 所示。

（2）设置串口通信参数

选中 CM 1241（RS485）的串口，再选择“属性”→“常规”→“IO-Link”，不修改“IO-Link”串口的参数（也可根据实际情况修改，但变频器中的参数要和此参数一致），如图 7-4所示。

图 7-3　新建项目及添加新设备

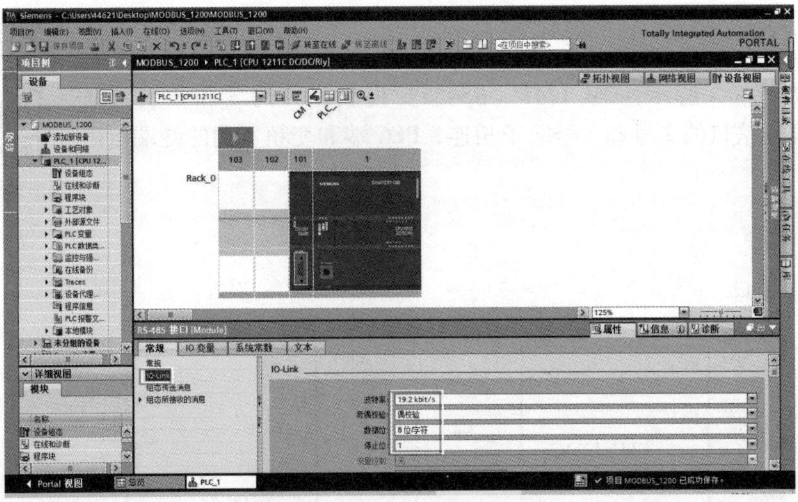

图 7-4　“IO-Link”串口的参数

2. 修改变频器参数

当 G120C 变频器采用 Modbus RTU 通信时，采用宏 21，与 USS 通信的参数设置大致相同（P2030 除外），变频器中需要修改的参数见表 7-3。

表 7-3　修改变频器参数

序号	变频器参数号	设定值	单位	功能说明
1	P0003	3		权限级别，3 是专家级
2	P0010	1/0		驱动调试参数筛选。先设置为 1，当把 P0015 和电动机相关参数修改完成后，再设置为 0
3	P0015	21		驱动设备宏指令
4	P0304	380	V	电动机额定电压

（续）

序号	变频器参数号	设定值	单位	功能说明
5	P0305	2.65	A	电动机额定电流
6	P0307	1.10	kW	电动机额定功率
7	P0310	50.00	Hz	电动机额定频率
8	P0311	1440	$r \cdot min^{-1}$	电动机额定转速
9	P2020	7		Modbus 通信传输速率，7 代表 19.2kbit/s
10	P2021	2		Modbus 地址
11	P2022	2		Modbus 通信 PZD 长度
12	P2030	2		Modbus 通信协议
13	P2031	2		偶校验
14	P2040	1000	ms	总线监控时间

3. 指令介绍和程序编写

（1） Modbus_Comm_Load 指令

Modbus_Comm_Load 指令用于 Modbus RTU 协议通信的串行通信端口分配通信参数。主站和从站都要调用此指令，Modbus_Comm_Load 指令输入/输出参数见表 7-4。

表 7-4　Modbus_Comm_Load 指令输入/输出参数

<table>
<tr><th>LAD</th><th>SCL</th><th>输入/输出</th><th>说明</th></tr>
<tr><td rowspan="9">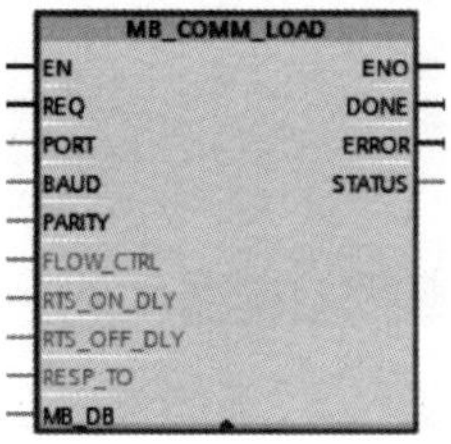
</td><td rowspan="9">"Modbus_Comm_Load_DB"(REQ:=_bool_in,PORT:=_uint_in_,BAUD:=_udint_in_,PARITY:=_uint_in_,FLOW_CTRL:=_uint_in_,RTS_ON_DLY:=_uint_in_,RTS_OFF_DLY:=_uint_in_,RESP_TO:=_uint_in_,DONE=>_bool_out,ERROR=>_bool_out_,STATUS=>_word_out_,MB_DB:=_fbtref_inout_)</td><td>EN</td><td>使能</td></tr>
<tr><td>REQ</td><td>上升沿时信号启动操作</td></tr>
<tr><td>PORT</td><td>硬件标识符</td></tr>
<tr><td>BAUD</td><td>传输速率</td></tr>
<tr><td>PARITY</td><td>奇偶校验选择：0 为无，1 为奇校验，2 为偶校验</td></tr>
<tr><td>MB_DB</td><td>引用 Modbus_Master 或 Modbus_Slave 指令所使用的背景数据块</td></tr>
<tr><td>DONE</td><td>上一请求已完成且没有出错后，DONE 位将保持为 TRUE，持续一个扫描周期时间</td></tr>
<tr><td>STATUS</td><td>故障代码</td></tr>
<tr><td>ERROR</td><td>是否出错：0 为无错误，1 为有错误</td></tr>
</table>

使用 Modbus_Comm_Load 指令时需注意：

1） REQ 是上升沿信号有效，不需要高电平一直接通。

2） 传输速率和奇偶校验必须与变频器和串行通信模块硬件组态一致。

3） 通常运行一次即可，但修改传输速率等参数后，需要再次运行。当 PROFINET 或 PROFIBUS 分布式 I/O 机架上的串行通信模块与设备进行 Modbus 通信时，需要循环调用此指令。

（2） Modbus_Master 指令

Modbus_Master 指令是 Modbus 主站指令，在执行此指令之前，需要执行 Modbus_Comm_Load 指令组态端口。将 Modbus_Master 指令插入程序时，自动分配背景数据块。当指定 Modbus_Comm_

Load 指令的 MB_DB 参数时，将使用 Modbus_Master 背景数据块。Modbus_Master 指令输入/输出参数见表 7-5。

表 7-5 Modbus_Master 指令输入/输出参数

LAD	SCL	输入/输出	说明
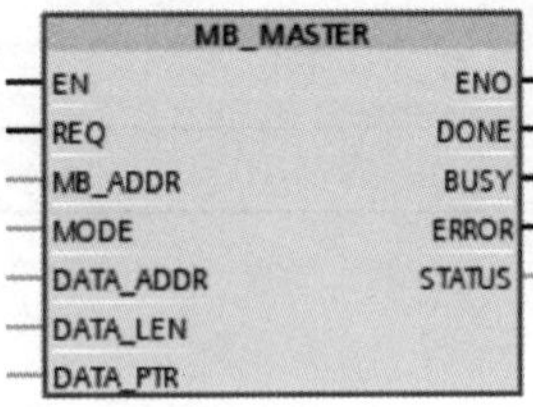	“Modbus_Master_DB”(REQ:=_bool_in_,MB_ADDR:=_uint_in_,MODE:=_udint_in_,DATA_ADDR:=_udint_in_,DATA_LEN:=_udint_in_,DONE=>_bool_out_,BUSY=>_bool_out_,ERROR=>_bool_out_,STATUS=>_word_out_,DATA_PTR:=_variant_inout_)	EN	使能
		MB_ADDR	从站的站地址，有效值为 1~247
		MODE	模式选择：0 为读，1 为写
		DATA_ADDR	从站中的寄存器地址，详见表 7-2
		DATA_LEN	数据长度
		DATA_PTR	数据指针，指向要写入或读取数据的 M 或 DB 地址（未经优化的 DB 类型）
		DONE	上一请求已完成且没有出错后，DONE 位将保持为 TRUE，持续一个扫描周期时间
		BUSY	0 为无 Modbus_Master 操作正在进行，1 为 Modbus_Master 操作正在进行
		STATUS	故障代码
		ERROR	是否出错：0 为无错误，1 为有错误

使用 Modbus_Master 指令时须注意：

1）Modbus 寻址最多支持 247 个从站（从站编号 1~247）。每个 Modbus 网段最多可以有 32 个设备，多于 32 个从站时需要添加中继器。

2）DATA_ADDR 必须查询西门子变频器手册。

（3）编写程序

OB100 中的 LAD 程序如图 7-5 所示，OB1 中的 LAD 程序如图 7-6 所示。

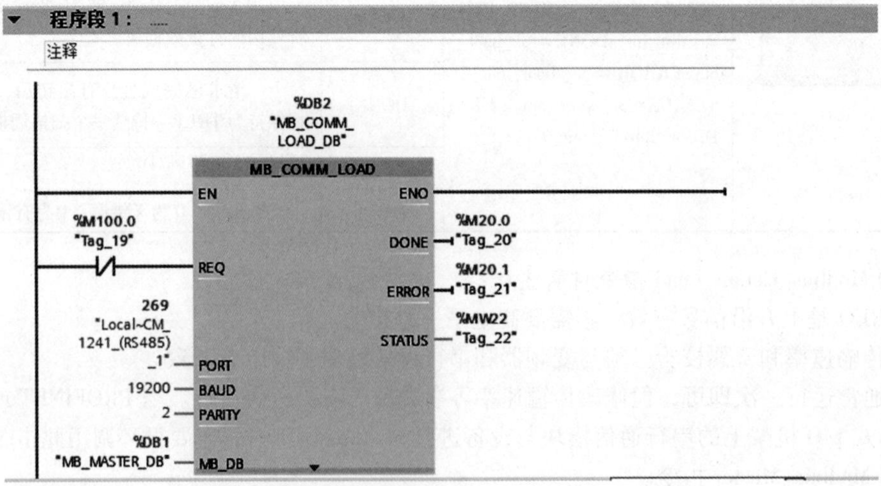

图 7-5 OB100 中的 LAD 程序

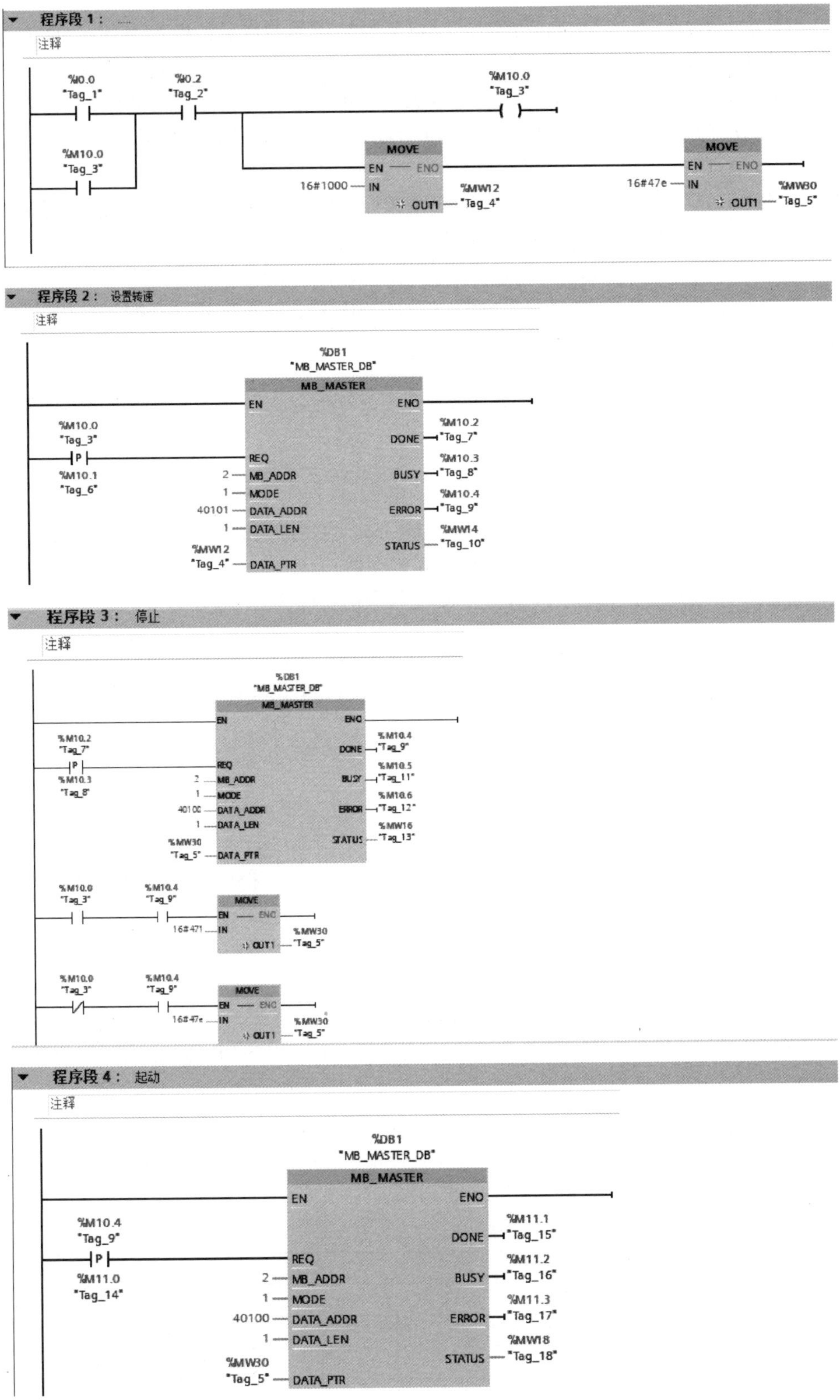

图 7-6　OB1 中的 LAD 程序

变频器的起停控制如下：

1）当系统上电时，激活 Modbus_Comm_Load 指令，使能完成后，设置 Modbus 的通信端口、波特率和奇偶校验，如果以上参数需要修改，需要重新激活 Modbus_Comm_Load 指令。

2）单击“I0.0”按钮，把主设定值传送到 MW12 中，停止信号传送到 MW30 中。在 Modbus 从站寄存器号 DATA_ADDR 中写入 40101，40101 表示速度主设定值寄存器号。

3）在 DATA_PTR（MW12）中写入 16#1000，表示速度主设定值。

4）在 Modbus 从站寄存器号 DATA_ADDR（MW30）中写入 40100，40100 表示控制字寄存器号。

5）在 DATA_PTR（MW30）中写入 16#47e，表示使变频器停车。

6）在 DATA_PTR（MW30）中写入 16#47f，表示使变频器起动。

7）单击 I0.2 按钮，把主设定值（16#0）传送到 MW12，停止信号（16#47e）传送到 MW30 中，变频器停机。

注意：要使变频器起动，无论之前变频器是否处于运行状态，必须先发出停车信号。

「练习反馈」

1）说明 S7-1200 PLC 与 G120C 变频器通过 Modbus RTU 协议进行通信时的报文格式。

2）说明 G120C 变频器 Modbus 通信的地址（寄存器）。

3）简述 Modbus_Comm_Load、Modbus_Master 指令的功能。

工作任务 7.2 S7-1200 PLC 与 S120 变频器速度模式的 PROFIBUS-DP 通信实例

「任务描述」

用 1 台 CPU 1211C 对 S120 变频器拖动的电动机进行无级调速，采用 PROFIBUS-DP 通信方式。

「任务目标」

1）了解 PROFIBUS-DP 通信的基本知识。

2）熟悉使用 STARTER 软件配置 S120 变频器的方法。

3）掌握 S7-1200 PLC 与 S120 变频器速度模式控制 PROFIBUS-DP 通信的组态、编程与调试的方法。

「任务准备」

任务准备内容见表 7-6。

表 7-6 任务准备

序号	硬件	软件
1	1 台 S120 变频器	TIA Portal V16
2	1 台 CPU 1211C 和 CM 1243-5	STARTER V5.3
3	1 台电动机	
4	1 根屏蔽双绞线	

「相关知识」

PROFIBUS 是西门子公司的现场总线通信协议，也是 IEC 61158 现场总线标准之一。PROFIBUS 满足了生产过程现场级数据可存取的要求，一方面它覆盖了传感器/执行器领域的通信要求，另一方面又具有单元级领域所有网络级通信功能。

PROFIBUS 是一个令牌网络，网络中有若干个被动节点（从站），而它的逻辑令牌只含有 1 个主动节点（主站），这样的网络为纯主-从系统。

从用户的角度看，PROFIBUS 提供三种通信协议类型：PROFIBUS-FMS（Process Field Bus-Field Bus Message Specification，现场总线报文规范）、PROFIBUS-DP（Process Field Bus-Decentralized Periphery，分布式外设现场总线）和 PROFIBUS-PA（Process Field Bus-Process Automation，过程自动化现场总线），其中 PROFIBUS-DP 应用最广泛。

PROFIBUS-DP 是 PLC 与远程 I/O、驱动装置及其他 PROFIBUS 设备之间的主-从系统的连接标准，主要用于 PLC 与外部控制设备之间高速数据通信，以组成生产线内部的现场总线网络。

在 S7 系列 PLC 所组成的 PROFIBUS-DP 现场总线网络系统中，可以进行以下通信控制与监控：

① 将数据从 S7-CPU（泛指西门子 S7-300、S7-400、S7-1200 和 S7-1500 系列 PLC 的 CPU）的特殊数据区传送到现场设备（DP 从站）中。

② 将数据从现场设备（DP 从站）传送到 S7-CPU 中。

③ 对 PROFIBUS-DP 网络中的设备工作状态进行监控。

PROFIBUS-DP 的通信控制与监控功能与 DP 的软件版本有关，随着 PROFIBUS-DP 应用范围的不断扩大及扩充，PROFIBUS-DP 目前已有三个版本，通常简称 DPV0、DPV1、DPV2。

DPV0 为 PROFIBUS-DP 基本功能版，支持单主站或多主站系统，可以实现主站（PLC、工业 PC 或过程控制器）与从站（远程 I/O、驱动装置或其他 PROFIBUS 设备）之间的快速数据交换，网络可以连接的最大站点数为 126 个，最大连接距离可以达到 90km。DPV0 的主站与主站间网络访问采用令牌协议，主站与从站之间的数据交换多采用循环传输方式，总线循环时间小于 10ms，从站报文长度为 224B。PROFIBUS-DPV0 具有诊断、保护、网络配置（组态）、网络控制、同步与锁定等功能。

DPV1 为 PROFIBUS-DP 的扩充 1 版，它在 DPV0 的基础上增加了非循环数据传输、EDD（Electronic Device Description，电子设备描述）与 FDT/DTM（Field Device Tool/Field Device Type Manager，现场设备工具/设备类型管理）集成、IEC 61131-3 标准功能、故障安全通信（PROFI Safe）和扩展诊断等功能。

DPV2 为 PROFIBUS-DP 的扩充 2 版，它在 DPV1 的基础上增加了从站之间的广播轮询数据传输、主-从同步、时钟控制、区域装载、HART 总线兼容（HART on DP）和从站冗余等功能。

典型的 PROFIBUS-DP 总线配置为 1 个主站轮询多个从站，可以连接不同品牌符合 PROFIBUS-DP 协议的设备。在 DP 网络中，1 个从站只能被 1 个主站控制，这个主站是这个从站的 1 类主站；如果网络上还有编程器和操作面板控制从站，这个编程器和操作面板是这个从站的 2 类主站。另外一种情况，在多主网络中，1 个从站只有一个 1 类主站，1 类主站可以对从站执行发送和接收数据操作，其他主站只能可选择地接收从站发送给 1 类主站的数据，这样的主站也是这个从站的 2 类主站，它不直接控制该从站。

「任务实施」

原理图如图 7-7 所示，主站模块 CM 1243-5 与 S120 变频器之间用专用的 PROFIBUS-DP 电缆

S7-1200 PLC 与 S120 变频器速度模式的 PROFIBUS-DP 通信

和 PROFIBUS-DP 连接器连接。

1. 硬件组态

(1) 新建项目

新建项目“DP_1211C_S”，如图 7-8 所示，选择“设备和网络”“设备组态”→“设备视图”，在“硬件目录”中，分别选中 CPU 1211C 和 CM 1243-5，并将其拖拽到标记“③”和“④”的位置。

(2) 配置 PROFIBUS 接口

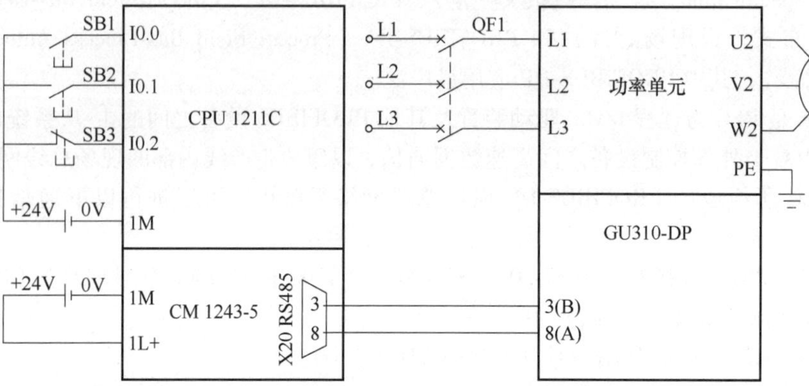

图 7-7　原理图

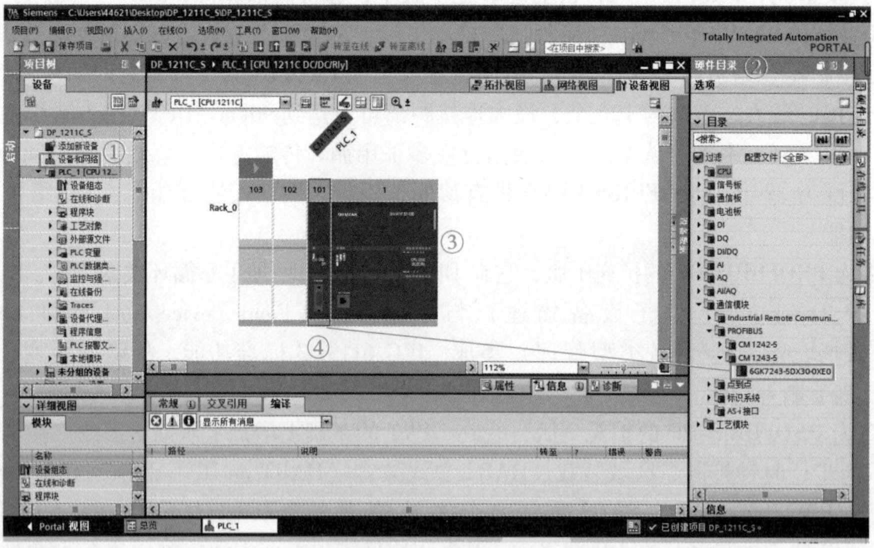

图 7-8　新建项目

选中标记“①”处的 PROFIBUS 接口，单击“属性”→“PROFIBUS 地址”，单击“添加新子网”按钮，新建 PROFIBUS 网络，如图 7-9 所示。

(3) 安装 GSD 文件

一般当 TIA Portal 软件中没有安装 GSD 文件时，将无法组态 S120 变频器，因此在组态变频器之前，需要安装 GSD 文件（若之前已安装了 GSD 文件，忽略此步骤）。在图 7-10 中，单击菜单栏的“选项（N）”→“管理通用站描述文件（GSD）（D）”，弹出安装 GSD 文件的界面，如

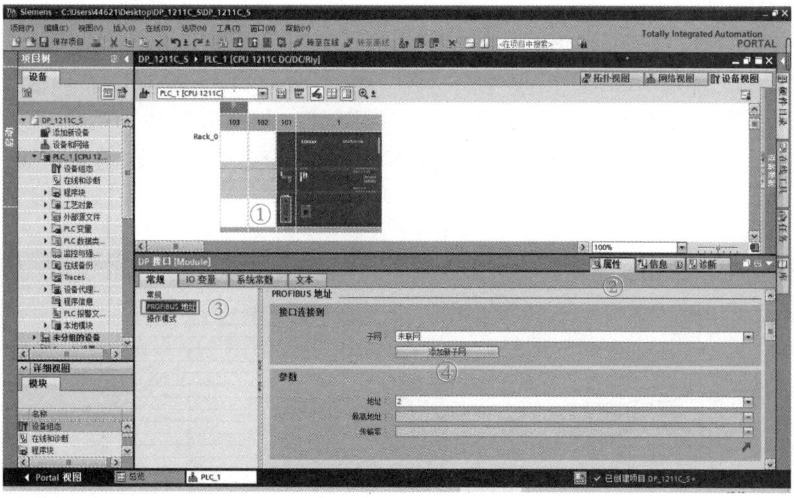

图 7-9　配置 PROFIBUS 接口

图 7-11所示，选择 S120 变频器的 GSD 文件“SI2180E5. gse”，单击“安装”按钮即可，安装完成后，软件将自动更新硬件目录。

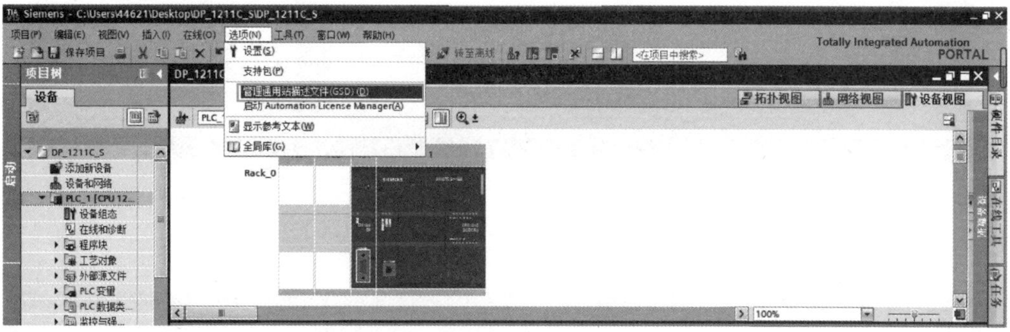

图 7-10　安装 GSD 文件（1）

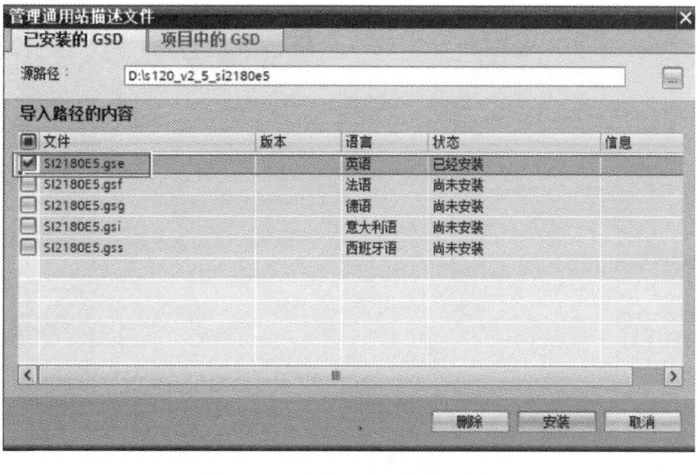

图 7-11　安装 GSD 文件（2）

(4）配置 S120 变频器

展开右侧的“硬件目录”，选择“其他现场设备”→“PROFIBUS-DP”→“Drives”→“SIEMENS AG”→“SINAMICS”→“SINAMICS S120/S150 DXB V4. 3”→“6SL3 040-1MA00-0_{XXX}”，拖拽“6SL3 040-1MA00-0_{XXX}”到如图 7-12 所示的界面标记“①”处。在图 7-13 中，用鼠标左键选中“①”处的灰色标记（即 PROFIBUS 接口)，按住不放，拖拽到“②”处的灰色标记（S120 的 PROFIBUS 接口）处，松开鼠标。

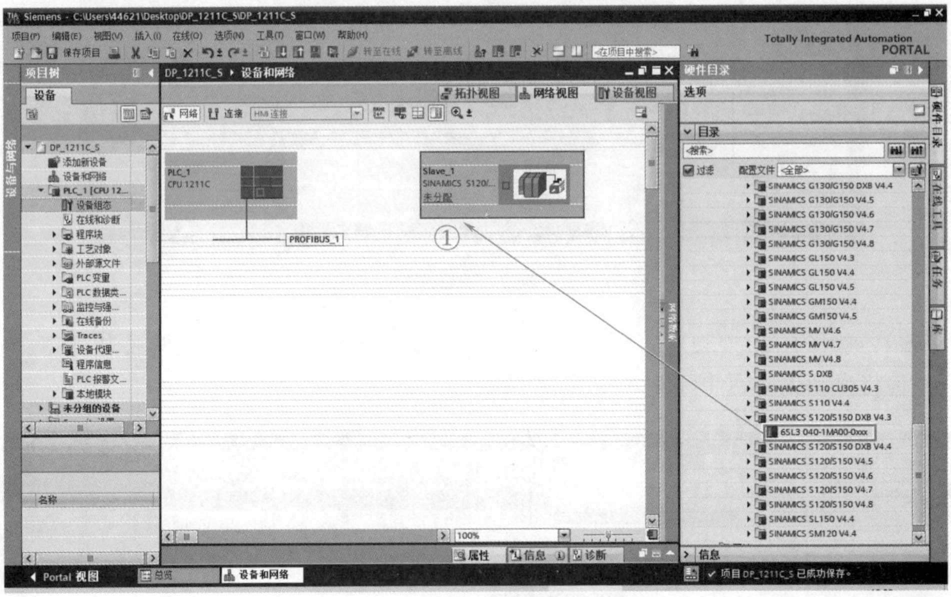

图 7-12　配置 S120 变频器（1）

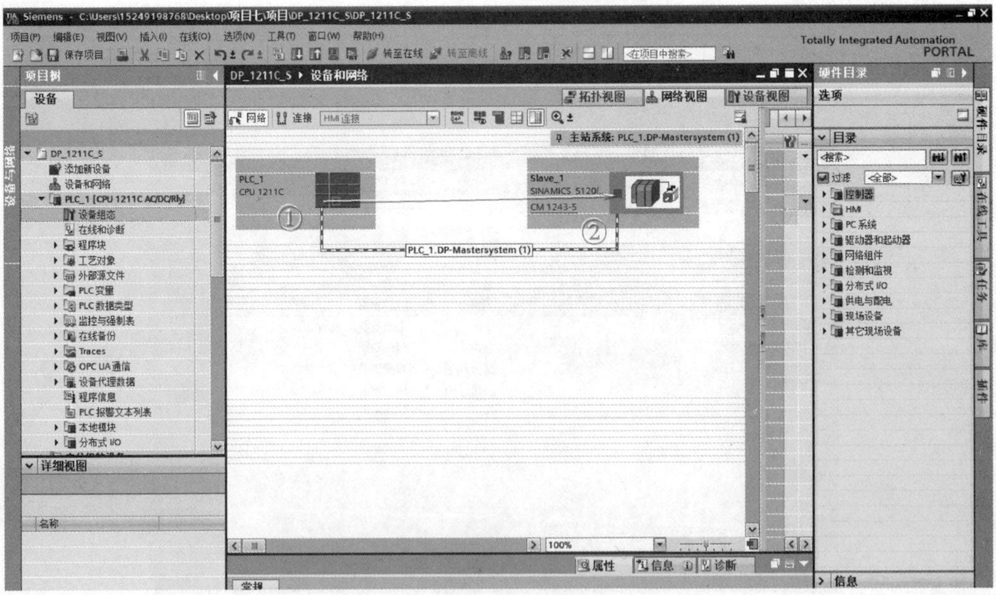

图 7-13　配置 S120 变频器（2）

（5）配置通信报文

双击“S120”，切换到 S120 的设备视图界面，选择“硬件目录”→“Standard telegram，PZD-2/2”，并将其拖拽到如图 7-14 所示的标记“①”处。需要注意的是如果 PLC 侧选择通信报文 1 那么变频器侧也要选择报文 1。报文的控制字是 QW78，主设定值是 QW80，详见标记“②”处。

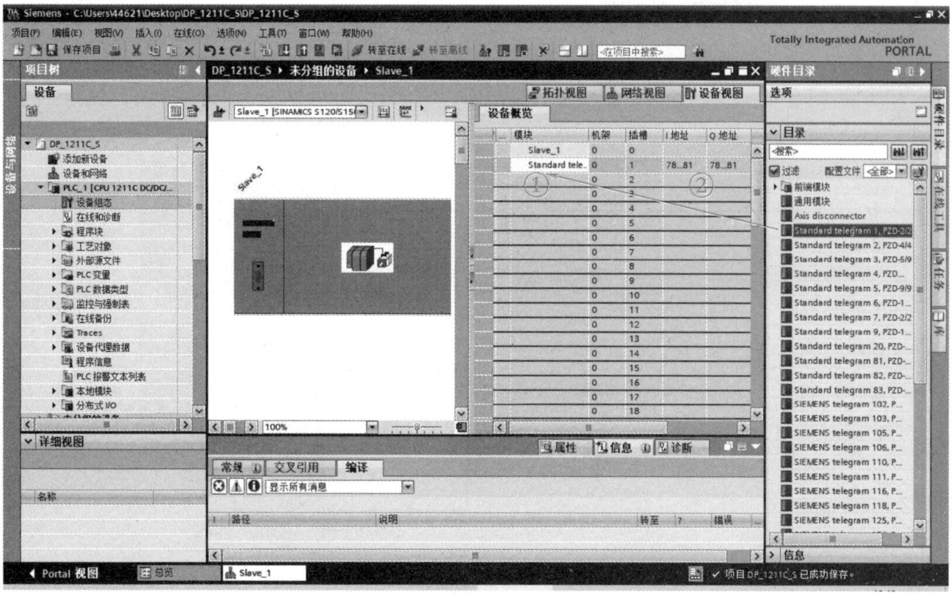

图 7-14　配置通信报文

2. 编写程序

OB100 中的 LAD 程序如图 7-15a 所示，OB1 中的 LAD 程序如图 7-15b 所示。

1）将 16#47e 送入控制字 QW78：P 中，表示发送停机信号。

2）将 16#47e 送入控制字 QW78：P 中，延时 100ms，再将 16#47f 送入控制字 QW78：P 中，表示发送给变频器 1 个正转脉冲信号。

3）将 16#c7f 送入控制字 QW78：P 中，延时 100ms，再将 16#c7f 送入控制字 QW78：P 中，表示发送给变频器 1 个反转脉冲信号。

4）将 MD20 经过变换后，送入主设定值 QW80：P 中，表示发送正转转速设定值信号。

5）将 MD30 经过变换后，送入主设定值 QW80：P 中，表示发送反转转速设定值信号。

3. 在 STARTER 软件中配置 S120 变频器

可参考相关资料使用 STARTER 软件配置 S120 变频器，这里不再赘述。组态完成后，将组态下载到 S120 中。

「练习反馈」

1）说明 S7-1200 PLC 与 S120 变频器通过 PROFIBUS-DP 进行通信时的报文格式。

2）通过 S7-1200 PLC 将控制字、主设定值发送给 S120 变频器；通过 S7-1200 PLC 读取 S120 变频器的状态字、主实际值。

3）在 OB0 及 OB100 中如何编制程序？

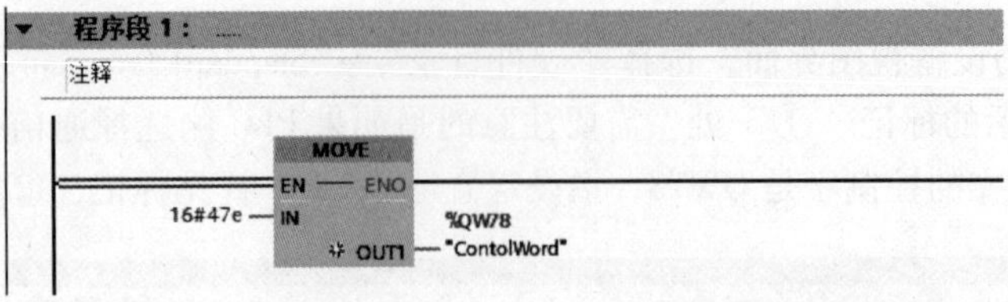

a) OB100中的LAD程序

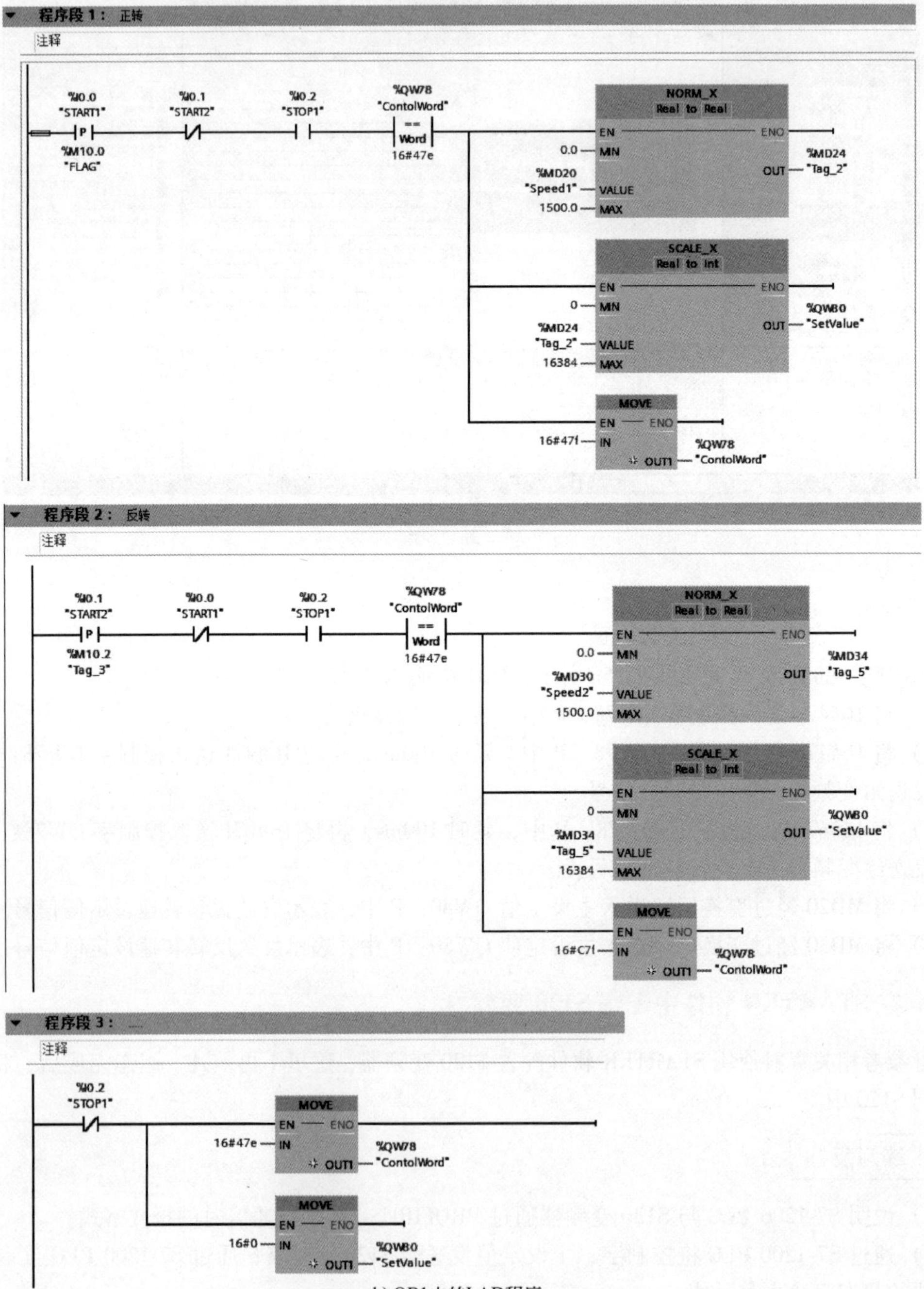

b) OB1中的LAD程序

图 7-15 S7-1200 PLC 与 S120 变频器速度模式的 PROFIBUS-DP 通信程序

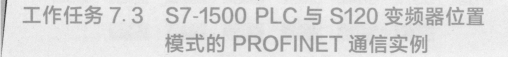

工作任务7.3　S7-1500 PLC与S120变频器位置模式的PROFINET通信实例

「任务描述」

用1台CPU 1511-1PN对S120变频器拖动的电动机进行PROFINET无级调速。

「任务目标」

1）了解PROFINET通信的基本知识。

2）熟悉定位控制时FB284输入/输出引脚的含义。

3）掌握S7-1500 PLC与S120变频器位置模式控制PROFINET通信的组态、编程与调试的方法。

「任务准备」

任务准备内容见表7-7。

表7-7　任务准备

序号	硬件	软件
1	1台S120变频器	TIA Portal V16
2	1台CPU 1511-1PN	STARTER V5.3
3	1台伺服电动机	
4	1根屏蔽双绞线	

「相关知识」

PROFINET是由PROFIBUS & PROFINET International（PI）推出的开放式工业以太网标准。PROFINET基于工业以太网，遵循TCP/IP和IT标准，可以无缝集成现场总线系统，是实时以太网。它可以将包括生产现场自动化网络在内的全部工厂网络完全IT化。PROFINET不仅具有工业以太网的功能，而且还可以连接生产现场的I/O设备、运动控制器和驱动器等。因此，它可以取代传统的现场总线系统，将办公室、生产现场纳入统一的以太网中，构成集中、统一、公用的工厂网络系统。

PROFINET是目前西门子公司主推的现场总线，并且已经取代PROFIBUS成为西门子公司产品的标准配置。

1. 以太网（Ethernet）存在的问题

Ethernet采用随机争用介质访问方法，即载波监听多路访问及冲突检测技术（CSMA/CD），如果网络负载过高，则无法预测网络延迟时间，即具有不确定性。其模型如图7-16所示，只要有通信需求，各以太网节点（A～F）均可向网络发送数据，因此报文可能在主干网中被缓冲，实时性不佳，而PROFINET可以解决这个问题。

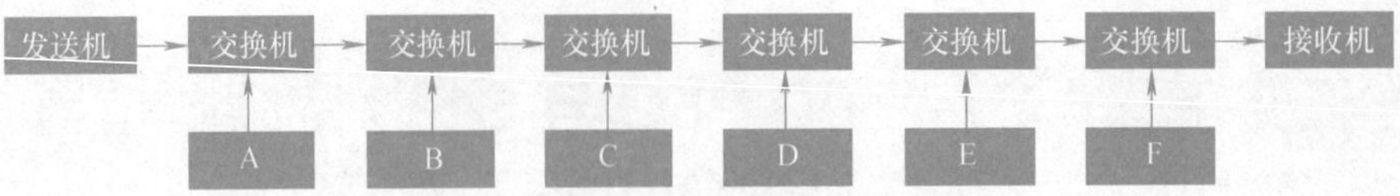

图 7-16　Ethernet 模型

2. PROFINET 的分类

根据响应时间不同，PROFINET 分三种通信方式。

1）TCP/IP 通信。PROFINET 是工业以太网，采用 TCP/IP 通信，响应时间为 100ms，属于工厂级通信。

组态和诊断信息、装载、网络连接和上位机通信等可采用 TCP/IP 通信方式。

2）实时（RT）通信。对于现场传感器和执行设备的数据交换，响应时间约为 5~10ms。PROFINET 提供了一个优化的、基于第二层的实时通道，解决了实时性问题。

实时通信方式用于实现循环高性能数据、事件相关的消息/警告。网络中配备标准的交换机可保证实时性。

3）等时同步实时（IRT）通信。在通信中，对实时性要求最高的是运动控制。100 个节点以下要求响应时间为 1ms，抖动误差不大于 1μs。

PROFINET 有以下两种应用方式：

1）集成分布式 I/O 的 PROFINET IO（分布式现场 I/O 设备以太网）。用于连接带有 PROFINET 接口的现场 I/O 设备，主要用于分布式应用场合，自动化控制中应用较多。

2）用于创建模块化的 PROFINET CBA（组件自动化网）。用于连接各种自动化子网，主要用于智能站点之间的通信应用场合。PROFINET CBA 应用较少，新推出的 S7-1500 PLC 不再支持 PROFINET CBA。

3. PROFINET 的实时通信

（1）现场通信中的 QoS 要求

现场通信中对服务质量（QoS）有一定的要求，根据服务对象的不同，分为 4 个级别，每个级别的反应时间不同，实时性要求越高，反应时间越短，现场通信中的 QoS 要求见表 7-8。

表 7-8　现场通信中的 QoS 要求

级别	应用类型	反应时间	抖动
1	控制器之间	100ms	
2	分布式 I/O 设备	10ms	
3	运动控制	<1ms	<1μs
4	组态编程/参数	尽量快	

（2）PROFINET 的实时性

根据应用场合的不同，对 PROFINET 现场总线的实时性要求不同，PROFINET 的实时性示意图如图 7-17 所示，运动控制对实时性要求最高，而控制器间的通信对实时性要求较低。

「任务实施」

原理图如图 7-18 所示，CPU 1511 的 PN 接口与 S120 变频器的 PN 接口之间用专用的以太网屏蔽电缆连接。

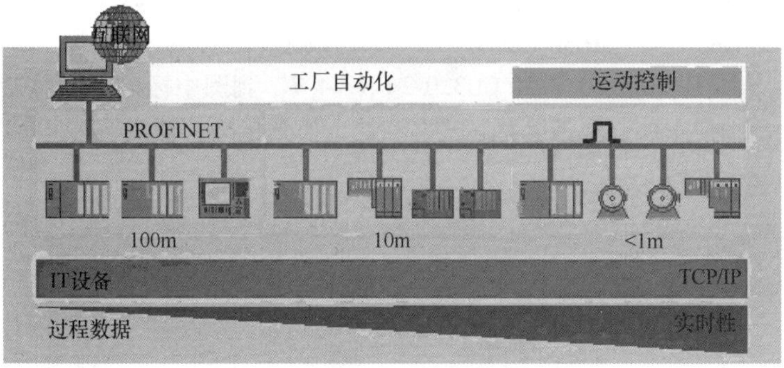

图 7-17　PROFINET 的实时性示意图

S7-1500 PLC 与 S120 变频器位置模式的 PROFINET 通信

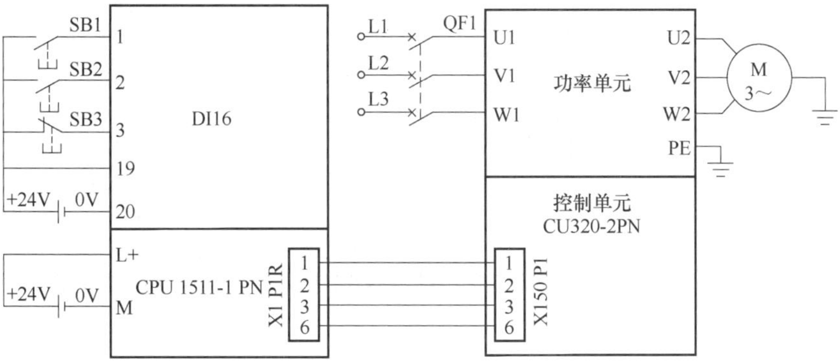

图 7-18　原理图

1. 硬件组态

（1）新建项目及插入模块

新建项目“S71500-PN-S120”，如图 7-19 所示，双击“项目树”中“添加新设备”选项，分别添加 CPU 1511-1 PN 和 DI 16X24VDC BA 模块。

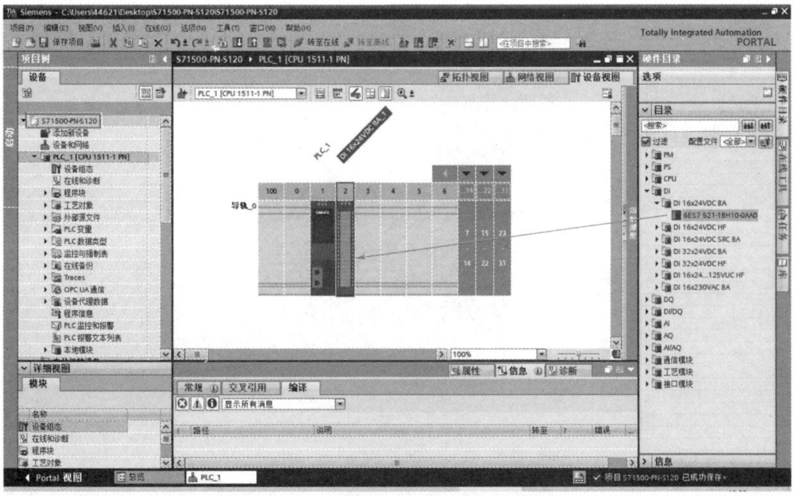

图 7-19　新建项目及插入模块

（2）网络组态

在图 7-20 中，单击“设备和网络”→“网络视图”，在“硬件目录”中，选择“其他现场设备”→“PROFINET IO”→“Drivers”→“SIEMENS AG”→“SINAMICS”→“SINAMICS S120/S150 CU320-2 PN V4.7”，拖拽“SINAMICS S120/S150 CU320-2 PN V4.7”到图中标记“B”位置，用鼠标左键选中标记“A”处，按住不放，拖拽到标记“B”处，松开鼠标，建立 S7-1500 PLC 与 S120 之间的网络连接。

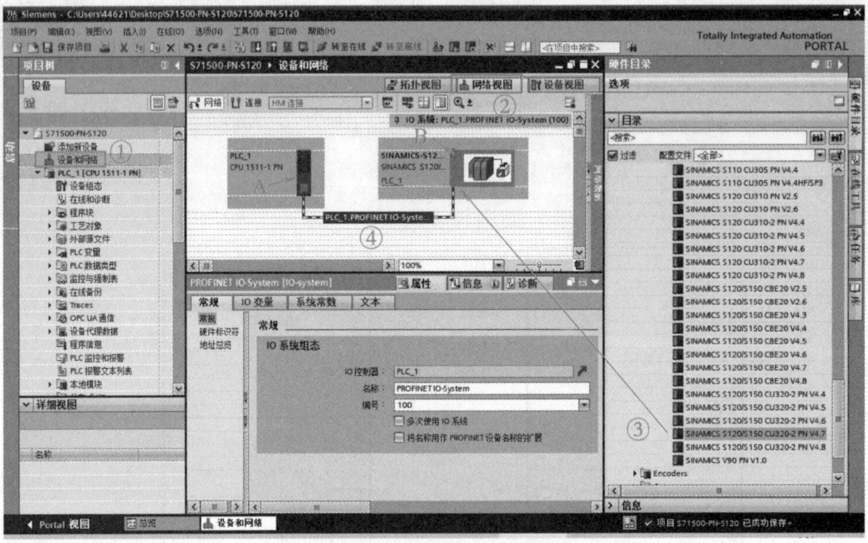

图 7-20　网络组态

（3）修改 S120 的名称和 IP 地址

在图 7-21 中，在“设备视图”中选中 S120 变频器的图标（标记“②”处），单击“常规”选项卡中的“PROFINET 接口［X150］”→“以太网地址”，可以修改 S120 的以太网地址，也可保持默认值。不勾选“自动生成 PROFINET 设备名称”，把 PROFINET 设备名称修改为“CU320”，注意这个名称应与 S120 在 STARTER 中配置时的名称一致。

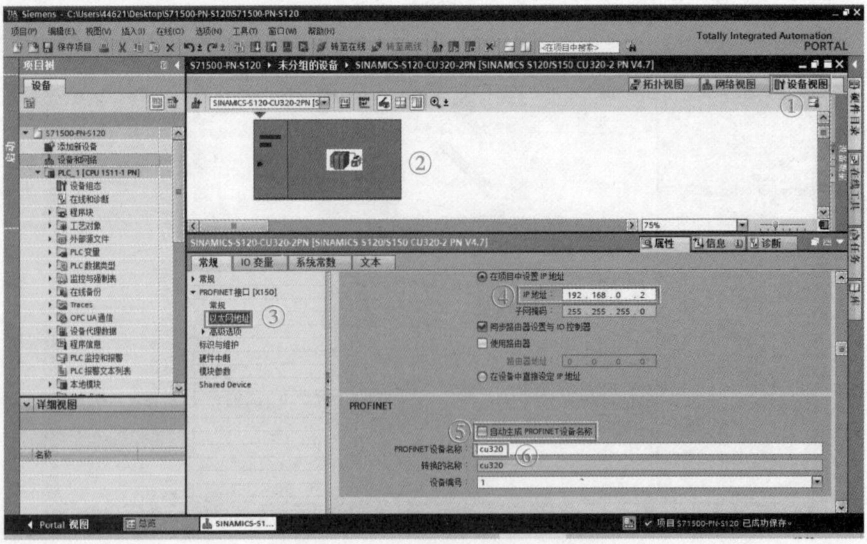

图 7-21　修改 S120 的名称和 IP 地址

（4）组态报文

单击“设备视图”，在“硬件目录”中，将“模块”→“DO 伺服”拖拽到如图 7-22 所示的位置。在“硬件目录”中，将“子模块”→“西门子报文 111，PZD-12/12”拖拽到如图 7-23 所示的位置。

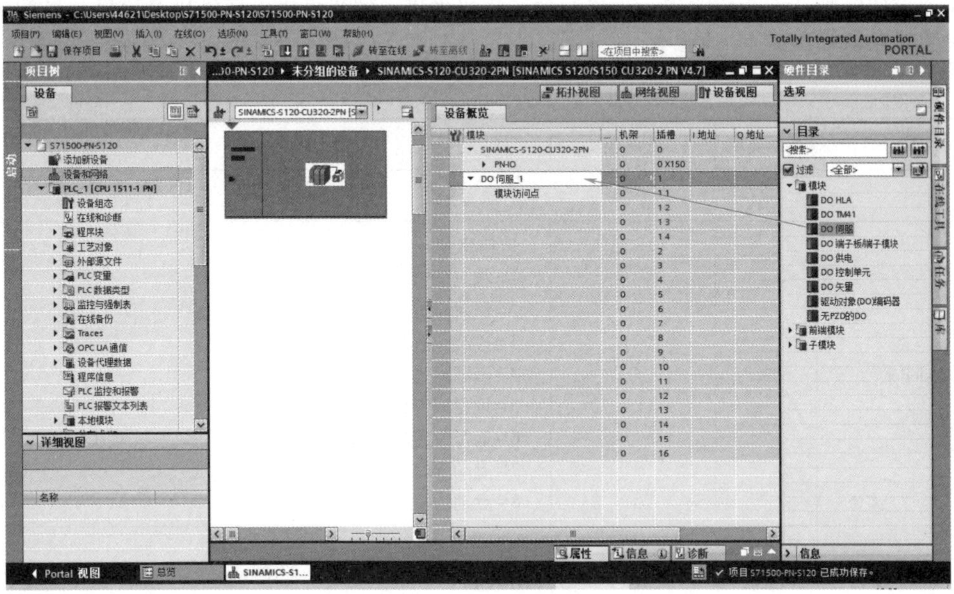

图 7-22　组态报文（1）

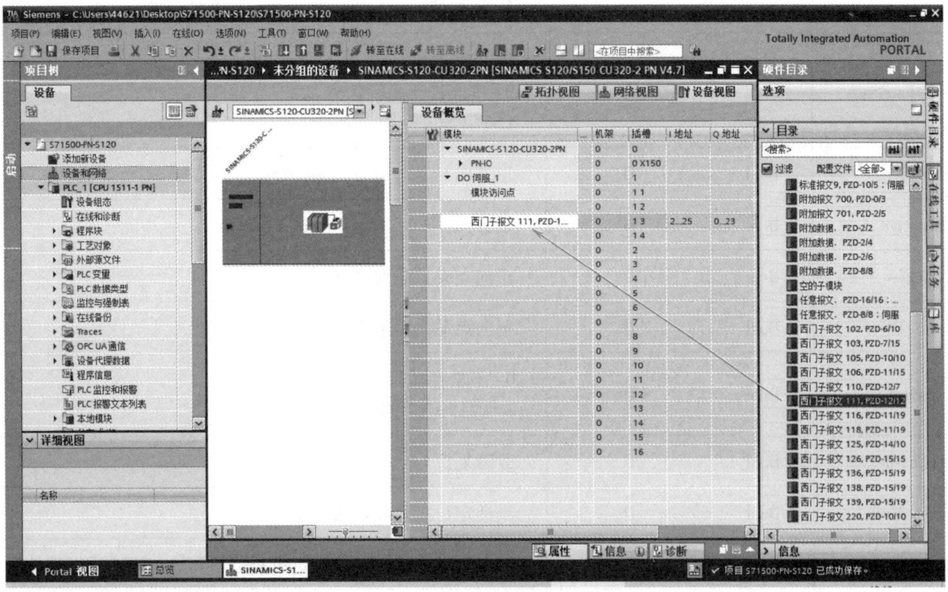

图 7-23　组态报文（2）

2. S120 变频器的组态

S120 变频器的组态可参考相关资料使用 STARTER 软件进行，包括激活驱动的基本定位功能及选择报文 111，这里不再赘述。组态完成后，将组态下载到 S120 中。

3. 编写程序

定位控制时要用到 FB284，其输入/输出引脚的含义见表 7-9。FB284（SINA_POS）是西门子公司专为运动控制开发的功能块，它集回零、相对定位、绝对定位、连续位置运行、点动模式以及增量模式点动等功能于一体。

表 7-9　FB284 输入/输出引脚的含义

引脚	数据类型	默认值	描述
			输入
ModePos	Int	0	运行模式： 1=相对定位 2=绝对定位 3=连续位置运行 4=回零操作 5=设置回零位置 6=运行位置块 0~16 7=点动 jog 8=点动增量
EnableAxis	Bool	0	伺服运行命令： 0=OFF1 1=ON
CancelTransing	Bool	1	0=拒绝激活的运行任务 1=不拒绝
IntermediateStop	Bool	1	中间停止： 0=中间停止运行任务 1=不停止
Positive	Bool	0	正方向
Negative	Bool	0	负方向
Jog1	Bool	0	正向点动（信号源 1）
Jog2	Bool	0	正向点动（信号源 2）
FlyRef	Bool	0	0=不选择运行中回零 1=选择运行中回零
AckError	Bool	0	故障复位
ExecuteMode	Bool	0	激活定位工作或接收设定点
Position	DInt	0 [LU]	对于运行模式，直接设定位置值 [LU] /MDI 或运行的块号
Velocity	DInt	0 [LU/min]	MDI 运行模式时的速度设置 [LU/min]
OverV	Int	100 [%]	所有运行模式下的速度倍率 0~199%
OverAcc	Int	100 [%]	直接设定值/MDI 模式下的加速度倍率 0~100%
OverDec	Int	100 [%]	直接设定值/MDI 模式下的减速度倍率 0~100%

（续）

<table>
<tr><th>引脚</th><th>数据类型</th><th>默认值</th><th colspan="2">描述</th></tr>
<tr><td colspan="5">输入</td></tr>
<tr><td rowspan="34">ConfigEPos</td><td rowspan="34">DWord</td><td rowspan="34">0</td><td colspan="2">可以通过此引脚传输 111 报文 STW1、STW2、EPosSTW1 和 EPosSTW2 中的位，传输位的对应关系如下</td></tr>
<tr><td>ConfigEPos 位</td><td>111 报文位</td></tr>
<tr><td>ConfigEPos. %X0</td><td>STW1. %X1</td></tr>
<tr><td>ConfigEPos. %X1</td><td>STW1. %X2</td></tr>
<tr><td>ConfigEPos. %X2</td><td>EPosSTW2. %X14</td></tr>
<tr><td>ConfigEPos. %X3</td><td>EPosSTW2. %X15</td></tr>
<tr><td>ConfigEPos. %X4</td><td>EPosSTW2. %X11</td></tr>
<tr><td>ConfigEPos. %X5</td><td>EPosSTW2. %X10</td></tr>
<tr><td>ConfigEPos. %X6</td><td>EPosSTW2. %X2</td></tr>
<tr><td>ConfigEPos. %X7</td><td>STW1. %X13</td></tr>
<tr><td>ConfigEPos. %X8</td><td>EPosSTW2. %X12</td></tr>
<tr><td>ConfigEPos. %X9</td><td>STW2. %X0</td></tr>
<tr><td>ConfigEPos. %X10</td><td>STW2. %X1</td></tr>
<tr><td>ConfigEPos. %X11</td><td>STW2. %X2</td></tr>
<tr><td>ConfigEPos. %X12</td><td>STW2. %X3</td></tr>
<tr><td>ConfigEPos. %X13</td><td>STW2. %X4</td></tr>
<tr><td>ConfigEPos. %X14</td><td>STW2. %X7</td></tr>
<tr><td>ConfigEPos. %X15</td><td>STW1. %X14</td></tr>
<tr><td>ConfigEPos. %X16</td><td>STW1. %X15</td></tr>
<tr><td>ConfigEPos. %X17</td><td>EPosSTW1. %X6</td></tr>
<tr><td>ConfigEPos. %X18</td><td>EPosSTW1. %X7</td></tr>
<tr><td>ConfigEPos. %X19</td><td>EPosSTW1. %X11</td></tr>
<tr><td>ConfigEPos. %X20</td><td>EPosSTW1. %X13</td></tr>
<tr><td>ConfigEPos. %X21</td><td>EPosSTW2. %X3</td></tr>
<tr><td>ConfigEPos. %X22</td><td>EPosSTW2. %X4</td></tr>
<tr><td>ConfigEPos. %X23</td><td>EPosSTW2. %X6</td></tr>
<tr><td>ConfigEPos. %X24</td><td>EPosSTW2. %X7</td></tr>
<tr><td>ConfigEPos. %X25</td><td>EPosSTW2. %X12</td></tr>
<tr><td>ConfigEPos. %X26</td><td>EPosSTW2. %X13</td></tr>
<tr><td>ConfigEPos. %X27</td><td>STW2. %X5</td></tr>
<tr><td>ConfigEPos. %X28</td><td>STW2. %X6</td></tr>
<tr><td>ConfigEPos. %X29</td><td>STW2. %X8</td></tr>
<tr><td>ConfigEPos. %X30</td><td>STW2. %X9</td></tr>
<tr><td colspan="2">可通过此方式传输硬件限位使能、回零开关信号等给 S120。注意：如果程序里对此引脚进行了变量分配，则当 ConfigEPos. %X0 和 ConfigEPos. %X1 都为 1 时，驱动器才能运行</td></tr>
</table>

（续）

引脚	数据类型	默认值	描述
			输入
HWIDSTW	HW_IO	0	符号名或 SIMATIC S7-1500 设定值槽的 HW ID（SetPoint）
HWIDZSW	HW_IO	0	符号名或 SIMATIC S7-1500 实际值槽的 HW ID（Actual Value）
			输出
Error	Bool	0	1=错误出现
Status	Word	0	显示状态
DiagID	Word	0	扩展的通信故障
ErrorID	Int	0	运行模式错误/块错误： 0=无错误 1=通信激活 2=选择了不正确的运行模式 3=设置的参数不正确 4=无效的运行块号 5=驱动故障激活 6=激活了开关禁止 7=运行中回零不能开始
AxisEnabled	Bool	0	驱动已使能
AxisError	Bool	0	驱动故障
AxisWarn	Bool	0	驱动报警
AxisPosOk	Bool	0	轴的目标位置到达
AxisRef	Bool	0	回零位置设置
ActVelocity	DInt	0 [LU/min]①	当前速度（LU/min）
ActPosition	DInt	0 [LU]	当前位置（LU）
ActMode	Int	0	当前激活的运行模式
EPosZSW1	Word	0	EPos 的 ZSW1 的状态
EPosZSW2	Word	0	EPos 的 ZSW2 的状态
ActWarn	Word	0	当前的报警代码
ActFault	Word	0	当前的故障代码

① 方括号内为该默认值的单位，LU（length unit）是长度单位。

在全局库中，把函数块 FB284 拖拽到程序编辑区，如图 7-24 所示。

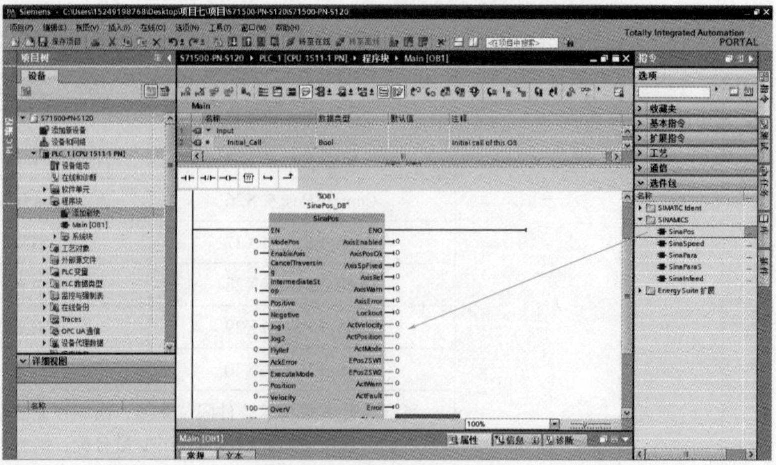

图 7-24　拖入函数块 FB284

OB1004 中的 LAD 程序如图 7-25 所示。

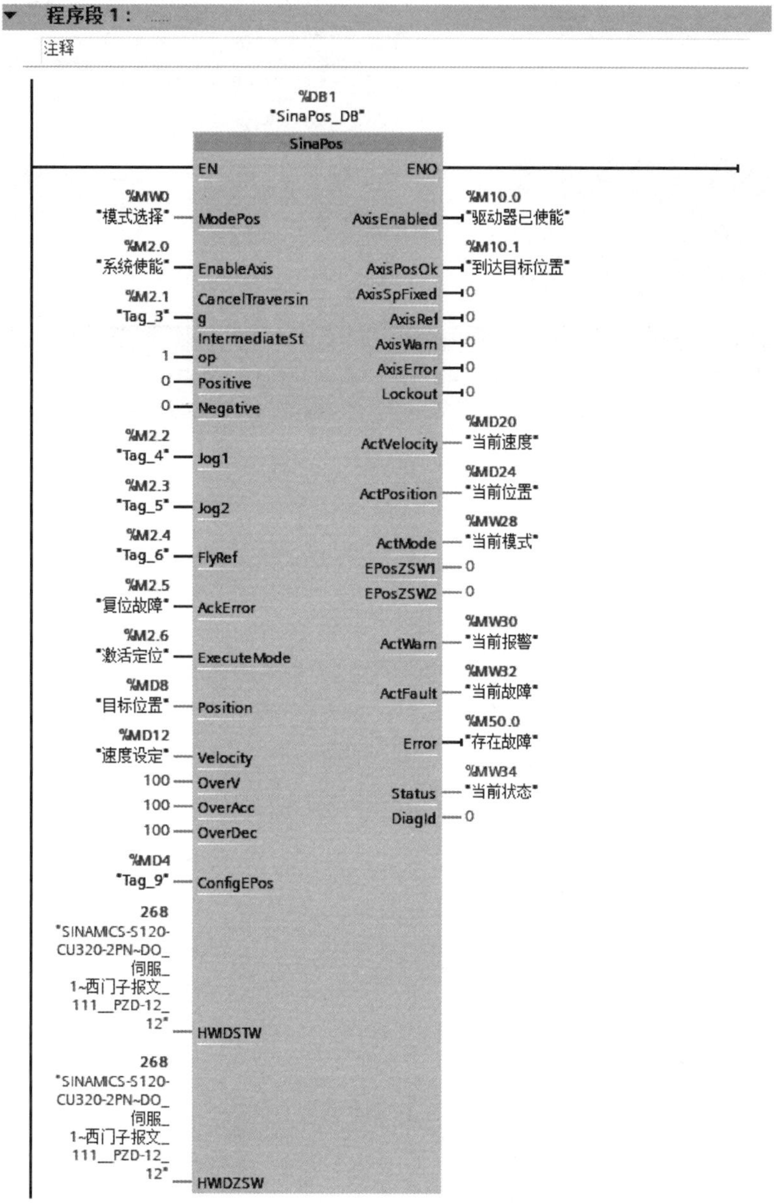

图 7-25　OB1004 中的 LAD 程序

图 7-25 中程序的 HWIDSTW 和 HWIDZSW 引脚为 268，这实际上是硬件标识符。选择“设备视图”，在“硬件目录”中，选择“其他现场设备”→“PROFINET IO”→“Drivers”→“西门子报文 111，PZD-12/12”→“属性”“系统常数”，就可以看到“硬件标识符”，如图 7-26 中的标记“④”处。

「练习反馈」

1）简述 S120 变频器定位控制时数据块 FB284 的输入/输出引脚定义。

2）在 OB1 中如何编制程序？

图 7-26　查看硬件标识符

参考文献

［1］陈丽，程德芳. PLC 应用技术：S7-1200［M］. 北京：机械工业出版社，2020.

［2］殷群，吕建国. 组态软件基础及应用：组态王 KingView［M］. 北京：机械工业出版社，2017.

［3］廖常初. S7-1200/1500 PLC 应用技术［M］. 2 版. 北京：机械工业出版社，2021.

［4］西门子（中国）有限公司. Siemens AG. S7-1200 可编程序控制器系统手册［Z］. 2016.

［5］向晓汉，唐克彬. 西门子 SINAMICS G120/S120 变频器技术与应用［M］. 北京：机械工业出版社，2019.

［6］向晓汉. 西门子 PLC 工业通信完全精通教程［M］. 北京：化学工业出版社，2013.

［7］刘长国，黄俊强. MCGS 嵌入版组态应用技术［M］. 2 版. 北京：机械工业出版社，2021.

［8］何用辉. 自动化生产线安装与调试［M］. 3 版. 北京：机械工业出版社，2022.